U

Mau

Histoire des grand
de l'anc

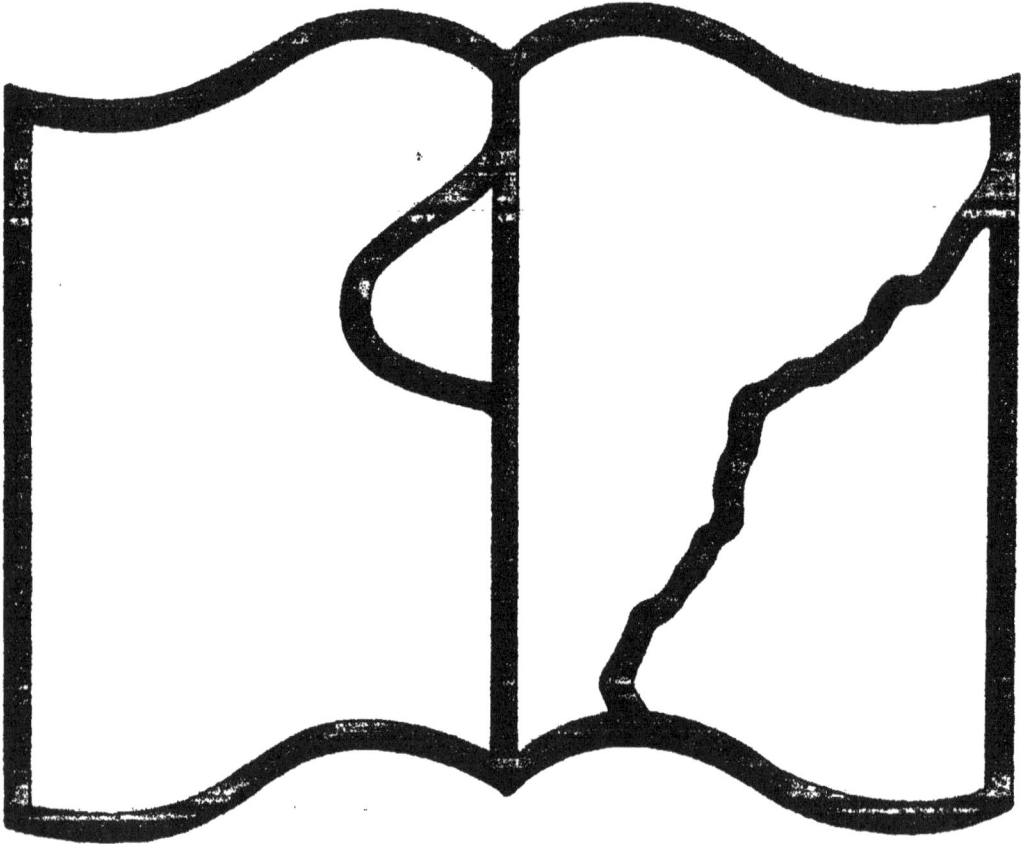

Symbole applicable
pour tout, ou partie
des documents microfilmés

Texte détérioré — reliure défectueuse

NF Z 43-120-11

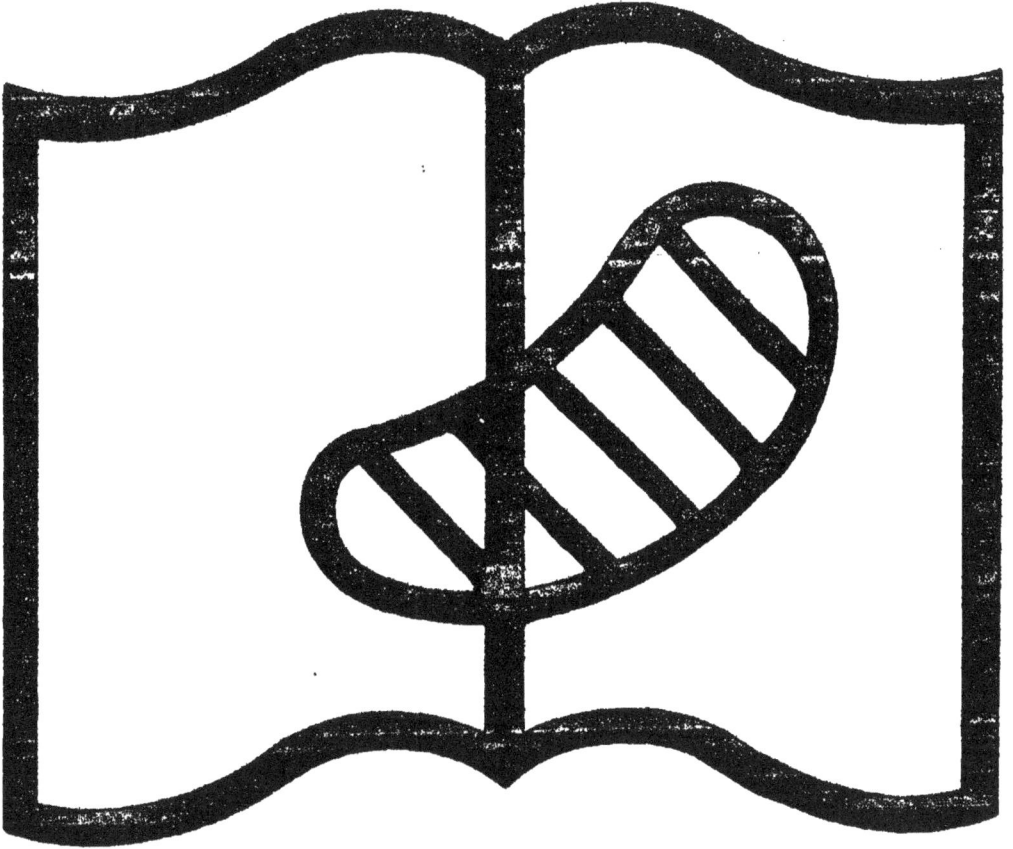

Symbole applicable
pour tout, ou partie
des documents microfilmés

Original illisible

NF Z 43-120-10

L 2

19.

LIBRAIRIE DE LELEUX

DESCRIPTION MÉTHODIQUE

DU

MUSÉE CÉRAMIQUE

DE LA MANUFACTURE ROYALE DE PORCELAINE

DE SÈVRES

PAR MM. A. BRONGNIART

MEMBRE DE L'INSTITUT, ETC., ADMINISTRATEUR

ET D. RIOCREUX

CONSERVATEUR DES COLLECTIONS

Un vol. in-4 de texte, et un Atlas de 80 pl. dont 67 color. au pinceau
avec le plus grand soin.

Cet ouvrage est entièrement terminé, et divisé en 20 livraisons que l'on peut retirer
à volonté. — Prix de chaque livraison : 6 francs.

Le Musée dont nous donnons la description a été fondé il y a environ quarante ans par l'administrateur de la Manufacture. Ce Musée s'est accru peu à peu; mais il n'a pris son véritable caractère et sa réelle importance que vers 1812, et aujourd'hui, grâce au zèle et au désintéressement des savants, des voyageurs, des fabricants nationaux et étrangers, et de nos agents diplomatiques, dont les noms sont cités dans cet ouvrage, il offre, dans une classification méthodique, à l'étude des fabricants, des artistes, des savants et des archéologues, la collection la plus complète et la plus variée des produits céramiques de tous les peuples, depuis les temps les plus reculés jusqu'à nos jours.

Le texte est terminé par 26 tableaux renfermant environ 300 dessins de monogrammes, marques, etc., de fabricants et d'artistes français et étrangers; de marques de la manufacture de Sèvres depuis l'année 1753.

L'ordre chronologique dans lequel sont placés tous ces objets, permettra de suivre les variations qui ont eu lieu dans leur fabrication à différentes époques.

HISTOIRE

DES

GRANDES FORÊTS

DE LA GAULE

ET DE L'ANCIENNE FRANCE

DE L'IMPRIMERIE DE CRAPELET

RUE DE VAUGIRARD, 9

HISTOIRE

DES

GRANDES FORÊTS

DE LA GAULE

ET DE L'ANCIENNE FRANCE

PRÉCÉDÉE

DE RECHERCHES SUR L'HISTOIRE DES FORÊTS DE L'ANGLETERRE
DE L'ALLEMAGNE ET DE L'ITALIE
ET DE CONSIDÉRATIONS SUR LE CARACTÈRE DES FORÊTS
DES DIVERSES PARTIES DU GLOBE

PAR

L. F. ALFRED MAURY

AVOCAT A LA COUR D'APPEL DE PARIS, SOUS-BIBLIOTHÉCAIRE DE L'INSTITUT DE FRANCE
MEMBRE DE LA SOCIÉTÉ DES ANTIQUAIRES DE FRANCE
DES SOCIÉTÉS ASIATIQUE ET DE GÉOGRAPHIE DE PARIS, DE LA SOCIÉTÉ NÉERLANDAISE
DE LITTÉRATURE DE LEYDE, COLLABORATEUR DE LA REVUE ARCHÉOLOGIQUE, ETC.

PARIS

A. LELEUX, LIBRAIRE-ÉDITEUR

RUE PIERRE-SARRAZIN, 9

—

1850

PRÉFACE.

———

Le fond de ce livre a été publié dans les Mémoires de la Société des Antiquaires de France sous le titre de : *Recherches historiques et géographiques sur les grandes forêts de la Gaule et de l'ancienne France.* L'accueil favorable que le public a fait à cet essai si imparfait, et où s'étaient même glissées quelques erreurs, et de plus la distinction flatteuse que lui a accordée, en 1849, l'Académie des Inscriptions et Belles-Lettres, en lui donnant la seconde mention honorable dans le concours des antiquités nationales, m'ont déterminé à le compléter, à le revoir, afin de le rendre moins indigne du lecteur. Tel qu'il est actuellement, ce travail est tout à fait différent du Mémoire que j'avais fait paraître, il y a deux années, quoique une grande partie de ce que celui-ci renferme ait été conservée. J'ai vivement regretté de n'avoir pas consulté les recueils allemands cités dans la Bibliographie forestière de Laurop et qui sont intitulés : *Allgemeine Forst-und-Jagd-Zeitung*, *OEkonomische Neuig-*

keiten und Verhandlungen, Neue Jahrbücher der Forstkunde. Mais il m'a été impossible de me les procurer à Paris, à l'exception de quelques numéros du premier journal que j'ai reçus tout récemment, ni de trouver à acheter ces collections chez un libraire d'Allemagne. J'ai donc été réduit à citer les articles qui s'y trouvent contenus d'après Laurop, pour tous ceux qui ne se trouvaient pas dans les numéros qui me sont parvenus. J'ai cherché autant que j'ai pu à suppléer aux lacunes inévitables qui en sont résultées pour mon livre, en ne négligeant de consulter aucune des sources que j'avais à ma disposition. J'ai fait précéder mes recherches d'un aperçu sur les forêts des diverses parties du globe, aperçu qui m'a paru devoir former une utile introduction à mon histoire. Enfin j'ai envisagé mon sujet, non pas seulement en historien et en géographe, mais encore comme un homme désireux de faire connaître tout ce qui peut nous intéresser dans l'étude des forêts de l'Europe et de la France en particulier.

Paris, 23 mars 1850.

HISTOIRE
DES FORÊTS.

Les forêts, les plaines ou les déserts, les montagnes et les plages forment les traits les plus frappants dans la physionomie d'un pays. Ce sont comme les grandes lignes auxquelles se rattachent une foule de lignes secondaires. Aussi les anciens, observateurs peu attentifs de la nature et voyageurs peu soucieux de nous faire connaître le caractère pittoresque des pays qu'ils ont décrits, ont-ils cependant manqué rarement de nous signaler ces caractères principaux du sol.

Les forêts frappent surtout les regards par la majesté de leur aspect, le caractère imposant de leur masse, les teintes diverses dont elles colorent le paysage. Elles forment dans le vaste tableau de la nature les parties les plus remarquables. La végétation, cette admirable parure de notre globe, n'a pas de produits plus magnifiques. En effet, l'arbre est le représentant le plus élevé du règne

1

végétal, comme l'homme l'est du règne animal.
Ces troncs uniques qui se ramifient à une certaine
hauteur en étendant au loin leurs branches et leur
feuillage, ou ces stipes qui semblent des fûts gigantesques dont le stylobate se cache dans le sol, sont
les plus beaux enfants que la terre tire de son sein.
Ces aînés de la famille végétale semblent exercer
sur les plantes plus humbles, les arbrisseaux, les
arbustes ou les chaumes débiles, un empire que
nul ne leur dispute. Ils abritent de leur ombre
mille plantes chétives; ils portent sur leur tige des
lianes qui ne sont point assez fortes pour se soutenir par elles-mêmes. Répandus sur toute la surface
du globe, mais plus élancés sous les tropiques,
plus vigoureux sous les zones tempérées, moins
élevés près des pôles, ils reflètent constamment
par leur port, leur physionomie, le caractère du
sol, de la température, du climat dans la dépen-
dance desquels ils sont étroitement placés. C'est
en examinant les arbres d'une contrée, en considérant l'aspect de ses forêts, que l'on peut appré-
cier à quelle région botanique cette contrée appartient. Les arbres, soit en masse, soit isolés, constituent en quelque sorte les jalons qui servent à
limiter les circonscriptions végétales de notre
globe. Ils sont comme les pavillons qu'on hisse aux
portes des villes, et qui sont destinés à annoncer
par leurs couleurs à quel État ces villes appartiennent.

Les lignes qui, sur la mappemonde, indiquent les zones entre lesquelles croissent les principaux arbres, sont donc, jusqu'à un certain point, pour la végétation, ce que l'équateur, les tropiques, les divers parallèles sont pour les climats; elles tracent les frontières que la main du Créateur a assignées à chaque contrée botanique. De même les lignes verticales qui marquent les diverses altitudes auxquelles s'élèvent, sur les montagnes, les arbres des forêts, sont autant d'autres frontières que chaque espèce de végétation a reçues dans le sens de la hauteur. Qu'on jette les yeux sur la carte que M. Gand a donnée de la végétation forestière[1] en Europe, et l'on reconnaîtra l'exactitude de ces remarques. La ligne du chêne liége, combinée avec celle du chêne à glands doux, trace la limite supérieure de la végétation méditerranéenne. La ligne du châtaignier celle de la végétation de la zone tempérée moyenne, la ligne du hêtre celle de la zone froide inférieure, la ligne du pin sylvestre celle de la zone froide supérieure, enfin celle du bouleau l'extrême frontière de toute végétation.

Les altitudes auxquelles atteignent les principales essences, offrent des résultats du même genre. Si nous prenons pour exemple les Apennins, nous voyons d'abord le *quercus ilex* et le *quercus suber*

---

[1] *Annales forestières*, t. IV, p. 89 et suiv., et la carte annexée à ce volume.

servir de bornes à la région maritime, qui n'excède pas 600 mètres au-dessus du niveau de la Méditerranée, et que caractérisent les cistes, les myrtes, les pistachiers et une foule de labiées et de caryophyllées. Au-dessus, les chênes et les châtaigniers marquent cette région où les arbres verts ont disparu et dans laquelle apparaissent les plantes du nord de l'Europe. C'est le premier étage forestier. Au second étage, les *quercus robur* et *cerris* font place aux hêtres et annoncent la région de l'*atropa belladona*. Le *pinus sylvestris* montre alors son sombre feuillage et sa tige pyramidale, dont la hauteur sert comme d'échelle à la végétation; il se réduit aux proportions d'un arbre rabougri, quand le sol de l'Apennin ne donne plus naissance qu'à des arbrisseaux tels que le *vaccinium myrtillus*, l'*arbutus uva ursi*, le *juniperus nana*, présage de la région des neiges et de la stérilité[1].

Ces frontières verticales varient de hauteur et de nature suivant les latitudes et les climats. Par exemple, dans les Andes, la végétation s'élève plus haut qu'en Europe; et les sentinelles qui gardent en quelque sorte la frontière de chaque région, ne sont pas les mêmes dans les Alpes, les Pyrénées, les Car-

[1] Voy. à ce sujet H. Berghaus, *Allgemeine Länder-und-Völkerkunde*, t. III, p. 107, 108 (Stuttgart, 1838), et Schouw, *Des Conifères de l'Italie*, dans les *Annales des Sciences naturelles*, t. III, p. 245 (Paris, 1845).

pathes, l'Himalaya, l'Altaï ou le Caucase, les Apalaches, les Alleghanies et les Montagnes rocheuses.

Les forêts offrent dans chaque contrée du globe un cachet particulier. Chaque région reçoit de ses forêts une physionomie propre ; celles-ci à leur tour prennent un caractère d'autant plus tranché que les régions le sont davantage, eu égard à la distribution de la chaleur, de la lumière, et aux diverses conditions climatologiques. Pour en convaincre le lecteur, nous allons jeter un coup d'œil rapide sur les principaux districts forestiers de la terre. Commençons par cette vaste région qui s'étend du versant méridional de l'Himalaya jusqu'à la mer des Laquedives et des Indes, terre antique où la vie s'est développée depuis l'époque la plus reculée et dans laquelle la nature a semé à profusion la vie végétale. L'Hindoustan a des forêts qui ont résisté aux progrès de la civilisation et qui forment un des traits les plus distincts de ce pays. La végétation y reflète l'ardeur dévorante du ciel sous lequel elle se développe. Parmi ces forêts, les unes présentent des rangées pressées des grandes essences de ces climats. Le bois de tek (*tectonia grandis*), qui forme à lui seul de vastes forêts, le tamarin, le mango (*mango mangifera*), l'ébénier, les bambousiers, auxquels se joignent parfois le palmier-éventail (*borassus flabelliformis*), et d'autres espèces de la même famille (*elate sylvestris*), couvrent de leurs tiges élancées les premiers étages des Nilgherries[1]. Ailleurs ce sont des forêts plus fourrées et plus impénétrables, toutes garnies de lianes et de plantes sarmenteuses, de buissons épineux, dont des légumineuses arborescentes, des mimosées, des cassiées constituent les futaies[2]. Les sombres et sévères conifères de nos climats ne rembrunissent jamais de leur feuillage les couleurs vives de ces massifs d'arbres.

A côté de ces forêts formées par les tiges élevées des essences que je viens de nommer, se placent d'autres forêts aux essences moins hautes, vastes amas d'arbustes, de broussailles, de roseaux, où l'homme ne trouve pas un sentier, un espace ouvert pour poser son pied. Ce sont ces célèbres jongles qui atteignent dans l'Orissa[3], à Ceylan[4] et dans l'Assam[5] leur plus grande étendue. Ces gigantesques fourrés servent de repaire aux tigres, aux éléphants, aux buffles, aux rhinocéros, à tous ces ani-

[1] C. Ritter, *Die Erdkunde von Asien*, t. IV, p. 963.

[2] C. Ritter, o. c., t. IV, p. 979.

[3] Voy. sur ces forêts, dont quelques-unes ont quatre journées d'étendue, et où abonde le *tendou* ou ébénier bâtard, *Account of a journey from Calcutta via Cuttack and Pooeree to Sunbulpur and from thence to Mednipur through the forests of Orissa*, by lieut. Kittoe, dans *the Journal of the Asiatic Society of Bengal*, vol. VIII, p. 474 et suiv., 606 et suiv., 678 et suiv.

[4] Voy. de Butts, *Rambles in Ceylon*, p. 190 (London, 1841).

[5] Voy. *A sketch of Assam by an officer*, p. 27 (London, 1847).

maux dont l'homme redoute la rencontre et les déprédations. Dans les jongles de l'Orissa erre le *jungly-gau*, ou bœuf des jongles, qui semble être la souche sauvage des bœufs domestiques de l'Inde. Parfois ces jongles recouvrent un sol humide et marécageux où risque de s'enfoncer celui qui se hasarde, la hache à la main, dans ce dédale végétal. Telles sont les forêts qui s'étendent sur le Delta du Gange et dans lesquelles le *soundari* (*heritiera minor*) forme l'essence dominante. Cette région hérissée de bois, qui doit à cette dernière circonstance son nom de *sunderbunds*, est, comme toutes ces jongles, plus encore que les autres, un foyer de miasmes délétères d'où le choléra et les fièvres pernicieuses vont, portés par les moussons, s'abattre sur les contrées ouvertes et habitées. Ces forêts de broussailles et de roseaux rappellent par leur aspect la végétation des contrées subpolaires, avec cette différence que l'extrême chaleur arrête là l'activité de la croissance des arbres, tandis que, ici, ce sont les frimas qui produisent le même effet. Tout dans ces vastes jongles respire l'immobilité de la mort et la monotonie de l'hiver; mais c'est un hiver de sécheresse. L'atmosphère lourde et immobile imprime à l'air une teinte morne et une pesanteur fatigante qui abat l'âme et énerve les forces de celui qui pénètre dans ces forêts. Longtemps les arbres morts demeurent droits et garnis de branches privées de feuillage, sans qu'un coup de vent vienne les renverser [1]. Parfois cependant quelques fleurs aux couleurs vives, le cotonnier épineux, le *mourata* (*lagerstræmia reginæ*), aux nuances écarlates et ponceaux, tranchent avec la teinte brune et jaunâtre de la masse [2]. Et sur la lisière de ces forêts chétives, des essences plus élevées relèvent, par la majesté de leurs tiges, les lignes que tracent les touffes d'arbustes et de roseaux [3].

Sur les montagnes de l'Hindoustan et de l'archipel indien les forêts sont souvent disposées par étages. D'abord apparaissent les palétuviers (*rhizophora mangle*), qui s'avancent au milieu de l'Océan et étendent leur tige sur les plages qu'inonde la marée montante [4]. Les cocotiers qui croissent aux bords de la mer, forment des forêts à Ceylan, dans les Laquedives et couvrent presque tout le littoral de la côte de Malabar et la province de Canara [5]. A l'entour des villes de Travancore, de Calicut, de Tellichery, de Goa, de Bombay, règnent des forêts composées uniquement de cette essence; vient ensuite le bois de tek, puis celui de san-

[1] Voy. Major Forbes, *Eleven years in Ceylon*, vol. I, p. 167, 168 (London, 1840).

[2] Forbes, o. c., t. I, p. 188. Voyez ce que dit ce voyageur des forêts du district de Kandy.

[3] Montgomery Martin, *The history of eastern India*, t. II, p. 783.

[4] Voyez ce que je dis plus loin de ces forêts marécageuses.

[5] Ritter, o. c., t. IV, p. 839, 840.

tal[1]. Cette disposition s'observe surtout dans le Malabar. Ce dernier arbre forme aux environs de Chatrakal, au nord de Seringapatam, des forêts où les tigres empêchent l'Hindou de pénétrer[2], et le nombre de tiges que renferment les forêts de Magadi, à l'ouest de Bengalore, dépasse parfois trois mille.

Quand on remonte vers l'Himalaya, les forêts prennent un caractère qui rappelle davantage celui de nos climats. Jacquemont fut frappé de l'analogie qui existe entre la distribution de la végétation qui s'offrit à ses yeux dans cette chaîne de montagnes, et celle qu'on rencontre dans les Alpes. Cependant cette végétation himalayenne a aussi ses nuances et ses apparences diverses. Le caractère des forêts varie sur ces cimes suivant les expositions. Sur le premier étage, le long des pentes inférieures croît l'*euphorbia sourou*, qui manque complétement à l'étage supérieur où se pressent les tiges de *pinus longifolia*[3]. Les aunes, les saules se mêlent à ces arbres dans les districts du Cachemire[4]. Ailleurs comme au *Kedar-kanta*, c'est le chêne (*quercus diversifolia*) qui constitue l'essence dominante. Laissons le célèbre Jacquemont nous tracer un

[1] Ritter, o. c., t. IV, p. 817.
[2] Ritter, o. c., t. IV, *ibid.*
[3] Jacquemont, *Voyage dans l'Inde*, t. II, p. 446.
[4] Vigne, *Travels in Kashmire, Ladak, Iskardo* (2ᵉ édit., 1844), t. I, p. 56.

tableau de la végétation arborescente de ces régions :

« L'Himalaya n'a donc pour lui que la grandeur
de ses dimensions, mais bientôt l'œil s'accoutume
à cet horizon des montagnes, et alors il n'y trouve
plus comme dans les plaines qu'une uniformité
continuelle d'un autre genre. Il n'y a pas plus de
vallées verdoyantes que de cimes nues et déchi-
rées ; les escarpements inaccessibles manquent
comme les sommets unis qui les couronnent si
souvent dans les Alpes.

« Voilà pour les formes. La végétation qui les
couvre est monotone comme elles. Comment en
serait-il autrement, puisque c'est la diversité des
sites qui produit celle des plantes, et qu'ici presque tous les sites se ressemblent? Des bois, où la
variété des espèces que paraîtrait commander une
latitude aussi méridionale est déjà très-réduite par
l'élévation absolue, ombragent les bords des torrents dans les vallons les plus ravinés. Sur les
pentes des montagnes, on voit également une ligne
étroite de verdure plus sombre marquer le cours
des ruisseaux assez rares qui y glissent. Leurs
flancs sont d'un vert monotone sans éclat. Il n'y a
ni prairies ni pâturages, mais partout, excepté sur
les plus hautes cimes, une herbe inégale et gros-
sière, trop courte pour faire une prairie, trop longue pour faire un pâturage. Des blocs nombreux
sont épars sur ces gazons vulgaires ; des éboule-

ments les ont jonchés souvent de menus débris ou
des roches en place en affleurent les pentes. Il est
des montagnes élevées qui, de leur base à leur sommet, ne sont revêtues que de ce terne mélange
d'herbes et de rochers. Plus souvent, sur ce fond
plat et monotone, des arbres sont dispersés. Au-
dessous de 2 000 à 2 500 mètres, aux expositions
méridionales, ce sont presque toujours des pins.
Dans des expositions plus froides, mais entre les
mêmes limites, ce sont ordinairement des chênes
et des *rhododendrons*. Ni les uns ni les autres ne
forment d'épaisses forêts. On aperçoit entre les arbres le vert plus clair des herbes sèches et diffuses
qui croissent au-dessous.

« Ce n'est qu'à la base des très-hautes montagnes ou dans leur voisinage immédiat qu'il y a des
forêts dignes de ce nom. Leur caractère est entièrement européen. Il serait montagnard même en
Europe. Cependant on y trouve la plupart des arbres de nos plaines, comme ceux des Alpes, confon-
dant leurs feuillages divers. Cette diversité de dé-
tail ne produit pas moins la monotonie des masses.

« Il est vrai que plus l'on s'élève, plus on voit
le climat faire un triage sévère entre les espèces
que leur constitution plus robuste défend contre
ses rigueurs. Mais la zone d'où il exclut la variété
de celles qui croissent mêlées au-dessous, est presque celle où la végétation arborescente expire.
Elle n'y a pas encore atteint la sombre et solennelle

monotonie des forêts de sapins ou de mélèzes des Hautes Alpes, que déjà elle est réduite à des proportions misérables. Elle n'offre plus que l'image de la décrépitude et de la difformité, là où près également d'expirer, elle conserverait dans les Alpes le caractère noble et mélancolique de sa grandeur et de sa désolation. C'est la différence d'une mort naturelle à une mort violente. Les forêts meurent d'elles-mêmes dans l'Himalaya; on est témoin de leurs derniers efforts contre le climat et de leurs misérables résultats [1]. »

Le versant méridional de l'Himalaya est partout couvert de jongles épaisses [2] et souvent impénétrables, qui, étendant leurs ramifications à l'est et au sud, se continuent avec les jongles plus profondes et plus vastes du Bengal et courent jusque vers le Settledje. Dans cette direction, elles diminuent graduellement et finissent par se réduire à des amas de broussailles au delà de la Djumna. Dans la saison des pluies, presque toutes ces forêts sont inondées, et grâce à la chaleur et à l'humidité, elles se couvrent de plantes des tropiques. Dans la région orientale prédominent les fougères arborescentes, les scitaminées, les orchidées épidendres, les pipéracées, les ébénacées, les bignoniacées, les myrta-

---

[1] Jacquemont, *Voyage* cité, t. II, p. 130, 131.

[2] Le mot *jongle* est dérivé du sanscrit *djangal*, forêt, qui a passé en hindoustani et se retrouve en persan.

cées, les bittnériacées, les malvacées, les guttifères,
les diptérocarpées, les anonacées, les dilléniacées.
Dans la région du nord-ouest, le froid des hivers
fait disparaître ces formes tropicales, et celles de
nos climats les remplacent[1].

A la base de la chaîne que l'on peut appeler sub-
himalayenne, sur ce contre-fort qui sépare les bassins de l'Iraouady du bas Brahmapoutre, dans tout
cet intervalle qui est compris entre le point où le
Gange coupe cette chaîne et la mer, règne une
des plus vastes forêts du globe, *Saul forest*, qui
descend jusque dans les plaines du Bengal et de
l'Hindoustan. Sa profondeur varie de 10 à 30 milles
et son aire totale est de 1500 milles. Elle n'est habitée que dans un petit nombre de cantons. Véritable terre promise du zoologiste, elle recèle dans
ses retraites humides et empestées une foule d'animaux qui se dérobent à l'homme à travers les futaies de *shorea robusta*, le gaur, l'éléphant, le
buffle-arna, le rhinocéros, le samber et le bara-
singa, enfin le *lepus hispidus* décrit par M. Hodgson[2].
En s'avançant vers la mer, le tek succède au shorea
et la population mammalogique s'éclaircit.

C'est surtout à partir d'une élévation d'environ

[1] Jacquemont, *Voyage*, t. II, p. 124. Berghaus, o. c., t. III,
p. 89, 90.

[2] Voy. sur ce lièvre et cette forêt, qui reçoit son nom du
saul ou *shorea*, *Journal of the Asiatic Society of Bengal*, t. XVI,
part. I, p. 372.

2 200 mètres que les forêts de l'Himalaya rappellent tout à fait celles de l'Europe, bien qu'avec des traits moins prononcés. Si ce ne sont pas toujours les mêmes espèces, ce sont les mêmes genres au moins; mais les tiges sont moins vigoureuses que dans nos climats. Ainsi l'on rencontre le *rhododendron arboréum*[1], les chênes, les ormes, les charmes, les érables[2]. Le long des pentes abruptes au sommet desquelles fleurit le magnifique *rhododendron campanulatum*, se déroulent de magnifiques forêts de bouleaux[3].

Le voyageur demeure confondu de la multitude d'essences qu'il rencontre dans l'Himalaya ou dans les forêts qui se rattachent à celles de cette chaîne. Il retrouve sous les proportions d'arbres élevés des plantes qu'il s'était accoutumé à regarder ailleurs comme des herbes ou de chétifs arbrisseaux. Tout atteint dans ce climat l'élévation, les proportions de nos chênes, de nos ormeaux ou de nos peupliers. Parmi les térébinthacées, ce sont le *semecarpus anacardium*, les *buchanania latifolia*, le *spondias mangifera*, le *boswellia glabra*, le *garuga primata*, l'*odina wodier*; parmi les légumineuses,

[1] On distingue dans l'Himalaya trois espèces de rhododendrons qui croissent à trois altitudes différentes. Voy. Alex. Gérard, *Account of Koonawur in the Himalaya*, p. 68 (London, 1841).
[2] Berghaus, o. c., t. IV, p. 91.
[3] Jacquemont, *Voyage dans l'Inde*, t. III, p. 227.

les *cassia*, les *bauhinia*, les *dalbergia*, les *pongonia*; parmi les euphorbiacées, le *phyllanthus emblica*, les *rottlera*, les *bridelia*. A ces espèces, il faut en joindre d'autres aussi arborescentes et qui ne caractérisent pas moins les forêts : telles que le *diospyros embryopteris*, le *moringa pterigosperma*, l'*ehretia*, les *grewia*, les *sterculia*, les *eugenia*, les *careya*, les *muraya*[1].

Le Dehra-Doun, au delà de la première chaîne de l'Himalaya, offre des ombrages plus imposants que les jongles du sud-ouest. Les forêts qu'on y rencontre ont une étonnante profondeur. Cette imposante végétation se continue dans le Kumaon, d'une part, et de l'autre sur les premiers étages du Népaul, où le *shorea robusta*, le *dalbergia sissou* forment de magnifiques forêts[1].

Les essences forestières de cette contrée sont innombrables, ainsi qu'on en peut juger par l'intéressante description qu'en a donnée M. Wallich, le célèbre botaniste anglais[3].

En descendant de l'Himalaya dans le Pendjab, le marronnier d'Inde forme l'essence dominante; le *prunus padus* et l'érable marient souvent leur feuillage au feuillage digité du premier.

Quelques-uns des arbres de l'Hindoustan attei-

---

[1] Berghaus, o. c., t. III, p. 90.
[2] Kirkpatrick, *An account of the Kingdom of Nepaul*, p. 79.
[3] Voy. *Journal of the Asiatic Society of Bengal*, vol. II, p. 168 et suiv.

gnent parfois de prodigieuses dimensions qui rappellent celles des contrées américaines. Sans parler du figuier des Banyans, sur lequel nous reviendrons plus tard, à propos des arbres sacrés, on peut citer l'étonnant *imli* (*imli tamarindus*), dont la circonférence atteint dans les montagnes de Vindhya, près de Mandhou, jusqu'à 13 mètres[1].

Il ne faut pas s'imaginer que cette étonnante étendue des forêts indiennes soit une preuve que la main de l'homme les ait toujours respectées et que le timide adorateur de Brahma ait ressenti pour la vie végétale la même vénération, la même pitié qu'il a pour tout ce qui respire et vit de la vie animale. Mais c'est que la force de production est tellement énergique dans ces climats, que la forêt reprend en quelques instants la terre que l'homme avait d'abord conquise sur elle, puis qu'il lui abandonne, forcé qu'il est de fuir ou de s'expatrier. C'est ce qui résulte des observations des voyageurs[2]. Dans l'Assam, quelques jours après que l'incendie a dévasté les jongles qui hérissent le pays, la végéta-

---

[1] Jacquemont, *Voyage*, t. III, p. 455 et suiv.

[2] Dans la vallée du Buddiar, sur la route de Cursali à Simla, Jacquemont reconnut dans une forêt de *pinus longifolia* des marques de gradins qui attestaient que son sol avait été jadis cultivé. *Voyage dans l'Inde*, t. II, p. 417. Cf. t. III, p. 483. Voy. aussi ce que dit M. Kittoe au sujet d'une épaisse forêt qui a remplacé la ville de Nowagaon, dévastée lors de l'insurrection Cole. *Journal of the Asiatic Society of Bengal*, vol. VIII, p. 676.

tion reparaît plus forte et plus vigoureuse que jamais[1].

Toutefois, dans ces dévastations par le fer et la
flamme, si les forêts ne succombent pas, si elles ré-
sistent avec ténacité, elles reprennent promptement
le terrain qu'elles ont perdu ; mais elles se dépouillent graduellement d'une partie de leur parure, de ce
vêtement vivant et mobile, aux nuances si diverses, aux teintes diaprées, chatoyantes, que déroulent sous leurs ombrages les innombrables animaux
qui les peuplent. Le pelage varié de l'hypelaphe,
du nylgau, de l'axis, du cerf de Wallich, du buffle,
des écureuils, le plumage si brillant et si richement
coloré des paons, des faisans, des perroquets, des
lophophores viennent se marier aux teintes des
troncs et des feuillages. Toutes ces légions disparaissent devant l'invasion destructive de l'homme,
et une fois anéanties, elles ne reparaissent plus avec
la même facilité que les arbres incendiés ou abattus.

[1] En janvier, février, mars et avril toute la contrée qui entoure Bourpetah présente un spectacle fort curieux. Les habitants mettent le feu aux jongles pour éclaircir le pays, le
rendre propre à la culture, et ouvrir des voies de communica-
tion entre les différents villages. On ne saurait se représenter
le mugissement et la rapidité avec laquelle ont lieu ces incendies. Un espace de plusieurs milles de jongles couvert d'herbes
de 20 pieds de haut est éclairci en un petit nombre d'heures.
Quelques jours après, la jongle est déjà repoussée plus forte et
plus épaisse que jamais: *A sketch of Assam, by an officer,*
p. 21 (Lond., 1847).

L'Afghanistan et les montagnes de l'Hindou-Koh, celles de Khoraçan ne présentent que fort peu de forêts ; leur versant septentrional n'est pas plus riche sous ce rapport que leur pente méridionale. L'Aktagh, montagne qui occupe la partie septentrionale du Kokhan, et qui s'étend jusqu'à Samarcande, offre des forêts épaisses, les seules qui puissent fournir du combustible à l'oasis de la grande Boukharie[1]. C'est de ce pays que les bois de construction dont est complétement dépourvue la Boukharie occidentale, descendent en radeaux sur le Zer-Afchan. Les genres qui peuplent les oasis appartiennent à ceux de nos contrées européennes[2]. Mais les froids rigoureux auxquels succèdent de fortes chaleurs, sont d'invincibles obstacles à la végétation arborescente et paralysent l'afforestation.

La presqu'île au delà du Gange paraît n'être pas moins riche en forêts que celle qui est en deçà ; mais ces forêts sont encore imparfaitement connues. L'abondance des bois de construction que fournissent le Tonkin, le Laos, la Cochinchine nous est une preuve de l'exubérance de la végétation forestière dans ces contrées[3].

[1] J. de Hagemeister, *Essai sur les Ressources territoriales et commerciales de l'Asie occidentale*, p. 43 (Saint-Pétersb., 1839).

[2] G. de Meyendorff, *Voyage d'Orenbourg à Boukhara fait en 1820*, trad. par Am. Jaubert, p. 207, 372 et suiv.

[3] Voy. *Exposé statistique du Tonkin, de la Cochinchine, du*

Si nous quittons l'Hindoustan et si nous nous dirigeons vers l'Océanie, nous retrouvons dans les îles de l'Océan, dans l'archipel de la Sonde, à Sumatra, à Java, aux Philippines, des forêts qui rappellent celles des deux péninsules.

A Poulo-Pinang et dans la presqu'île de Malacca, des jongles épaisses recouvrent les collines. Le *pinang*, ou *areca*, y abonde. Les bambous, les cannes, les rotangs occupent les régions basses, tandis que les cimes les plus élevées sont couronnées de conifères et de fougères[1].

Les montagnes de Java présentent cinq zones, ou étages de forêts, ayant chacune un caractère spécial. Le premier est celui des palmiers qui bordent le rivage, des cocotiers, des *borassus*, des *corypha*, des *avicennia*, des *tournefortia*, des *pandanus*, des *bruguiera*, des *calophyllum*. Au second étage se présentent de vastes massifs de figuiers renfermant plus de cent espèces différentes, auxquels se joignent de nombreuses essences tropicales ou australasiennes, les meliacées, les sterculiées, les sapindées, les caryotées, les artocarpées. A cet étage succède celui que caractérise le rosamala

Camboge, etc., *d'après la relation de La Bissachère*, p. 97 et suiv. (Londres, 1811).

[1] L'île du prince de Galles ou Poulo-Pinang doit son nom à cet arbre. Voy. T. G. Newbold, *Political and statistical account of the British settlement in the straits of Malacca* (Lond., 1839), t. I, p. 49, 442 et suiv.

(*altingia excelsa*)[1], arbre propre à Java. Les rosa-malas sont bientôt remplacés par les pins et les cyprès. Enfin on arrive dans la région des laurinées, des mélastomées, des magnoliers, des eugénias, qui termine l'échelle arborescente et vous introduit dans la zone purement herbacée ou suffrutescente[2].

Sur la côte de la Nouvelle-Guinée et les îles basses qui la défendent, le *pterocarpus indicus* et *marsupinus* élèvent leurs tiges majestueuses. Et dans les épais bocages auxquels ils donnent naissance par l'entre-croisement de leurs rameaux, les paradisiers et les calaos vont cacher leur éclatant plumage. Tandis qu'à l'ombre de leurs hautes futaies les brèves poursuivent incessamment les fourmis qui leur servent de nourriture[3].

C'est dans l'archipel des Moluques, que l'on observe surtout ces singulières forêts marines inondées périodiquement par les eaux de la mer. Au milieu de ces défilés de *bruguiera*, de *sonneratia*, d'*aegiceras*, d'*avicennia*, de *laguncularia*, de *rizophora*, d'*ægialitis annulata*, confondus sous le nom générique de palétuviers, des crocodiles et mille rep-

---

[1] L'*altingia excelsa* a été ainsi appelé par Ferdinand Noronha. C'est une espèce du genre *liquidambar* de Linné. On le rencontre surtout dans les forêts de Java, aux habitants desquelles il fournit un suc résineux connu sous le nom de *rosa malla*. Voy. Lasègue, *Musée botanique de M. Delessert*, p. 190.

[2] Berghaus, o. c., t. III, p. 85, 86.

[3] Dumont d'Urville, *Voyage au Pôle sud*, t. VI, p. 309, 310.

tiles dangereux viennent placer leur repaire. Un
savant botaniste, M. Gaudichaud, a donné la description
d'une de ces forêts situées près de Babao,
au fond N.-E. de la baie de Coupang dans l'île de
Timor[1].

Les Philippines ont comme l'Amérique leurs forêts
vierges (*sylvæ primævæ*) qui frappent les voyageurs
par leur aspect singulièrement romantique.
Les arbres y mêlent leur feuillage à celui d'une foule
de plantes parasites, aux mousses, aux jungermanniées,
aux fougères, et à une grande polypodiacée
qui étale sur leurs branches ses racines écailleuses.
Un célèbre voyageur, M. de Rienzi, nous a laissé la
description d'une de ces forêts, celle qui borde la
baie de Siokon dans la baie de Maïndanao[2]. Laissons-le
parler :

« Retenu par les vents dans la baie de Siokon,
sur la côte occidentale de l'île de Maïndanao, je
voyais çà et là de nombreuses et variées légumineuses,
des fourrés de longues lianes arborescentes,
des jongles épaisses, des vaquois, des mangliers
aux mille racines, des plantes herbacées d'une organisation
robuste et ligneuse. Après avoir monté
une pente escarpée et marché longtemps à travers
des sagoutiers, des bambous et quelques can-

[1] *Botanique du Voyage de l'Uranie et de la Physicienne,*
p. 42 et suiv.

[2] D. de Rienzi, *L'Océanie*, t. I, p. 300 ; cf. *Estado de las
islas Filipinas*, t. II, p. 2 et suiv. (Madrid, 1843).

nelliers sauvages, j'arrivai dans une forêt composée d'arbres projetant leurs branches à une grande hauteur. C'étaient des *palos-marias*, des muscadiers uniformes, des cocotiers, des aréquiers (*bounga*) semblables à des colonnes légères que le *vehouco* et le *macu bounbay* embrassaient comme le lierre et accompagnaient jusqu'à leurs cimes, et de beaux tamarindes balançant leurs têtes séculaires souvent frappées de la foudre, et formant des voûtes de verdure impénétrables à la lumière du soleil. Mais ces voûtes de second ordre étaient dominées par les tiges de beaux ébéniers d'une hauteur vraiment prodigieuse, par des pins et des espèces d'acacias de 200 pieds de haut, qu'on prendrait pour une seconde forêt s'élevant au-dessus de la première. »

Aux Mariannes des forêts vierges couvrent les sommets culminants d'Umata, de Pago et d'Agagua. Elles se composent de quatre variétés sauvages de l'arbre à pain, de plusieurs rubiacées arborescentes du genre *puvetta*, du *Dodonæa viscosa*, du *casuarina indica*, de l'*areca oleracea*, d'euphorbiacées et d'apocynées arborescentes. Le *mimosa scandens*, le *dioscorea alata*, le *lomaria spicata*, constituent les lianes qui lient ces essences comme en un seul faisceau[1].

Si, quittant l'archipel indien, nous nous avan-

---

[1] Gaudichaud, *Botanique du voyage de l'Uranie*, p. 70.

çons vers la Polynésie, nous voyons la végétation forestière changer de physionomie avec tout le règne végétal. Quoique la Malaisie et la Nouvelle-Hollande soient des contrées voisines, le caractère de leur végétation est complétement différent, nous dit Dumont d'Urville[1]. Quant aux îles Arrou les forêts s'y présentent avec tout le caractère de la végétation équatoriale; leurs arbres immenses élèvent leurs branches à de grandes hauteurs, et les lianes étreignent de leur mille faisceaux les rameaux entrelacés. Sur la côte nord de la Nouvelle-Hollande, entre Vittoria-Town et Port-Eslington tout respire la stérilité. Les forêts, qui appartiennent à la région des eucalyptées et des épacridées, ont un cachet à part. Elles reprennent dans l'Australie cette teinte uniforme qui caractérise les nôtres, et elles se séparent radicalement de celles de la zône équatoriale. Presque tous les arbres qui les composent, appartiennent à la même famille et leurs feuilles, au lieu d'affecter comme dans nos contrées la position horizontale, s'élèvent verticalement. Leur verdure n'a plus cette vivacité, ces teintes brunes et énergiques des climats que nous venons de quitter. Elle présente des teintes plus pâles qui vont sans cesse en se dégradant. Les feuilles n'offrent plus cet éclat, ce lustre qui miroite agréablement dans le paysage, et les massifs se montrent maigres et

---

[1] *Voyage au Pôle sud*, t. VI, p. 85.

comme étiolés. Les arbres ne perdent pas périodiquement leur ombrage, ainsi que cela a lieu dans nos contrées. Ce caractère appartient aussi aux végétaux de l'Amérique du sud et du cap de Bonne-Espérance. En Australie les arbres, à l'exception des gommiers bleus, n'atteignent pas les énormes proportions qui étonnent entre les tropiques. Mais ils s'élèvent à une grande hauteur et offrent des formes élancées qui ont aussi leur grâce[1].

Dans la Nouvelle-Zélande les forêts reprennent un aspect plus imposant, et les arbres qui les composent, des proportions plus considérables[2], bien que la végétation ait le même caractère que sur le continent océanien[3]. Les unes composées exclusivement de *Kauris* aux formes parfaitement cylindriques rappellent, par leurs alignements, les colonnes des vastes péristyles des temples de Karnak et d'Edfou. Plusieurs de ces forêts offrent une profondeur extraordinaire et s'étendent jusqu'à une largeur de plus de trente milles[4].

Les essences qui caractérisent les forêts de l'Australie, les *Dracœna terminalis, indivisa, australis,* le *Tacca pinnatifida,* le *Casuarina equisetifolia,* le

---

[1] Ch. Darwin, *Journal of Researches into the natural history and geology*, p. 433 (Lond., 1845).

[2] Darwin, o. c., p. 427.

[3] Ces rapports dans la flore sont confirmés par les hydrophytes qui sont communs aux deux terres.

[4] Berghaus, o. c., t. III, p. 150, 158.

Mimosa mangium, le *Terminalia catappa*, le *Barringtonia speciosa*, le *Cassia sophora*, le *Dacrydium cupressinum*, le *Calophyllum inophyllum*, les *Melaleuca virgata, leucodendron, cajaputi*, les *Dodonæa spatulata* et *viscosa*, l'*Araucaria excelsa*, l'*Areca sapinda*, le *Podocarpus spinulosus*, l'*Acacia aphylla*, etc., etc., sont particuliers à cette partie du globe et rattachent sa végétation à celle de l'Amérique et du Cap.

Le voyageur européen qui parcourt ces forêts, surtout celles de la Nouvelle-Zélande[1] où les genres de l'Europe se marient à ceux de l'Amérique et du Cap, où les *Eucalyptus*, les *Banksia*, les *Acacias*, les *Casuarina*[2], étalent leurs branches sur un sol

---

[1] E. Diefenbach, *Travels in New Zeeland*, t. I, p. 421 (London, 1843). Les forêts du S.-O. de la Nouvelle-Zélande sont formées par les *Dacrydium cupressinum*. *Voyage de l'Astrolabe, Botanique*, par M. Ach. Richard, p. 362.

[2] Le *casuarina*, dont on a découvert treize espèces, se trouve dans toutes les forêts et les halliers. L'*acacia aphylla* forme un genre plus étendu encore; on en compte plus de cent espèces. Ce genre et le genre *eucalyptus* sont si multipliés et les individus sont en si grand nombre, qu'ils contiennent ensemble, suivant Rob. Brown, autant de terre végétale que le reste des plantes de ce pays. L'*eucalyptus globulosus* de Labillardière est une espèce particulière à la partie sud de la terre de Van-Diemen; elle atteint communément une hauteur de 50 mètres, et porte à la base un bourrelet de 12 à 14 mètres. On trouve aux seuls environs de Port-Jackson cinquante espèces de ce genre magnifique.

d'alluvion qu'enrichit sans cesse leurs dépouilles, est en proie à des illusions incessantes. A tout instant il se croit transporté dans les lieux qui l'ont vu naître, mais en regardant avec attention il reconnaît sous ces apparences trompeuses une flore qui n'est pas celle de sa patrie.

Les îles de la Polynésie présentent, çà et là, des forêts qui ont aussi leur caractère propre. A Tahiti d'épais massifs d'arbres couvrent, parfois, les flancs des collines et des montagnes. L'apape, le taifaï, l'aïto ou casuarina, le tiairi (*aturites triloba*), l'*erythrina*, le *thespesia populnea*, l'*ali* dont le bois est à l'abri des piqûres des insectes, le *callophylla barringtonia* sont les habitants de ces forêts [1].

En général les masses forestières sont rares dans ce vaste ensemble d'archipels qui s'étend entre les 165° long. orientale et 105° long. occidentale, de l'Australie au Nouveau-Monde. Ce sont plutôt des bocages que des forêts qui tapissent la surface des vallées.

Dans l'archipel des Hawai ou Sandwich, au sommet du Mouna-Roa et du Mouna-Koa, on retrouve une végétation alpine qui rappelle celle de nos forêts de la Suisse et de l'Auvergne. En général dans cet archipel les forêts sont très-épaisses; elles sont cou-

[1] R. Br. Hinds, *The Regions of vegetation*, dans E. Belcher, *Narrative of a voyage round the world*, vol. II, p. 380.

pées par de profonds ravins, d'effroyables fondrières, par des pics de forme conique qui paraissent des cratères éteints. Des masses de fougères, de vignes parasites enlacent les arbres et forment une barrière impénétrable pour celui qui est tenté d'explorer ces solitudes, habitées par des oiseaux au brillant plumage[1].

Près de la région des nuages les fougères arborescentes forment des forêts d'un genre particulier; il faut citer parmi elles le *pinonia splendens* au tronc recouvert de soies dorées, le *blechnum fontanesianum*, l'*asplenium poiretianum*, le *polypodium keraudrenianum*, etc., etc. A ces fougères se mêlent de charmantes pandanées ligneuses, des lobéliacées aussi ligneuses et des loganées[2].

C'est en Amérique que les forêts atteignent leur plus grande beauté et qu'elles s'offrent avec toute cette magnificence que le Créateur a attachée à quelques-unes de ses œuvres. Nous ne saurions exprimer d'une manière digne d'elles le grandiose et l'horreur du spectacle que ces forêts nous présentent. De grands peintres de la nature, d'habiles artistes l'ont rendu avec plus ou moins de bonheur. Qu'on relise les pages d'Alexandre de Humboldt[3], qu'on jette

[1] J. Jackson Jarvis, *History of the Hawaian or Sandwich islands*, p. 10, 11 (London, 1843).

[2] Gaudichaud, *Botanique du Voyage de l'Uranie*, p. 88, 89.

[3] Al. de Humboldt, *Voyage aux Régions équinoxiales* (in-8°), t. X, p. 5.

les yeux sur le magnifique dessin de Clarac sur les paysages de Rugendas, et l'on pourra avoir une idée, faible pourtant, des merveilles de la végétation du nouveau monde. Pour être fidèle au plan que je me suis tracé, et compléter le panorama qui doit montrer au lecteur l'aspect des diverses forêts du globe, par comparaison avec celle de notre patrie, je vais emprunter aux plus célèbres voyageurs quelques-uns des traits qui esquissent la physionomie de cette partie de l'univers.

Des 571 000 lieues carrées marines que renferme l'Amérique méridionale, un quart est couvert de montagnes, dont une bonne partie est chargé de bois épais, qui descendent parfois jusque dans les plaines dont les longues bandes interrompent le relief de ce vaste continent [1].

Toutes les parties de l'Amérique ne sont pas également couvertes de forêts. Au sud, la végétation est arborescente et clair-semée. On ne rencontre, pour ainsi dire, pas un arbre dans les vastes *pampas* qui s'étendent du versant oriental des Andes aux bords de l'Uruguay et de la Plata. La violence des vents qui balayent ces steppes du nouveau monde, s'oppose à ce que les végétaux y atteignent une grande hauteur. Ailleurs, sans que cette raison existe, les arbres semblent éviter le sol.

[1] Darwin, *Journal of Researches*, p. 47.

On ne trouve d'arbres de cime assez haute pour servir de bois de mâture, sur toute la côte occidentale de l'Amérique du sud, qu'à la presqu'île des Trois-Montagnes, située au midi de la province de Chiloé. Cette seule province est très-boisée ; les arbres y sont d'une belle venue. On y compte plusieurs variétés de myrtes et diverses familles de pins[1]. Dans certaines parties de l'île, les forêts rappellent celles de la Terre de Feu, dont la morne uniformité dénote déjà le voisinage des pôles[2]. Mais ce ne sont pas seulement comme sur cette terre, les montagnes qui sont ombragées par un épais manteau de feuillage, les plaines se couvrent aussi de forêts luxuriantes[3]. Dans la province de Valdivia les forêts sont encore abondantes, mais une différence de 150 milles en latitude leur imprime déjà un aspect tout autre qu'à Chiloée. Les arbres verts ne sont plus si multipliés et le feuillage prend une teinte plus claire.

Les arbres commencent à être rares dans la province de la Conception, et en allant vers Valparaiso la côte se dépouille de plus en plus de toute végétation, pour passer au nord de cette ville, en suivant jusqu'à Payta, à l'état le plus complet de stérilité. Et cette absence de forêts se continue jus-

[1] A. du Petit-Thouars, *Voyage de la Vénus*, t. I, p. 151.
[2] Darwin, o. c., p. 243, 260.
[3] Darwin, o. c., p. 286, 296.

qu'au delà de Callao [1] et dans une partie de la Bolivie [2].

Si les forêts ne jouent pas encore dans le Chili le rôle qu'elles ont reçu de la nature dans d'autres parties de l'Amérique, elles semblent réservées par la suite à conquérir cette étendue qu'on leur voit au Brésil et dans la Colombie. Un savant voyageur a observé qu'elles gagnent peu à peu sur les graminées. Les *huapis* ou *llanos* du Chili sont envahis par les àrbres, et chaque jour voit se rétrécir l'espace réservé aux troupeaux; les forêts s'avancent comme une véritable armée en bataillons serrés. Les arbres en descendant dans le *huapi*, gardent leurs rangs respectifs, et ne dépassent ou ne franchissent ce que l'on pourrait appeler la ligne d'attaque, que peu à peu, lorsque leur ombrage a diminué la force végétative des graminées [3].

Dans la Patagonie les plaines sont stériles, mais les montagnes sont couvertes de forêts, dont le fameux *betula antarctica*, qui atteint parfois trente-cinq pieds de circonférence, fait l'ornement. A ce géant des terres australes, cet arbre patagon, se joignent quelques palmiers et des fougères arbores-

[1] Darwin, o. c., p. 298.
[2] Dupetit-Thouars, l. c.; Edm. Temple, *Travels in various parts of Peru*, vol. II, p. 59 (London, 1830).
[3] Claude Gay, *Géographie botanique du Chili*, *Bulletin de la Société de Géographie*, 2e série, t. III, p. 309 et suiv.

centes. Plus au sud, dans le détroit de Magellan, les massifs ne sont plus guère formés que par le *fagus betuloïdes* [1].

Le Brésil est la terre des forêts vierges (*matto virgem*) par excellence; leur aspect imposant saisit d'admiration le voyageur qui y pénètre. A mesure qu'il s'avance davantage dans ces retraites, son étonnement augmente, car la ressemblance que, par son contact extérieur, sa physionomie considérée à distance, ces forêts offraient avec celles de nos climats, s'efface peu à peu. Là, rien ne rappelle plus aux regards européens le spectacle des forêts de la patrie. Ce n'est plus cette fatigante monotonie de nos bois de chênes et de sapins. Chaque arbre a, pour ainsi dire, un port qui lui est propre et chacun a son feuillage et souvent offre une teinte de verdure différente de celle des arbres voisins. Des végétaux gigantesques qui appartiennent aux familles les plus éloignées, entremêlent leurs branches et confondent leurs feuillages. Les bignoniées à cinq feuilles croissent à côté des *cæsalpinia*, et les fleurs dorées des casses se répandent en tombant sur des fougères arborescentes. Les rameaux mille fois divisés des myrtes et des *eugenia* font ressortir la simplicité élégante des palmiers, et parmi les mimoses aux folioles légères, le *cecropia* étale ses larges feuilles et ses

[1] *Revue britannique*, 3⁴ série, t. XIV, p. 262 et suiv.

branches qui ressemblent à d'immenses candélabres. La plupart des arbres s'élèvent parfaitement
droit à une hauteur prodigieuse. Il en est qui ont
une écorce entièrement lisse ; quelques-uns sont
défendus par des épines, et les énormes troncs
d'une espèce de figuier sauvage s'étendent en la-
mes obliques qui semblent les soutenir comme
des arcs-boutants. Les fleurs obscures de nos hêtres
et de nos chênes ne sont guère aperçues que par
les naturalistes ; mais dans les forêts de l'Amérique
méridionale des arbres gigantesques étalent souvent les plus brillantes corolles. Des *cassia* laissent
pendre de longues grappes dorées ; les *vochysia*
redressent des thyrses et des fleurs bizarres ; des
corolles tantôt jaunes et tantôt purpurines, plus
longues que celles de nos digitales, couvrent avec
profusion les bignonées en arbres, et des *chorisia*
se parent de fleurs qui ressemblent à nos lis par
la grandeur et par la forme, comme elles rappellent
l'*alstrœmeria* par le mélange des couleurs. Certaines formes végétales qui ne se montrent chez
nous que dans les proportions les plus humbles, là
se développent, s'étendent et paraissent avec une
pompe inconnue sous nos climats. Des borragi-
nées deviennent des arbrisseaux ; plusieurs euphorbiacées sont des arbres majestueux et l'on peut
trouver un ombrage agéable sous le feuillage épais
d'une composée. Mais ce sont principalement les
graminées qui montrent le plus de différence dans

leur végétation. S'il en est une foule qui n'acquièrent pas d'autres dimensions que celle de nos bromes
et de nos fétuques, et qui formant aussi la masse
des gazons, ne diffèrent des espèces européennes
que par leurs tiges plus souvent ramassées et leurs
feuilles plus larges; d'autres s'élancent jusqu'à la
hauteur des arbres de nos forêts et présentent le
port le plus gracieux. D'abord droites comme des
lances et terminées par une pointe aiguë, elles n'offrent à leurs entre-nœuds qu'une seule feuille qui
ressemble à une large écaille. Celle-ci tombe,
de son aisselle naît une couronne de rameaux
courts, chargés de feuilles véritables; la tige de
bambous se trouve ainsi ornée, à des intervalles ré-
guliers, de charmants verticilles; elle se courbe et
forme entre les arbres des berceaux charmants [1].

Les lianes qui enlacent les arbres de ces forêts,
sont elles-mêmes des arbres énormes. C'est le *cipo
matador* ou la *liane meurtrière* dont la tige aussi
droite que celle de nos peupliers, se suspend à
l'aide de racines aériennes à d'autres tiges qu'elle
annelle parfois de spires gigantesques. C'est le *cipo
d'imbé*, prodigieusement aroïde qui existe à une
hauteur considérable sur le tronc des arbres les
plus élevés, et dont la souche forme autour de leur
circonférence comme une sorte de couronne d'où
s'élèvent des rameaux tortueux [2].

[1] Aug. de Saint-Hilaire, *Voyage au Brésil*, t. I, p. 11, 12.
[2] Aug. de Saint-Hilaire, *Leçons de Morphologie végétale*, p. 89.

C'est surtout dans les provinces orientales du Brésil que ces forêts sont multipliées; elles forment un vaste district forestier qui est connu sous le nom de forêt générale, *Matta gerale* [1].

Toutes les montagnes, les collines et les vallées de la *Serra do Mar* sont couvertes de ces lignes forestières, qui s'abaissent lorsqu'on s'avance vers les provinces de *Pernambuco, Parahiba do Norte* et *Ceara*. Le sol calcaire et granitique présente alors des conditions moins favorables à la végétation arborescente. Les forêts vierges n'apparaissent plus que de loin en loin et elles alternent avec les *catingas* [2]. C'est ainsi qu'on appelle d'épais fourrés de broussailles, de plantes grimpantes et d'arbrisseaux, au milieu desquels s'élèvent, comme des baliveaux, des arbres de moyenne grandeur [3]. C'est dans les catingas que l'on rencontre surtout cet arbre singulier appelé par les indigènes *imburana*, par les Portugais *barrigudo* et par les botanistes *chorisia ventricosa* [4]. Il a beaucoup plus de deux brasses de circonférence, et frappe d'autant plus que le diamètre des arbres

---

[1] C. F. P. von Martius, *Die Physiognomie der Pflanzenreichs in Brasilien,* p. 9.

[2] Ce nom est dérivé de deux mots indiens, *caa, tingu,* bois blanc. Voy. A. de Saint-Hilaire, *Voyage dans le district des diamants,* t. II, p. 360.

[3] V. Martius, o. c., p. 10.

[4] A. de Saint-Hilaire, o. c., t. II, p. 105.

qui l'entourent, ne va guère au delà d'un pied.
Comme certaines colonnes il est plus renflé au milieu de la base, le plus souvent il grossit déjà à peu
de distance de terre et à sa partie supérieure il va
en diminuant à la manière d'un fuseau. Son écorce
luisante et roussâtre n'est pas fendue, mais elle
porte des tubercules gris qui sont les restes des
épines dont l'arbre était chargé pendant sa jeunesse. Dans toute sa longueur le tronc qui atteint
une grand élévation, ne présente pas un seul ra-
meau, et son extrémité seule se termine par un
petit nombre de branches presque horizontales [1].

Les *catingas* ne dépassent pas au sud le milieu
environ de la province des Mines et n'atteignent
jamais une grande hauteur au-dessus de l'Océan [2].

Il ne faut pas croire, écrit M. Aug. de Saint-
Hilaire [3], que les forêts vierges soient partout ab-
solument les mêmes; elles offrent des variations,
suivant la nature du terrain, l'élévation du sol et la
distance de l'équateur. Les bois du Juquitinhonha,
au delà de la Vigie, par exemple, ont plus de majesté peut-être que tous ceux des autres parties de
la province, les arbres y montrent une vigueur
surprenante, mais les lianes n'y sont pas très-

---

[1] Aug. de Saint-Hilaire, l. c.

[2] Aug. de Saint-Hilaire, *Tableau géographique de la végétation primitive dans la province de Minas-Geraes*, p. 199. *Nouv.
Annal. des Voyages*, 3e série, t. XV.

[3] Aug. de Saint-Hilaire, *Tableau*, p. 205, 206.

nombreuses; ailleurs les plantes grimpantes étalent toute la bizarrerie de leurs formes; en quelques endroits ce sont les bambous qui à eux seuls forment toute la masse de la végétation, et dans d'autres l'on voit dominer les *palmitos* (*euterpe oleracea*) et la fougère en arbre.

Lorsqu'on a atteint les bords du Parahyba et qu'on s'avance vers l'équateur, on voit les forêts vierges reparaître. La chaleur pénétrante des rayons du soleil de plus en plus verticaux donne à la terre une force de production prodigieuse. Ses créations, sous l'influence de ces feux dévorants, ont quelque chose de monstrueux et de gigantesque. Depuis l'embouchure du fleuve des Amazones jusqu'à plusieurs centaines de milles à l'est, règne une forêt impénétrable, véritable chaos végétal. Une extrème humidité, jointe à une température dévorante, imprime à la végétation une activité presque désordonnée. Au temps des gelées, les arbres et les arbrisseaux se dépouillent de leurs fleurs éclatantes. La végétation subit un stase, et des masses d'acide carbonique s'échappant du sol forment une atmosphère délétère sur toute l'étendue de la forêt[1]. Les feuilles luisantes du *tillandsia* répandent sans cesse sur le sol l'eau qu'elles distillent, et mille autres arbustes versent de leurs tiges des gouttes de pluie, qui, en se vaporisant, chargent l'air d'une incroyable humidité.

---

[1] Martius, o. c., p. 11.

Dans les vallées basses de la rivière des Amazones, ces forêts prennent durant la saison des pluies un aspect particulier. Le fleuve et les lacs qui l'avoisinent inondent au loin le sol des forêts par d'innombrables canaux naturels (*sangradouros, desagoadeiros*), et les troncs des arbres sont plongés dans l'eau à plusieurs pieds de profondeur. Le voyageur qui navigue sur un des nombreux affluents de l'Amazone, court risque de s'engager dans ce labyrinthe de canaux, et parfois il a passé plusieurs jours à retrouver le lit du fleuve [1]. On ne saurait peindre par le langage l'étrange spectacle offert par ces vastes massifs qui nagent au-dessus d'une mer immense, sur laquelle le frêle esquif du voyageur se guide à grand'peine à travers les futaies et les bosquets qui lui barrent sans cesse le passage. Lorsque le vent agite les flots et les branches, le paysage prend une physionomie qu'un pinceau même ne saurait exprimer. Les végétaux ont alors quelque chose d'aérien, et les branches des hyménées, des myrtes, des styrax, des caryocar, qui se balancent au-dessus de la tête des voyageurs, semblent descendre des cieux. Lorsque les eaux se re-

---

[1] Martius, o. c., p. 12. Le savant botaniste bavarois raconte que, remontant la rivière de Japura en décembre 1819, il s'engagea dans ces canaux, et qu'il passa trois jours avant de retrouver le lit du fleuve. En Picardie, les *hortillonnages* qui entourent la Somme, et qui sont formés par les tourbières, peuvent nous donner une idée quoique faible de ces dédales d'eau.

tirent, elles laissent sur le sol un limon d'une extrême fertilité, où le cacaoyer trouve des éléments
d'une croissance rapide et d'une production abondante. On voit reparaître les rives escarpées (*barran-
cos*). Les plages sablonneuses se couvrent rapidement
de hautes graminées. Les graines lèvent de toutes
parts, et l'hélosis, cette parasite charnue et de forme
analogue à l'éponge, s'élance du sol sur les racines.

A l'embouchure du Maranon, aux environs de
Macapa, le majestueux almendron ou juvia (*Bertho-
lettia excelsa*) forme des forêts qui se retrouvent
aussi jusqu'au pied du *Cerro Mapaya*, sur la rive
droite de l'Orénoque, jusqu'aux rapides de Cana-
niracàri [1]. Cette immense contrée forestière de l'A-
mazone part de la rive nord de ce fleuve, en pre-
nant au sud-ouest des *llanos* de *Macapa*, couvre la
moitié nord-ouest de la grande île de Marajo, formée au milieu des eaux douces, et s'étend du versant méridional de la chaîne arénacée de *Paru* et
du chaînon granitique qui sépare le Brésil de la
Guyane française jusqu'au Rio-Negro. Elle règne
sans interruption jusqu'aux montagnes de granite
de la *Serra de Parima*. Des forêts de moins d'étendue garnissent les rives des trois fleuves latéraux de
l'Amazone, le *Tapajos*, le *Xingu* et le *Tucantins*.

On ne saurait comparer à ce prodigieux district

---

[1] Humboldt, *Voyage aux Régions équinoxiales*, t. VIII,
p. 40, 178.

forestier les forêts qui s'étendent sur les autres provinces du Brésil. Toutefois, trois lignes de forêts presque aussi étonnantes se développent à l'ouest de cet empire. La *Matta da Corda*, formée en partie de *catingas*, en partie d'arbres de fort brin (*madeiras reaes* ou *de ley*), couvre la portion occidentale de la province de *Minas Geraes*. La seconde ligne porte le nom de *Matto Grosso*[1], le grand bois; elle se détache des forêts des Cordillères, et court dans la province de *Goyaz*, le long du Corumba et des autres tributaires du Parahyba, jusque dans les déserts habités par les Indiens Cajapos. Enfin, la troisième ligne, qui traverse également la capitainerie de *Matto Grosso*, forme une immense forêt qui longe le *Guaporé*, le *Madeïra* et le nord des marais de la *Vargeria*, d'où l'*Arinos* prend sa source. C'est dans cette troisième forêt, que se rencontrent particulièrement les arbres qui donnent le baume de copahu (*copaifera officinalis*) et la fève *pichurim* (*persea pichurim*[2]).

[1] La première partie de cette forêt offre comme un immense taillis déjà âgé, au milieu duquel on aurait laissé un grand nombre de baliveaux. La seconde offre une végétation beaucoup plus belle, les lianes y couvrent les arbres et les bambous et y forment d'épais berceaux. Au milieu du *Matto grosso* existent de grandes clairières où croît uniquement du *capim gordura*, graminée d'une odeur fétide. Aug. de Saint-Hilaire, *Voyage aux sources du rio San-Francisco et dans la province de Goyaz*, t. II, p. 54.

[2] Martius, p. 15.

Des *catingas* se présentent surtout dans la province de *Ceara*, *Rio Grande do Norte*, *Pernambuco*, *Piauhi*, *Goyaz* et *Bahia*. Ils se plaisent sur le terrain granitique, calcaire, jurassique ou sablonneux [1]. Sur ce dernier terrain, les arbres sont tous d'une moyenne grandeur, se pressent au point d'offrir de véritables haies arborescentes, sur lesquelles la *Bougainvillea brasiliensis* étale en septembre ses longues grappes de fleurs purpurines, qui font encore ressortir les feuilles roides et uniformes des *bromelia* et des *tillandsia* [2].

Bien que dans ces forêts la végétation soit maintenue dans une activité continuelle par ses deux agents principaux, la chaleur et l'humidité, il existe des arbres, tels que certaines bignonées qui chaque année perdent, comme les nôtres, toutes leurs feuilles à la fois, mais immédiatement après ils se couvrent de feuilles, et bientôt reparaît leur feuillage. Mais pour quelques végétaux arborescents qui offrent ce phénomène, la majorité garde toujours son feuillage, et le nombre de ces arbres verts est d'autant plus grand, que l'on s'éloigne du tropique [3]. Mais il n'en est point ainsi dans les *catingas*. Là la sécheresse non interrompue durant six mois

[1] Martius, p. 16.

[2] Aug. de Saint-Hilaire, *Voyage dans le district des diamants*, t. II, p. 69.

[3] Aug. de Saint-Hilaire, *Leçons de Morphologie végétale*, p. 181.

produit le même effet que nos frimas. Les bois se
dépouillent de leur verdure, et le voyageur qui les
traverse, est brûlé par les feux ardents de la zone
équinoxiale, en ayant sous les yeux la triste image
de nos hivers. On a vu la sécheresse se continuer
deux années, et les arbres rester deux années sans
feuillage [1]. Pour compléter l'analogie qui existe
entre les hivers de sécheresse de ces pays et nos
hivers de froid, on voit les bourgeons se défendre
de même de la gelée et du soleil. Dans les déserts
de San-Francisco, des écailles les protégent comme
dans la Finlande et la Norwége [2].

Quand l'air est ainsi embrasé, les forêts si luxuriantes durant la période d'humidité, semblent une
vaste nécropole. Laissons parler un voyageur qui
nous a fourni déjà quelques-unes des descriptions
précédentes : « Tout ce qui nous entourait, écrit
M. de Martius [3], présentait un aspect particulier, à
nous inconnu, et remplissait l'âme de tristesse.
L'épaisse forêt n'était plus qu'un tombeau, car la
saison de la sécheresse l'avait totalement dépouillée
de sa parure de feuilles et de fleurs. On voyait seulement grimper çà et là quelques smilax épineux
où les tiges serpentantes de *cissus*, garnies dans leur
partie supérieure de feuilles isolées. Ici se dres-
saient entre les branches les magnifiques panicules

[1] Aug. de Saint-Hilaire, *ibid.*
[2] Aug. de Saint-Hilaire, o. c., p. 217.
[3] *Reisen in Brasilien*, t. II, p. 449.

de fleurs du *bromelia*. Le tronc des arbres ne se détachait que davantage sur l'azur du ciel de tout cet entourage, de ces branches qui les enlaçaient comme des bras de géants. On voyait en grand nombre des acacias épineux, des andires et des copaïfères aux rameaux multipliés, des figuiers blancs de lait; mais ce qui nous frappait par-dessus tout, c'étaient les troncs gigantesques du *chorisia ventricosa* renflés comme d'énormes tonneaux..... Des myriades de fourmis ont suspendu leurs demeures, véritables labyrinthes, au tronc de ces arbres, et leur contour, de plusieurs pieds d'étendue, contraste par sa couleur foncée avec le gris clair des branches dépouillées de feuillage. La forêt, frappée d'immobilité durant l'automne, retentissait du cri de nombreux oiseaux, et surtout du coassement des araras et des perroquets. Nous rencontrions des tatous et de craintifs fourmiliers au milieu des hautes murailles de *capims* qu'élève en creusant l'industrie des fourmis. A nous se présentaient les paresseux suspendus léthargiquement aux rameaux blancs de l'ambamba (*cecropia peltata*). On entendait de loin la troupe bruyante des singes. »

Tel est le caractère des *catingas* (*sylvæ deciduæ*) durant la saison de la sécheresse. Dans le district de *Minas-Novas* et sur les larges plateaux qui le recouvrent, il est un autre genre de forêts appelé *carascos* par les habitants. Là les arbres ont totalement disparu, et l'on n'a plus sous les yeux qu'une foule d'arbustes d'un mètre à peu près de haut, entre lesquels le *mimosa dumetorum* se fait remarquer par son feuillage élégant[1]. Entre les catingas et les carascos se placent les *carrasquenos*, qui forment comme une transition des uns aux autres.

Outre ces forêts, que la saison des pluies transforme en de vastes étangs couverts d'arbres, le Brésil a aussi ses forêts marécageuses par excellence, formées en partie de mangliers, comme celles des Moluques et de l'Inde Le *rhizophora mangle*, qui pousse dans les terrains vaseux des bords de l'Océan, semble suspendu dans les airs sur des espèces de cordes obliquement tendues. Son tronc ne commence qu'à huit ou dix pieds au-dessus du sol, que vont chercher en descendant de grosses fibres radicales[2].

Bien que les progrès de la civilisation aient aujourd'hui quelque peu réduit cette magnifique parure forestière du Brésil, leur masse résistera certainement longtemps à la hache du colon. Rio de Janeiro est encore ceinte d'une vaste barrière de forêts qui s'étend à plus de cinquante lieues. Les massifs d'arbres qui entourent la baie de la capitale du Brésil

---

[1] Aug. de Saint-Hilaire, *Tableau géographique de la Végétation primitive dans la province de Minas-Geraes, Nouv. Annal. des Voyag.*, année 1837, t. III, p. 174.

[2] Aug. de Saint-Hilaire, *Morphologie végétale*, p. 90, *Voyage dans le district des diamants*, t. II.

transporte le voyageur d'enthousiasme. « Les fleurs les plus élégantes, les fruits les plus beaux y attirent à l'envi les regards. Ici les *mimosa* balancent leurs longues panicules odorantes; là de nombreuses tiges de palmiers s'élancent avec noblesse, en étalant leur front toujours couvert de fleurs et de fruits. Plus loin, des *carica* et des *cecropia* à larges feuilles lobées, d'immenses araucarias à fruits savoureux qui, malgré leurs dimensions tropicales, semblent être cependant des transfuges des régions du nord, par la ténuité et la teinte sombre de leur feuillage. Des bananiers à fleurs nectarifères et à régimes dorés, de charmants *rhexia* et des *melastoma* à fleurs purpurines, des *eugenias* à drupes succulents, des *morus*, des *achras*, des *lecythis*, des *geoffraea*, des *hymenæa*, des *laurus sassafras*, des *psidium* offrent leur ombrage protecteur contre l'action du soleil brûlant[1]. »

Tout est gigantesque dans la végétation du Brésil, les forêts comme les prairies couvertes d'herbe (*campos*). Lorsque ses vastes mers d'herbe entourent des bouquets d'arbres moins étendus que les *mattos virgems* ou les *catingas*, bois que l'on nomme *capoes*[2], l'œil est frappé d'un admirable contraste qui fait ressortir davantage tout ce que les

[1] Gaudichaud, *Botanique du Voyage de l'Uranie*, p. 10.
[2] Aug. de Saint-Hilaire, *Tableau géographique de la Végétation primitive*, p. 175.

végétaux ont d'imposant dans cette contrée, à quelque hauteur qu'ils s'élèvent d'ailleurs.

La physionomie des forêts du nord de l'Amérique méridionale, de la Nouvelle-Grenade, du Venezuela, de la Guyane rappelle beaucoup celle des forêts que nous venons de décrire. M. de Humboldt dit que le beau dessin de M. de Clarac représentant une forêt vierge des bords du Rio-Bonito au Brésil, lui a rappelé les plus douces impressions de son voyage à l'Orénoque [1]. Cependant malgré cette ressemblance, la végétation arborescente conserve dans chacune de ces deux contrées des traits qui lui sont propres. Et pour compléter la revue que j'ai entreprise des forêts des deux mondes, je demanderai au grand voyageur que je viens de nommer, quelques-unes des couleurs qui me serviront à peindre cette nature sylvestre.

Le sol du nord de l'Amérique méridionale présente comme trois zones distinctes ayant chacune leur végétation particulière. On trouve d'abord des terrains cultivés le long du littoral et près de la chaîne des montagnes côtières; c'est la zone qui est connue sous le nom de *tierras cultivadas*. Viennent ensuite les savanes qui constituent la zone des pâturages, *zona de los pastos*, enfin au delà de l'Orénoque, se déploie la zone des forêts (*zona de los*

[1] A. de Humboldt, *Tableaux de la Nature*, trad. Eyries, 2ᵉ édit., t. II, p. 148.

bosques) dans laquelle on ne pénètre qu'au moyen des rivières qui la traversent [1]. La *zona de los bosques* embrasse à la fois des plaines et des montagnes, elle se joint à cette vaste région forestière qui occupe le nord du Brésil. La zone forestière présente donc en fait une superficie de 120 000 lieues carrées entre les 18° de lat. sud et les 7° et 8° de lat. nord. Cette forêt de l'Amérique méridionale, écrit M. A. de Humboldt [2], car au fond il n'y en a qu'une, qui est six fois plus grande que la France, ne s'étend pas généralement à l'ouest, à cause des *llanos* de Mauso et des *pampas* de *Huanacos*, au delà des parallèles des 18° et 19° de lat. méridionale, mais vers l'est du Brésil, dans les capitaineries de Saint-Paul de Rio-Grande, comme au Paraguay sur les rives du Parana, elle s'avance jusqu'au 25° lat. sud.

Les forêts ne sont pas cependant exclusivement confinées dans cette troisième zone; dans la première, on rencontre aussi des amas d'arbres, des forêts d'une étendue moindre, d'un aspect moins grandiose, mais qui ne laissent pourtant pas d'embellir le paysage. Les mangliers, les cactiers forment sur le littoral de véritables forêts. Ces plantes, qui vivent en société comme nos bruyères d'Europe, promènent au

[1] Humboldt, *Voyage aux Régions équinoxiales*, t. IV, p. 147 (édit. in-8°); Codezzi, *Resumen de la geografía de Venezuela*, p. 49 et suiv. (Paris, 1841).
[2] *Voyage aux Régions équinoxiales*, t. V, p. 57.

loin leurs buissons. Les mangliers deviennent le réceptacle de tout un monde animal qui imprime à leur tige une bizarre physionomie. « Partout où les mangliers se fixent sur les bords de la mer, dit M. de Humboldt [1], la plage se peuple d'une infinité de mollusques et d'insectes. Ces animaux aiment l'ombre et le demi-jour. Ils trouvent de l'abri contre le choc des vagues entre cet échafaudage de racines épaisses et entrelacées qui s'élèvent comme un treillis au-dessus de la surface des eaux. Les coquilles s'attachent à ce treillis; les crabes se nichent dans le creux des troncs. Les varechs que les vents et la marée poussent vers les côtes, restent suspendues aux branches repliées, qui se dirigent vers la terre. C'est ainsi que les forêts maritimes, en accumulant un limon végétal entre les racines agrandissent le domaine des continents; mais à mesure qu'elles gagnent sur la mer, elles n'augmentent presque pas en largeur. Leurs progrès mêmes deviennent la cause de leur destruction. Les mangliers et les autres végétaux avec lesquels ils vivent presque constamment en société, l'*avicennia nitida*, l'*avicennia guyannensis*, le *conocarpus racemosa*, l'*hippomanes mancenilla*, l'*echites biflora*, la *suriana maritima*[2], périssent à mesure que le terrain se dessèche et qu'ils ne sont plus bai-

---

[1] *Voyage aux Régions équinoxiales*, t. IV, p. 88.

[2] Appelé par les naturels *romero de la mer*.

gnés par l'eau salée. Leurs vieux troncs couverts de coquillages et à moitié ensevelis dans les sables, marquent après des siècles et la route qu'ils ont suivie dans leurs migrations et la limite du terrain qu'ils ont conquis sur l'Océan. »

Lorsque ces palétuviers se multiplient de la sorte au point de donner naissance à des forêts maritimes, ils nuisent à la salubrité de l'air et sont un foyer d'humidité morbifique[1].

Les forêts naines formées par les cactus se rencontrent sur les rivages de l'Océan comme sur les bords des fleuves. Leurs tiges s'élèvent comme de gigantesques candélabres à cinq ou six mètres de haut. Et entre les différentes espèces si variées de cet arbuste bizarre, le cactus colonnaire (*cactus septemangulus*) se fait remarquer par sa taille prodigieuse[2]. Les uns présentent des rameaux verticillés, les autres tout à fait nains ressemblent à d'épais cylindres ou à des sphères. Les rochers arides servent de sol à ces forêts de cactiers, qui au Brésil se montrent aussi dans les bois[3].

L'Orénoque forme une des divisions naturelles de l'immense forêt du nord de l'Amérique méridionale. Il sépare entre les 4° et 8° de latitude la

[1] Humboldt, *Voyage* cité, t. II, p. 256.
[2] Humboldt, *Voyage* cité, t. VII, p. 220. Ce cactus disparaît à peu près au sud des cataractes d'Aturès et de Maypurès.
[3] Voy. sur les différentes espèces de cactiers Aug. de Saint-Hilaire, *Voyage au Brésil*, t. I, p. 230.

grande forêt de la Parime des savanes de l'Apure,
du Meta et du Guaviare[1]. Au voisinage des cataractes de ce roi des fleuves de la Colombie, les orchidées décorent comme autant de guirlandes les
fourrés formés par les végétaux arborescents qui
se pressent sur ses bords. A ces lianes viennent
s'ajouter des *bannisteria* jaunes, des bignonacées
bleues, des *peperomia*, des *arums*, des *pothos*[2].
Si l'on transplantait avec soin tout l'épais tapis de
verdure qui couvre un seul arbre de ces forêts, un
courbaril, par exemple, ou un figuier de l'Amérique (*ficus gigantea*), on parviendrait à couvrir
une vaste étendue de terrain[3].

Ces lianes et ces plantes parasites ajoutent singulièrement à la magnificence de ces forêts. Aux environs de Caripe, sur le flanc escarpé de la montagne de Sainte-Marie, ces végétaux enlacent les
arbres d'un tissu si serré et mêlent leur teinte ob-
scure au feuillage déjà si touffu et si foncé de ces
essences gigantesques, qu'il règne constamment
dans cette forêt un demi-jour, une sorte d'obscurité
dont nos forêts de pins, de chênes et de hêtres ne
nous offrent pas d'exemple. On dirait, dit M. de
Humboldt qui a décrit cette forêt[4], que malgré la
température élevée, l'air ne peut dissoudre la quan-

[1] Humboldt, *Voyage* cité, t. VII, p. 17.
[2] Humboldt, *Voyage* cité, t. VII, p. 60.
[3] Humboldt, *Voyage* cité, t. III, p. 45.
[4] *Voyage* cité, t. III, p. 209, 210.

tité d'eau qu'exhale la surface du sol. Dans la forêt de Caripe, comme dans celles de l'Orénoque, on aperçoit souvent en fixant les yeux sur le sommet des arbres, des traînées de vapeur là où quelques faisceaux de rayons solaires pénètrent et traversent l'atmosphère épaissie [1]. Le *curucay* de *Terecen*, qui donne une résine blanchâtre et très-odoriférante, est l'un des rois de ces forêts. Jadis les Indiens Cumanagotes et Tagires, frappés sans doute de ces énormes dimensions, en faisaient leurs idoles. Les *hymenea* dont les troncs excèdent 9 à 10 pieds de diamètre, luttent de grandeur avec lui et lui disputent dans ces contrées l'empire de la végétation.

Les palmiers, les fougères et les crotons forment trois corps d'élite de ces armées d'arbres qui défendent les approches des pays équinoxiaux. Les premiers constituent souvent à eux seuls des ponts d'une certaine étendue. Les *morichalès*, forêts humides de palmiers *mauritia* ou *murichi*, s'étendent à l'embouchure de l'Orénoque, dans la vallée de Caura et d'Erevato, sur les bords de l'Atabapo et du Rio-Negro [2]. Les palmiers *Iraffe*, *vadgiai*, *macanilla*, *corozo* et *Iagra* abondent dans la forêt de Caripe. Le palmier *chiriva* orne les rives du Cassiquiare; le palmier *pihiguao* ou *pirijao* étonne, par

---

[1] C'est ce qui est admirablement rendu dans le dessin de M. de Clarac.

[2] Humboldt, *Tableaux de la Nature*, trad. franç., t. II, p. 110.

son énorme tronc armé d'épines et ses monstrueux
régimes de fruits, ceux qui parcourent les environs
de S. Fernando de Atabapo[1]. Aux cataractes d'A-
turès et de Maypurès, domine le palmier *cucurito*.
Ses palmes surmontent un tronc de 30 à 40 mètres
de haut[2]. Dans les Andes, dans la montagne de
Quindiu, le gigantesque *ceroxylon andicola*, dépasse 50 mètres et croît à une altitude que ses
frères, de la même famille, ne sauraient atteindre.
Sa tige couverte d'une cire végétale est renflée
comme un fuseau[3].

Au-dessus de la région des palmiers, commencent
les fougères arborescentes qui appartiennent en partie à la région des *cinchona*. L'une d'elles, le *cyathea speciosa*, s'élève à plus de 12 mètres de haut[4].
Les palmiers et les fougères en arbre constituent
des forêts qui suivent une distribution inverse.
Tandis que les premiers acquièrent des proportions
de plus en plus considérables à mesure que l'on
s'avance davantage vers l'équateur, les fougères
vont au contraire en diminuant sensiblement à
partir des 6° de lat. nord. Elles fuient les plaines,
craignent les rayons directs du soleil, cessent d'orner les forêts qui bordent le Cassiquiare, le Temi,

[1] Humboldt, *Voyage* cité, t. VII, p. 262.
[2] Humboldt, *Voyage* cité, t. VII, p. 62.
[3] Humboldt, *Vues des Cordillères*, t. I, p. 84.
[4] Humboldt, *Voyage* cité, t. III, p. 210; t. II, p. 211.

l'Inirda et le Rio Negro[1], et manquent entièrement près des cataractes de l'Orénoque.

Les crotons arborescents forment dans la péninsule d'Araya de petits bois qui caractérisent la végétation de cette partie de l'Amérique[2]. Ils disparaissent peu à peu, ainsi que les agaves et les cierges, lorsqu'on remonte l'Orénoque au-dessus des bouches de l'Apure et du Méta, mais vers le haut Maranon, dans la province de Bracamoros, ils reviennent habiter les forêts[3].

Dans les contrées marécageuses les bambousiers forment, à la Nouvelle-Grenade et à l'ancien royaume de Quito, un autre genre de forêts que les Espagnols appellent *guaduales*[4]. Ces graminées qui s'élèvent jusqu'à 12 mètres de haut, offrent les formes les plus délicates et les plus élégantes ; de toutes les formes tropicales, ce sont celles qui frappent davantage le voyageur européen. Mais ces arbres disparaissent dans les marécages et les vastes plaines inondées du bas Orénoque, de l'Apure et de l'Atabapo[5], où se montrent alors les laurinées, famille caractéristique des bois du nouveau monde[6].

[1] Humboldt, *Voyage* cité, t. VII, p. 297, 298.

[2] Humboldt, *Voyage* cité, t. IX, p. 132 et suiv.

[3] Humboldt, *Voyage* cité, t. VII, p. 65, 66.

[4] Humboldt, *Voyage* cité, t. VIII, p. 74, 75. Les Indiens appellent le bambousier *jagua* ou *guadua*.

[5] Humboldt, *Voyage* cité, t. III, p. 47, 48 ; t. VII, p. 61.

[6] Les laurinées manquent en Afrique.

Selon que le sol est aride ou marécageux, les arbres prennent une physionomie différente, et leurs feuilles sont plus ou moins vertes ou plus ou moins argentées[1].

Au sommet des montagnes, l'apparition des *befaria*, les rosages américains, annoncent, dans la Silla de Caracas et les Andes, la disparition des forêts. L'altitude à laquelle se place leur zone, varie suivant les localités. Près de l'équateur le *befaria æstuans* et le *befaria resinosa* couvrent les montagnes jusque dans les paramos les plus élevés, jusqu'à 3 200 et 3 400 mètres; au contraire, dans la chaîne de Venezuela, on les voit se rapprocher des plaines[2].

La Guyane a aussi ses forêts vierges, ses merveilles de végétation arborescente[3], comme elle a ses terres basses à palétuviers. Les essences les plus variées se rencontrent dans l'intérieur des terres et constituent d'admirables futaies. Le bois de rose (*licaria*), le *férole* ou bois satiné, l'icica appelé cèdre noir et celui qui porte le nom de cèdre blanc, le cotonnier sauvage qui atteint 12 pieds de circonférence, le bagastier qui s'élève à 70 pieds de haut, et dont le diamètre est de 4 à 5 pieds, l'*acomas*

[1] C'est ce qu'a observé notamment M. de Humboldt pour le *cecropia*. *Voyage* cité, t. III, p. 43.

[2] Humboldt, *Voyage* cité, t. IV, p. 236, 237, 238.

[3] Voy. à ce sujet Noyer, *Des Forêts vierges de la Guyane française* (Paris, 1826, in-8°).

(*spartium*) dont le bois est respecté par les insectes, le *baïra* ou *bois de lettre* qui, recherché pour son utilité, devient de jour en jour moins commun, le *spartium arboreum trifolium* exclusivement propre à la Guyane, peuplent ces forêts[1]. Des forêts de cacaoyers se rencontrent à l'intérieur du pays, loin des bouches de l'Oyapoc et du Sinamari[2]. Ce sont surtout les rives de l'Essequibo qui offrent dans cette partie du nouveau monde d'admirables forêts[3]. Nous emprunterons pour les décrire les paroles d'un voyageur qui les a visitées, M. Robert Hermann.

« C'est là que trônent les forêts. Toute trace de civilisation a disparu. Au-dessus de vous, autour de vous s'étend une masse épaisse de feuillage. Au-dessus de tous les arbres domine le majestueux mora (*mora excelsa*, Benth.) aux rameaux garnis de feuilles sombres. Viennent ensuite le gigantesque mimosa de l'hémisphère occidental, égal, si non supérieur, pour la construction des bâtiments, au chêne qu'on emploie dans la Grande-Bretagne; le *saouari* (*Pekea tuberculosa*) d'un port non moins majestueux et d'un produit presque aussi utile, et dont le fruit est une noix nutritive; le sirwaballi qui résiste

---

[1] *Revue britannique*, 3ᵉ série, t. XIV, p. 260 et suiv.; Schomburgk, *A Description of British Guiana* (Lond., 1840), p. 34.

[2] Stedman, *Voyage à Surinam*, trad. franç., t. III, p. 458.

[3] Voy. dans *the Journal of the royal geographical Society of London*, t. II, p. 66, l'article du capit. Alexander.

si bien aux attaques des vers et sert à faire d'excellentes planches, quelques espèces de wallaba (*dimorpha falcata*), le *cecropia* ou arbre trompette, le goyavier d'eau (*psidium aromaticum*) qui remplace sur ces rives le palétuvier des bords de l'Océan, et fournit une feuille aromatique d'un emploi précieux contre la dyssenterie[1]. »

Un autre voyageur, M. Schomburgk, qui a aussi visité la Guyane, a décrit, avec non moins d'admiration, la magnificence de ses forêts qu'embellit la *victoria regia*, et où le colon trouve tant de bois précieux pour la médecine, les arts et l'industrie. Le bourdonnement des nombreux insectes qui vivent dans ces palais de la nature végétale, vient seul troubler le calme majestueux qui règne sous ces gigantesques futaies. Parfois aussi, le soir, lorsque le ciel austral s'allume de ses magnifiques constellations, mille oiseaux aux brillants plumages mêlent leur gazouillement au cri aigu des reptiles[2].

Repassons de l'autre côté du continent méridional du nouveau monde, et allons rechercher ce que sont ces mêmes forêts dans l'antique empire des Incas.

La végétation forestière s'étend sur les deux chaînes qui courent du sud-ouest au nord-est. La

---

[1] *Journal of the royal geographical Society of London*, t. VI, p. 228.

[2] Rob. H. Schomburgk, *a Description of British Guiana*, p. 30 et suiv.

plus occidentale de ces chaînes constitue la Cordil-
lère proprement dite, et la seconde les Andes[1].
Elles sont séparées par un vaste plateau dépourvu
d'arbres, qui a reçu des indigènes, pour cette circonstance, le nom de *puna* lequel signifie en langue
quichoa *dépeuplé*[2]. Mais c'est principalement sur
le versant oriental des Andes que les forêts prennent cet aspect dense et ténébreux, qui donne aux
forêts vierges un caractère imposant. La scène que
le Brésil déploie aux yeux du naturaliste recom-
mence avec des variantes, qui sont dues à la différence de la flore des deux pays. La végétation a,
comme le remarque M. de Tschudi, une physionomie aérienne. Les racines des arbustes rampent
à la manière des plantes sarmenteuses plutôt
qu'elles n'y pénètrent ; elles s'enlacent les unes les
autres et cachent la terre de leur inextricable réseau. Les genres *ficus, oreocallis, clusia, persea,
ocotea,* se mêlent au *podocarpus,* aux chênes, aux
yeuses, aux saules[3]. Suivant l'état de l'atmosphère
ces forêts changent d'aspect. Quand une des ondées
fréquentes dans cette région vient de tomber, les
feuilles prennent cette fraîcheur, ces couleurs vives
qu'une sécheresse trop prolongée leur avait enle-

[1] Voy. sur cette distinction, J. von Tschudi, *Peru, Reise-
skizzen,* t. II, p. 57 (S. Gallen, 1846).

[2] Tschudi, o. c., t. II, p. 79.

[3] Voy. Pœppig, *Reise in Chile, Peru und auf die Amazonen-
strome,* t. II, p. 235, 1835, in-4°.

vées[1]. La végétation respire la jeunesse et la vie.
Quand au contraire, un de ces terribles ouragans
qui désolent le Pérou, est venu à souffler, le sol de
la forêt jonché de troncs et de branchages n'offre
plus que l'image de la destruction et de la sécheresse. A mesure qu'on se rapproche de l'Amazone,
en descendant le Huallaga et le Paro qui en sont
les affluents, le tableau change, et la forêt qui
couvre leurs rives et en obstrue si souvent la na-
vigation, reprend insensiblement les traits que
nous avons esquissés plus haut[2].

Au Mexique, la végétation varie comme la température. Dans la région chaude (*tierras calientes*),
qui est celle où la hauteur du sol varie entre 0 et
600 mètres, les palmiers *corypha*, *oreodoxa*, le cé-
phalanthe à feuilles de saule, le calebassier pinné, la
bignone à feuilles d'osier et la malpighie à feuilles de
sumac, constituent le fond des essences forestières.
Dans la région tempérée à laquelle appartient le
plateau de Mexico, et dont la hauteur varie de 600
mètres à 2 200 mètres au-dessus du niveau de la
mer (*tierras templadas*), le chêne à tronc épais
(*quercus crassipes*), et plusieurs autres espèces (*ca-
lapensis*, *obtusata*, *glaucescens*), l'aune qui s'arrête

[1] Voy. sur le caractère différent que l'absence de rosée imprime à la végétation tropicale, Jacquemont, *Voyage dans
l'Inde*, t. II, p. 155.
[2] W. Smyth and F. Lowe, *Narrative of a journey from Lima
to Para across the Andes*, p. 161 (London, 1834).

à 2 700 mètres, le platane, le *datura superba*, l'arbousier à feuilles de myrte et l'alisier denté, forment les massifs des forêts. Dans les environs de Tampico, un arbre constitue à lui seul presque une forêt, c'est le *ficus indica*, dont un seul tronc suffit pour peupler les fourrés d'une infinité de rameaux et de filaments qui semblent être les câbles d'un navire. Un autre figuier, le figuier à feuilles de *nymphea*, étonne aussi le voyageur qui parcourt le Mexique méridional, le Guatimala et la Colombie. Toute une végétation parasite de vanilles odoriférantes forme à sa surface comme une forêt naine qui se couvre de fleurs au mois d'avril. Mille excroissances ligneuses donnent à son tronc des proportions énormes, et ses racines prodigieuses, le soutiennent comme autant d'arcs-boutants. Cet arbre, est le digne symbole de la luxuriance de la végétation dans ces contrées [1]. Le gigantesque *alamo* est comme l'agent de la destruction dans cette contrée et le représentant de la nature sauvage qui étend son désastreux empire sur les ruines innombrables qui sèment le sol du plateau du Yucatan. On le voit dresser sa tige et insinuer ses racines dans les débris des Téocallis, des palais d'Uxmal, de Kaban, de Labna, de Chunhuhu, de Kewiek [2],

---

[1] Humboldt, *Voyage aux Régions équinoxiales*, t. V, p. 113.
[2] Voy. L. Stephens, *Incidents of travel in Yucatan*, vol. I, . 284, 285, 392.

et dans les ruines de Copan et de Palenqué. Le peïbo joue le même rôle destructeur, et transforme en forêts les villes jadis habitées par les Aztèques et les Toltèques. Au sud de Campêche, le long du Rio Champoton, l'*Hæmatoxylon campechianum* donne naissance à des forêts qu'exploite l'industrie des colons européens et d'où nous vient le célèbre bois de Campêche.

En remontant dans le haut Mexique et gagnant la Californie, la végétation arborescente reprend quant aux genres, le caractère de nos climats tempérés, mais elle conserve encore ce caractère gigantesque qui est propre aux arbres du nouveau monde. Dans l'Orégon, les pins qui remplissent les forêts répandues sur le rivage de la mer, semblent être les rois de tous les pins de l'univers. Leur diamètre atteint 5 mètres, leur hauteur en dépasse parfois 100, et leurs cônes ont jusqu'à 15 pouces de long[1]. Le pin *lambertina* imprime à la côte de Californie un aspect imposant, mais triste. Les lignes de pins courent le long du littoral jusque dans l'Amérique russe, où ils se mêlent aux chênes et aux bouleaux. Leurs espèces moins hautes dominent dans les forêts du Nouveau-Hanovre, de la Nouvelle-Géorgie, où elles garnissent, avec des sycomores et des érables, les pentes qui s'inclinent vers l'Océan.

---

[1] Duflot de Mofras, *Exploration de l'Orégon*, t. I, p. 478; t. II, p. 403.

Franchissons les Apalaches et les montagnes Rocheuses, et nous allons rencontrer de nouvelles lignes forestières. L'une des premières est tracée par le *cupressus disticha*, ou cyprès chauve, qui semble entouré par des bornes naturelles. Ce sont les exostoses qui se forment sur les racines de ce conifère et qui s'élèvent souvent à près d'un mètre de hauteur; ils constituent de véritables bornes qui défendent le tronc[1] contre les atteintes des gros animaux. Ces cyprès composent des futaies gigantesques qui couvrent les vastes marais du bas Mississipi, de l'Arkansas, de la rivière Rouge et de la Floride, et s'étendent jusqu'à la bouche de l'Ohio[2]. C'est sous le vaste ombrage d'un de ces arbres, que Cortez et toute son armée trouvèrent un refuge au Mexique. Leurs tiges larges, de forme conique, se couronnent d'une multitude de branches horizontales qui s'enlacent les unes les autres et se confondent avec celles des cyprès voisins. Ces voûtes de feuillage, qui sont fréquemment superposées, donnent aux forêts de *cupressus disticha* un aspect tout particulier. Les feuilles courtes, d'un vert sombre, représentent, en se rapprochant, une sorte de crêpe qui imprime à ces ombrages une physionomie funèbre. Et sous ces dômes téné-

[1] Aug. de Saint-Hilaire, *Morphologie végétale*, p. 90.
[2] T. Flint, *the History and Geography of the Mississipi valley*, p. 41, 42 (Cincinati, 1832).

breux, qu'éclairent çà et là quelques percées faites par les vents[1] ou dues à la caducité des rameaux, tous les fléaux animés ou inanimés semblent s'être donné rendez-vous. La mort plane sur ces solitudes ombreuses qui en évoquent incessamment la pensée. Les fièvres[2], les alligators, les serpents, les moustiques se disputent le malheureux qui s'égare dans ces jongles du nouveau monde pour aller frapper de sa hache leurs troncs séculaires[3]. Mais aucun danger n'arrête l'avidité de l'homme, rien n'effraye l'entreprenant descendant de la race anglo-saxonne. Les *lumberers* se hasardent à travers ces marais empestés, et précipitent dans les eaux du Mississipi les troncs qu'ils ont déracinés.

Le Mississipi, cet antique père des eaux, est en effet le grand agent de destruction de ces forêts du nouveau monde septentrional; ses flots, surtout à l'époque de l'inondation, sont sans cesse chargés de masses énormes de bois, de gigantesques *rafts* qui encombrent son lit et qui se forment d'eux-mêmes avec plus de solidité qu'aucun radeau fait de main

---

[1] Les ouragans produisent parfois des abatis considérables. Ils renversent les arbres dans toutes les directions. On donne aux parties des forêts ainsi dévastées le nom de *hurricanes*, ouragans. Flint, o. c., p. 34.

[2] T. Flint, o. c., *ibid.*

[3] Voy. sur l'influence exercée par ces forêts marécageuses sur la santé humaine S. Forry, *the Climate of United States* (New-York, 1842), p. 368 et suiv.

d'homme. Ces trains d'arbres se remarquent surtout sur l'Atchafalaya, un des bras du Mississipi. On en rencontre également sur le *Red River*. Un des affluents de ce fleuve, le Washita, est interrompu durant l'espace de dix-sept lieues par une succession presque non interrompue de ces *rafts*[1]. M. de Humboldt a signalé l'existence du même fait dans l'Orénoque, dont le lit est sans cesse encombré par une masse de troncs qui sont comme piqués dans la vase[2].

Ces forêts marécageuses, par l'action destructive de l'humidité, finissent par se transformer en de vastes tourbières qui offrent l'aspect de grandes plaines inondées et dont la surface serait couverte d'arbres entraînés par les eaux. Ces mares immenses, ces mers de boue fournissent encore un sol assez ferme pour que le *cupressus thuyoïdes* et lé genèvrier y végètent; ils offrent çà et là les seuls appuis que rencontre le pied des animaux qui errent dans ces solitudes aquatiques, les ours, les chats sauvages, les loups. Le plus célèbre de ces marécages est le *Great Dismal*, que nous a décrit M. Lyell dans son intéressant voyage aux États-Unis, et qui s'étend entre les villes de Norfolk (Virginie) et Weldon (Caroline du Nord)[3].

[1] Lyell, *Principles of Geology*, t. I, p. 356, 6ᵉ édit. Élie de Beaumont, *Leçons de Géologie pratique*, t. I, p. 507.

[2] *Voyage aux Régions équinoxiales*, t. VI, p. 224.

[3] *Revue britannique*, 6ᵉ série, t. XI, p. 257 (an. 1847).

Sur les plans inférieurs des Alleghanies le *rhododendron catawbiense* et le *kalmia latifolia* étalent leurs fleurs élégantes. D'étages en étages la végétation se modifie ; aux forêts de chênes succèdent les pins résineux (*pinus rigida*) auxquels se mêlent les magnoliers, les peupliers et différentes espèces de *nyssa villosa*[1].

Ces forêts des Alleghanies appartiennent à une des quatre zones forestières qu'embrasse l'Amérique du nord. Elles s'étendent sur la côte sud-ouest jusqu'au sud de la baie de Chesapeak[2]. Elles présentent pour essences principales les pins, les sapins, les cèdres et les cyprès.

La seconde zone qui répond à la région des magnoliers, des catalpas, des tulipiers, s'étend sur les Florides et la Louisiane, elle est caractérisée dans plusieurs de ses parties par les forêts de cèdres connues sous le nom de *cedar-swamps*[3]. Dans la Louisiane, le *myrica cerifera* mêle sa tige assez chétive aux rhodoracées.

Dans la Floride et la Caroline, des forêts appelées *pine-barrens* sont composées de pins gigantesques atteignant plus de 50 mètres de hauteur et rivalisant avec ceux qui garnissent la rive opposée du continent américain. Ces *pine-barrens* comprennent une large bande de terre de plusieurs centaines de

---

[1] *Revue britannique*, 2e série, t. XIV, p. 254 et suiv.

[2] Macgregor, *The Progress of the United States*, t. II, p. 27.

[3] Macgregor, l. c.

milles de longueur. Derrière ces forêts de conifères qui forment comme la seconde ligne forestière que l'on rencontre en débarquant sur le rivage, la première étant composée de sveltes palmiers, viennent d'autres forêts non moins épaisses, mais composées de mille sortes de bois. « Là, écrit M. F. de Castelnau[1], le *magnolier* étale avec profusion ses feuilles semblables à d'immenses spatules, tandis que l'air est embaumé par ses belles et énormes fleurs si éclatantes de blancheur. Il est entremêlé de cent espèces d'îlots, de sassafras, de catalpas, de lauriers, de cèdres, de gommiers, au milieu desquels se distingue aussi le magnifique chêne vert. Partout le cornier de la Floride éblouit les regards par sa splendeur argentée; l'*azalea* prodigue sa corolle, semblable à un gracieux papillon et le sumac étale avec orgueil le magnifique éclat de ses bouquets écarlates. Tous ces arbres si variés sont étroitement entrelacés par des lianes sans nombre, véritables alliances de ces fiancées de la nature. »

La troisième zone forestière recouvre les collines et les petites montagnes des Carolines, de la Pensylvanie, et comprend les pentes des Alleghanies que nous venons de décrire. Le chêne, le bouleau, le mûrier, le sycomore, l'érable peuplent ses futaies. Le chêne à feuille de saule (*Q. salicifolia*),

---

[1] *Bulletin de la Société de Géographie*, 2ᵉ série, t. XVII, p. 401, *Essai sur les seminoles de la Floride.*

l'orme et le châtaignier forment des forêts dans la
Pensylvanie, dans le New-Jersey principalement,
dans les environs de Hobochêne, des forêts séculaires
courent parallèlement à la côte. Les deux parties de
cet État forment au reste un frappant contraste ;
tandis qu'une végétation vigoureuse garnit les cantons septentrionaux, ceux qui s'étendent au midi
n'offrent qu'un terrain sablonneux et aride, qui a
ses essences propres et ses forêts spéciales [1]. Le
haut Ohio coule sous un berceau de tulipiers et de
platanes qui réfléchissent dans ses eaux leur feuillage élégant.

C'est surtout dans l'État d'Indiana, aux environs
de New-Harmony, sur les bords du Wabash que
les forêts de l'Amérique septentrionale se montrent
dans toute leur magnificence. Elles offrent au milieu des grandes forêts du nouveau monde, un caractère particulier, et au nombre desquels il faut
compter le défaut de plantes toujours vertes, à la
seule exception du gui (*viscum flavescens*), de la
bignonia cruciata, de l'*equisetum hiemale* et de la
miegia microsperma. Quand les bois sont dépouillés, l'œil n'est frappé que par les feuilles de l'*equisetum* que je viens de citer, lesquelles atteignent 8
à 10 pieds de hauteur. Dans ces massifs d'arbres,
le voyageur est frappé de platanes gigantesques, se
ramifiant en un certain nombre de troncs creux

---

[1] *Revue britannique*, l. c.

5

qui lui servent d'abri au besoin. A ces platanes se marient des érables de proportions presque aussi fortes, plusieurs chênes et notamment celui qui porte le nom de *mossy-overcupoak* (*Q. macrocarpa*), dont les glands énormes jonchent la terre et qui croissent en rangs serrés. Une foule de plantes liannes étreignent les troncs des grandes essences, la *bignonia radicans*, l'*hedera quinquefolia*, le *rhus radicans* qui s'attache aux troncs comme une tresse épaisse et formée de racines aériennes auxquelles viennent s'attacher à angles droits les rameaux qui portent les feuilles. A ces futaies puissantes se mêlent des buissons hauts de 15, 20 et 30 pieds, composés du *pawpaw-tree*, du *laurus benzoin* et du redbud (*cerus canadensis*). Au-dessous de ces arbres de petite espèce le sol est encore couvert d'arbustes, et dans les endroits découverts croissent le *rhus typhinum* et le *rhus glabrum*. Les magnifiques catalpas s'y présentent à chaque pas à l'état sauvage, mais le botaniste cherche vainement les conifères, les arbres à feuilles aciculaires, le pin, les cyprès, non plus que les *rhododendrons*, les *azalea*, les *magnolia*, les *châtaigniers* qu'on rencontre dans d'autres parties de l'Amérique [1].

Ces forêts s'éclaircissent rapidement. Des légions de *backwoodsmen* transportent au milieu d'elles leur

---

[1] Maximil. de Wied-Neuwied, *Voyage dans l'intérieur de l'Amérique du Nord*, t. I, p. 175 (Paris, 1840).

habitation; ils défrichent activement. Déjà le bois a singulièrement renchéri à New-Harmony, et le *hickory* qui donne une chaleur si puissante, a été coupé avec une profusion et une ignorance qui ont été celles de tous les premiers colons des contrées forestières.

La quatrième zone perd la physionomie de la végétation subtropicale pour revêtir celle de la végétation de nos contrées septentrionales. Elle comprend la plus grande partie de l'État de New-York, de la Nouvelle-Angleterre, du Vermont, du Nouveau-Brunswick, le Canada, la région des lacs. A cette région se rattache l'île de Terre-Neuve.

Dans l'État de New-York, la végétation forestière s'offre avec un caractère lourd et dense qui est du à la prédominance de certaines essences, du *hemlock*, du *spruce*, du *fir* [1]. L'*abies nigra* (*black spruce*) constitue l'arbre caractéristique de cette froide région. Il forme le tiers des forêts dans tous les cantons compris entre les 44 et 53° de lat. septentrionale [2].

Une grande partie de Long-Island est couverte de forêts, dont une moitié environ est formée, suivant M. Timothée Dwight, de pins jaunes.

Les bords du lac Huron sont couverts de forêts

---

[1] Ebenezer Emmons, *Agriculture of New-York*, p. 307 (Albany, 1846).

[2] André Michaux, *Histoire des Arbres forestiers de l'Amérique septentrionale*, t. I, p. 124.

gigantesques de platanes, entre les rangs pressés desquels on aperçoit des groupes de *tamaras* ou de *mélèze américain*, de *larix pendula*, cet arbre frêle qui semble être un roseau arborescent. Toute la végétation des bords de ce lac a un caractère grandiose plus prononcé que celle des autres lacs. Les forêts du lac Erié se sont enrichies du laurier sassafras, du *magnolia acuminata*, du *corpus florida*, dont les branches ornées en automne de grappes écarlates font une agréable diversion avec la sombre verdure du reste de la forêt. La végétation du lac Ontario ressemble à celle du Bas-Canada. Cependant on y rencontre quelques espèces caractéristiques, le *robinia pseudo-acacia*, les peupliers du Canada, le pin résineux, le tilleul et le pin rouge. Sur les bords du lac Champlain, l'érable à sucre, l'*abies balsamea*, le peuplier de Virginie, le *pinus strobus*, se font également remarquer.

Dans les environs de la chute du Niagara, le tulipier, le cèdre rouge et l'if du Canada croissent en grande abondance, tandis que près de Kingston qui n'est qu'à sept milles des cataractes, une forêt immense, composée de marronniers, est venue s'imposer au sol et a exclu toutes les autres espèces[1].

A l'entour de Bloomfield, non loin du lac de Canaudagua, de magnifiques forêts de chênes four-

---

[1] *Revue britannique*, article cité.

nissent aux colons un bois précieux et embellissent les pentes des collines[1].

Lorsqu'on s'avance dans le Canada, la végétation forestière s'étiole graduellement et finit par devenir tout à fait rabougrie. On ne rencontre plus que de petits sapins, des bouleaux nains et des peupliers grêles. C'est ce qu'on observe au nord de Québec et du parallèle de l'île Manitoulin[2].

L'Amérique est le pays des forêts, par excellence, et tous les voyageurs se sont épuisés en descriptions et en paroles d'admiration au sujet de ces merveilles de la nature végétale. Celles de l'Amérique du Sud, du Mexique et des Florides formées d'essences plus variées, sont d'un aspect plus touffu, offrent des fourrés plus épais, et un réseau plus serré d'arbres et de buissons, de lianes et d'arbustes; celles de l'Amérique du Nord sont plus uniformes, plus froides, plus tristes. De même qu'au Brésil, à l'époque de l'extrême sécheresse, les *catingas* prennent une physionomie toute particulière, les forêts de l'Union et du Haut-Canada présentent un caractère tout différent de celui qu'elles avaient durant l'été. La gelée exerce une action particulière sur la couleur du feuillage. On voit les feuilles des arbres passer, avant de tomber,

[1] Timothy Dwight, *Travels in New-England and New-York*, t. IV, p. 41 (London, 1823).
[2] Macgregor, o. c., t. IV, p. 28.

par une suite de nuances, qui contrastent étrangement avec la couleur toujours uniforme des pins qui demeurent constamment verts. Souvent un seul arbre présente des feuilles de cinq à six nuances différentes, suivant que les unes ou les autres ont plus ou moins ressenti l'action du froid. Le rouge écarlate, le cramoisi, le violet, l'azur, le bleu de roi, le jaune, le vert tendre marient leurs teintes, puis finissent par se fondre en un brun assez foncé qui annonce la défoliation définitive. Les érables se distinguent surtout par la multiplicité des couleurs qu'étale leur feuillage[1].

La nature des essences qui composent les forêts de l'Amérique, offre cela de particulier qu'elle est soumise à des changements en quelque sorte périodiques, à une espèce de rotation qui fait succéder certains arbres à tels autres que le défrichement ou l'incendie ont fait disparaître. Le déboisement n'est pas tant en Amérique un agent de destruction des arbres comme il l'est dans nos climats, qu'un moyen de transformation des espèces qui croissent dans un district. Lorsque le feu a consumé un canton forestier, on voit, peu de temps après, de grandes herbes, des buissons de ronces et de framboisiers venir prendre la place des futaies que la flamme a anéanties. L'année d'ensuite apparaissent les cerisiers, les bouleaux blancs, les sapins argentés et

[1] Dwight, o. c., t. II, p. 137. Macgregor, o. c., t. II, p. 27.

les peupliers blancs, que ne produisait pas le sol précédemment, et qui succèdent aux sapins, aux érables, aux hêtres lesquels, une fois détruits, ne laissent plus de rejetons[1].

De même au Brésil, aux environs de Villa Rica, près de S. Miguèl de Mato Dentro, on observe qu'au bout de trois à quatre destructions successives des *capoeiras*, les fougères (*pteris caudata*) et le *caprim gordura* prennent la place de ces végétaux qui désertent le sol[2].

M. J. W. Dawson a étudié d'une manière toute spéciale ce phénomène dans la Nouvelle-Écosse[3]. Nous emprunterons à son curieux travail les détails suivants :

« La Nouvelle-Écosse et les provinces qui l'avoisinent étaient, dans leur état naturel, couvertes d'épaisses forêts qui s'étendaient du rivage de la mer au sommet des collines. Ces forêts ne constituaient pas des massifs détachés, mais formaient une ligne presque continue de feuillage. Les arbres

[1] Macgregor, o. c., t. II, p. 35. A. Mackenzie, *Voyage dans l'Amérique septentrionale*, t. I, p. 380, trad. Castéra.

[2] Aug. Saint-Hilaire, *Voyage au Brésil*, t. II, p. 106.

[3] Voy. *On the destruction and partial reproduction of Forests in British North America*, ap. *Edinburgh new philosophical Journal*, April 1847, vol. XLII, p. 259, et *American Journal of science and arts*, 2ᵉ série, vol. IV, p. 160 et suiv. (New-Haven, 1847).

qui la composaient étaient trop pressés les uns contre les autres, pour pouvoir acquérir tout leur développement et toute leur rondeur, car le besoin d'air et de lumière forçait leurs tiges à rester grêles et effilées. On ne rencontrait de forêts ouvertes que sur certains sols trop riches et trop meubles, ou sur des collines trop rocailleuses pour fournir à une végétation si touffue. Vue du sommet d'une colline, cette forêt apparaissait comme une surface ondoyante, dont les ondulations continues variaient de teinte et de forme, suivant que prédominaient les contours vert foncé et découpés des conifères, ou les feuillages plus clairs et les formes plus arrondies des arbres à feuilles caduques. Ces deux classes d'arbres sont généralement réunies par bouquets ou lignes irrégulières auxquelles se joignent d'autres arbres qui varient de nature, suivant la fertilité ou la sécheresse du sol. D'ordinaire les essences à feuilles caduques et à bois dur dominent sur les plateaux fertiles qui séparent les vallées, sur les flancs et le sommet des collines schisteuses et trappéennes, tandis que les terres inondées, les sols plus pauvres, les montagnes granitiques sont surtout ombragés par des conifères.

« Les arbres des forêts croissent sur un *humus* dont la surface est rendue fort inégale à raison des petits mamelons qui la coupent en différents sens, et des pierres qu'y amène le hasard. Ces mamelons qu'on appelle communément *cradle-hills*, ne sont en réalité que les *tumuli* des membres de la forêt qui n'existent plus, et dont les troncs en se décomposant forment un détritus sur lequel croît la mousse. Ces *cradle-hills* abondent principalement dans les sols légers et sont dus, en grande partie, au *détritus* des conifères et surtout à celui du *hemlock-spruce*. A l'ombre des grands arbres, s'étend une végétation inférieure composée de mousses, de lycopodes, de fougères et d'un petit nombre de plantes herbacées phanérogames.

« La hache et l'incendie allumé accidentellement, ou à dessein, sont les deux agents de destruction de ces forêts[1]. Ces incendies ne datent pas que de l'époque de l'occupation européenne. Les traditions des Indiens parlent d'anciennes et de vastes conflagrations, et l'on pense que dans la Nouvelle-Écosse plusieurs des noms de localités appartenant à la langue indigène, tirent leur étymologie d'événements de cette nature. Mais, dans ces derniers temps, ces incendies sont devenus plus fréquents et plus destructeurs. Lorsqu'on veut éclaircir un canton, on ne manque jamais de brû-

---

[1] Voy. dans la *Revue britannique*, 4ᵉ série, t. XXIV, p. 253, le curieux article intitulé : L'incendie des forêts dans la Floride, extrait de l'*American ornithological biography*. Suivant l'auteur de cet article, ces incendies sont quelquefois dus à la chute accidentelle d'un tronc contre un autre, le frottement de ces deux corps résineux suffisant pour produire la flamme.

ler les arbres que l'on a abattus, et l'on choisit d'ordinaire, pour cette opération, le temps le plus sec, afin qu'elle soit aussi complétement effectuée que possible, sans se préoccuper que par ce temps le feu peut se communiquer beaucoup plus facilement aux bois voisins. Souvent ces bois renferment une quantité considérable de branches sèches ou de cimes d'arbres abattus, laissées par les bûcherons qui ne s'embarrassent que des troncs; en sorte que ces bois légers peuvent, par un air très-sec, s'enflammer avec une extrême rapidité ; car si la tige et les feuilles des arbres verts ne se prêtent pas aisément à la combustion, le sol de mousse, par contre, brûle aussi vite que de la poix. C'est par ce sol de mousse que se propage surtout l'incendie, tant que la flamme ne s'est pas encore communiquée aux massifs de conifères. Quand cela arrive, poussée par le vent, la flamme se promène alors de cime en cime, plus rapidement que ne la propageait le sol. C'est à ce moment que s'offrent les plus beaux spectacles auxquels donne lieu l'incendie des forêts. Le feu après s'être étendu durant un certain temps ras le sol, s'élance tout à coup au haut des arbres résineux, en faisant entendre un bruyant craquement, et s'élève bien au-dessus de leurs cimes en colonnes et en tourbillons d'une flamme livide[1].

[1] Voy. ce que M. Macgregor, o. c., t. II, p. 36, rapporte des incendies des forêts de l'Amérique. Ces foyers immenses

« Il arrive aussi fréquemment sur les sols inondés et humides que l'arbre résineux résiste à la combustion, et ces contrées marécageuses se trouvent alors préservées de l'incendie. A ces causes qui contribuent à propager l'incendie, il faut ajouter un fait, c'est qu'il est probable que quand les arbres ont atteint un certain degré de croissance et un âge avancé, ils commencent à se détériorer et sont alors plus exposés à brûler dans ces conflagrations subites. Les arbres de cette condition sont souvent chargés de mousse et portent beaucoup de bois sec et mort. On peut alors regarder ces feux, qui prennent naissance de causes naturelles ou accidentelles, comme destinés dans l'ordre de l'univers à faire disparaître ces forêts surannées.

« Lorsque les forts incendies rencontrent des conditions favorables à leur propagation, ils s'étendent sur des espaces considérables. L'incendie qui éclata en 1825, dans le voisinage du Miramichi, au Nouveau-Brunswick, dévasta une région de 100 milles de long et de 50 milles de large. On rapporte que 160 personnes et plus de 800 bestiaux, outre un nombre immense d'animaux sauvages, y trouvèrent la mort. Dans cet incendie toutes les circonstances concoururent à donner au

de combustion raréfient l'air dans toute la contrée environnante, et enfantent ainsi des vents furieux qui accélèrent encore les progrès de l'incendie.

désastre un théâtre immense : un été extrêmement
sec, un sol très-léger, les essences qui composaient la forêt toute formée de pins de belle venue.

« Lorsque le feu a dévasté une portion de forêt,
si cette forêt est composée en majeure partie de
bois dur, ces bois ne sont que brûlés extérieure-
ment, mais la combustion est assez profonde, cependant, pour amener la mort de l'arbre. Quelques essences, telles que les bouleaux, sans doute à
cause de la nature inflammable de leur écorce, périssent plus facilement que d'autres. Quand les forêts
consistent en bois mou ou en conifères, le feu ne
laisse souvent après son passage que les troncs et
les branches, ou au plus quelques feuilles roussies.
Dans l'un ou l'autre cas, une grande quantité de
bois échappe à la combustion et ne tarde pas à re-
prendre assez de sécheresse pour être en état de
fournir un aliment à une nouvelle conflagration.
En sorte que la même portion de forêt peut être
brûlée à plusieurs reprises, jusqu'à ce qu'elle ne
présente plus qu'une lande stérile et désolée, en-
combrée seulement par quelques troncs carboni-
sés, amoncelés sur le sol noirci par le feu. C'est ce
qui a lieu dans bon nombre de districts de la Nouvelle-Écosse et des colonies voisines. Ces cantons
ainsi incendiés ne sauraient être livrés immédiatement à la culture, la destruction de leur bois a enlevé une bonne partie de leur valeur ; on abandonne

alors à la nature seule le soin de réparer la verdure qu'ils ont perdue.

« Si l'on fait un abatis de 1 are ou 2 d'étendue,
au milieu d'une forêt, et qu'on abandonne cette
clairière, elle ne tarde pas à se couvrir d'une végétation toute semblable à celle qui existait précédemment; mais si tout le bois qui recouvre une superficie d'une grande étendue, a été détruit par le feu,
des essences différentes de celles qui existaient antérieurement leur succèdent, excepté dans les forêts marécageuses (*swamps*). On voit d'abord une
multitude d'herbes et d'arbrisseaux, qui ne poussaient point sur le sol lorsqu'il était recouvert par
la végétation arborescente qui depuis a été consu-
mée. La couche de tourbe résultant du détritus des
racines d'arbres et des plantes de la forêt, forme
une sorte de lit dans lequel germent et se développent des graines qui étaient enfouies dans la terre
depuis des siècles[1].

« Sur les parties les plus stériles on voit presque
partout le *blue-berry* (*vaccinium*); de grands
champs de framboisiers rouges et de saules viennent sur la lisière des cantons qu'occupaient le
hêtre et le hemlock, puis apparaissent ensuite en

[1] Voy. sur le curieux phénomène de l'alternance des espèces
un savant mémoire de M. Dureau de La Malle publié dans les
Annales des Sciences naturelles, année 1825. Ce membre de
l'Institut a constaté dans les forêts de France des phénomènes
d'alternance analogues à ceux que présente l'Amérique.

abondance les sureaux à baies rouges et les cerisiers sauvages. Au bout de quelques années les framboisiers et presque toutes les herbes disparaissent, et une population de sapins (*firs*), de bouleaux blancs et jaunes et de peupliers les remplace. Lorsqu'une suite d'incendies se sont succédé dans une forêt, le *kalmia* ou *sheep-poison*, domine entre les arbrisseaux qui poussent dans la lande. Ces arbustes donnent naissance, au bout d'une douzaine d'années, à une tourbe abondante, sur laquelle se forment des fourrés composés de petits aunes, à l'ombre desquels ne tardent pas à lever le pin (*fir*), le *spruce*, le *hacmetac* (*larix*), et le bouleau blanc. Enfin, quand des taillis hauts d'une vingtaine de pieds commencent à couvrir le sol, on voit reparaître les essences primitives que le feu avait anéanties, lesquelles ne tardent pas à étouffer le bois qui a ombragé leurs jeunes pousses. Il faut environ soixante ans pour que le sol se recouvre d'une végétation arborescente identique à celle dont le feu l'avait dépouillé. »

Lorsque la forêt n'a été qu'abattue et point incendiée, on observe la même succession de végétation. Un phénomène non moins remarquable, c'est que si, par leur nature, les essences primitives exigent un sol fertile, comme l'érable et le hêtre, les essences qui les remplacent, sont celles qui poussent dans une terre plus pauvre, telle qu'est le *spruce* par exemple.

Quand les arbres ont été brûlés sans qu'il en soit

résulté la destruction totale du sol végétal, les diverses essences se succèdent, suivant un ordre plus compliqué qui embrasse un certain nombre d'années. Dans la période qui suit immédiatement l'incendie, le sol se couvre en abondance d'herbes et d'arbrisseaux, et si le sol est fertile un été suffit souvent pour que tout l'espace incendié en soit couvert. Parmi ces végétaux, les uns avaient leurs racines assez profondément enfoncées dans le sol pour échapper à l'action du feu; tels sont le *trillium* et les bruyères; d'autres proviennent de graines qu'ont apportées les vents, ou des baies que les oiseaux ont transportées. Ces plantes herbacées sont ensuite étouffées par des arbres qui lèvent de graines, et dont la mineure partie appartient aux essences primitives de la forêt. Les moins élevés d'entre eux disparaissent à leur tour, écartés qu'ils sont par des essences plus vigoureuses, dont la végétation leur est préjudiciable. C'est alors que la forêt reprend la physionomie qu'elle avait avant l'incendie.

Lorsque des incendies répétés ont dévasté une forêt à des intervalles de temps assez rapprochés, le sol végétal disparaissant complétement, les arbres de fort brin n'y peuvent plus venir, et la terre est condamnée, durant une longue suite d'années, à ne produire que des herbes et de frêles arbrisseaux.

A ces alternances dans la végétation des forêts

correspondent des modifications dans la faune.
Parmi les animaux qui les habitent, les uns tels que
le coq de bruyère à manchettes, les lièvres, les pi-
geons, les pies, les grives, les moineaux, les gobe-
mouches, trouvent dans les landes dévastées par le
feu, des conditions plus favorables au développement et à la propagation de leurs espèces. Presque
tous ces animaux disparaissent si la lande vient à
être défrichée et mise en culture. Les insectes se
multiplient aussi extraordinairement dans les cantons que l'incendie a dégarnis de leur ombrage.

Terre-Neuve présente une vaste forêt à l'intérieur, mais les essences en sont chétives. « En arri-
vant à Terre-Neuve, écrit un voyageur [1], la nudité
de la côte et de toutes les hauteurs extérieures
ferait croire que le pays est totalement dépourvu
de grands végétaux; mais dès qu'on entre dans
chaque baie, havre ou golfe, on ne voit bientôt
plus qu'une forêt continue qui couvre l'île partout
où le sol est susceptible de produire des arbres.
Comme celui-ci ne se compose que d'une couche
peu épaisse, je fus tout surpris de la voir douée d'un
tel degré de force productive, et j'attribuai ensuite
à l'âpreté du climat, conjointement au défaut de
profondeur dans cette couche de terre, le peu de
grosseur et d'élévation du tronc des arbres. Je
m'enfonçai davantage dans les bois pour vérifier si

[1] Delapylaie, *Voyage à l'île de Terre-Neuve*, p. 25.

elle ne résultait point de l'influence du voisinage de
la mer; m'y étant avancé jusqu'à 15 ou 20 kilomètres, je n'obtins d'autre résultat que de remarquer que cet état de choses était un caractère local.
Mais ici tous ces arbres, les *abies balsamea*, *alba*,
nigra, et le *betula papyrifera*, quelquefois encore entremêlés de *betula lenta*, n'ont que 97 à
146 décimètres, et très-rarement 162 d'élévation. »

Le caractère chétif des arbres des forêts se retrouve à un degré moindre à Long-Island, où les
plus beaux brins ne dépassent pas 30 pieds anglais [1].

Des Antilles, les unes ont perdu une partie des
forêts qui couvraient les pentes de leurs mornes
au moment où les Européens les découvrirent, les
autres ont encore leur vêtement arborescent. Si
Cuba offre encore quelques vastes massifs de *palmas reales*, que les créoles se plaisent à entretenir,
afin de fournir à leurs bestiaux une nourriture abondante [2], auxquels se joignent des groupes de cèdres,
de mahogonys, de *guayacans*, de *courbanas* [3], etc.
Haïti regrette une partie des magnifiques forêts

[1] T. Dwight, o. c., t. III, p. 288.
[2] Le *palmiche*, fruit de la *palma real*. Cet arbre croît jusqu'à une altitude de 940 toises. Voy. Humboldt, *Voyage aux
Régions équinoxiales*, t. IV, p. 226.
[3] D. Turnbull, *Cuba with notices of Porto Rico*, p. 521
(London, 1840).

de pins qui faisaient l'admiration de Colomb lorsqu'il aborda sur le rivage d'Hispaniola, et qu'il
vantait à Luiz de Santangel [1].

A la Martinique, la forêt du Carbet, qui s'étend
sur une superficie de plus de six lieues, et où se
pressent les gommiers, les fromagers, les figuiers
sauvages, les courbarils, les balatas, rappelle
ce qu'étaient les forêts habitées par les ca-
raïbes [2].

A la Grande-Terre, les forêts ont déjà complète-
ment disparu, tandis qu'une longue ligne forestière
qui recouvre la chaîne de montagnes volcaniques,
continue d'ombrager la Guadeloupe proprement dite
et offre des cantons boisés qui n'ont point encore
été explorés [3]. Marie-Galande est presque aussi boisée aujourd'hui qu'elle l'était lors de l'arrivée de
Christophe Colomb [4].

A l'île de la Trinité, les *mauritia aculeata* forment dans les districts du centre et principalement

---

[1] M. F. de Navarrète, *Relations des quatre voyages entrepris
par Christophe Colomb*, trad. par Ch. de Verneuil et Laro-
quette, t. II, p. 349 (Lettre de Christ. Colomb à L. de Santangel). Moreau de Saint-Méry, *Description topographique et
politique de Saint-Domingue*, t. I, p. 294.

[2] *Notice statistique sur la Martinique*, publiée par ordre du
ministère de la marine (Paris, 1838), p. 39.

[3] *Notice statistique sur la Guadeloupe*, publiée par ordre du
ministère de la marine (Paris, 1838), p. 153.

[4] M. F. de Navarrète, *Relations* citées, t. II, p. 255

dans le voisinage de la montagne de Terrana, des forêts presque impénétrables [1].

Les îles qui s'élèvent entre les deux mondes, au-dessus des flots de l'Océan, se couronnaient jadis de forêts touffues qui se sont éclaircies sous la main des premiers navigateurs qui y abordèrent. Lorsque Jean Gonzales Zarco et Tristan Vaz abordèrent à Madère [2], cette île était couverte de forêts immenses qui lui valurent son nom, et dans lesquelles s'établirent les colons (*Madeira*, bois de construction) [3]. L'incendie les consuma promptement, et plus tard on s'empressa d'utiliser les bois qui avaient échappé à la destruction. Des forêts d'ardisiers qui s'avancent jusque sur la côte, rappellent encore ces forêts primitives.

Les îles Canaries ont été plus heureuses que Madère et les Açores, elles sont encore couvertes de magnifiques forêts qui ont été étudiées par un savant naturaliste, M. Sabin Berthelot, auquel nous empruntons les lignes suivantes :

« On trouve aux Canaries des forêts vierges, et

---

[1] Dauxion Lavayne, *Voyage aux îles Trinidad, Tabago, etc.*, t. I, p. 36 (Paris, 1813).

[2] Malte-Brun, *Précis de la Géographie universelle*, 2ᵉ édit., t. I, p. 479.

[3] Le mot *madeira* est dérivé du latin *materia*. Il appartient à la même famille que *mato* et que les mots français *madrier*, *madré*. Le bois a été originairement le type de la matière, *materia, materies*. En grec ΰλη signifie à la fois *forêt, bois, matière*.

dans ces régions némorales la nature, par sa seule puissance, maintient et régénère ce qu'elle a créé. Là, de vieux lauriers, minés par le temps, finissent par s'affaisser sous leur propre poids, augmentent la masse de l'humus, et de nouvelles races naissent de leur décomposition. Le terreau de la forêt, incessamment engraissé par tant de dépouilles végétales, nourrit les espèces qui couvrent le sol et conserve dans son sein les germes de celles qui doivent le remplacer. La nature préside à ces associations, et règle la marche lente de leurs alternances. Des arbres aussi anciens que la terre qu'ils ombragent, dominent tous les autres, comme ces baliveaux qu'on laisse croître au milieu des taillis; leur tronc et leurs branches sont couverts de mousses et de lichens; au-dessous de ces dômes de feuillages, les fougères et les autres plantes des bois entretiennent une humidité fécondante. Tantôt des masses de la même espèce entourent ces vétérans de la forêt, et tantôt des groupes d'espèces diverses cernent l'espace qu'ils semblent avoir conquis depuis des siècles. Ces arbres séculaires sont le point de départ de la végétation environnante, et leur existence vient jeter quelques clartés sur les mystères des alternances [1]. »

Ces forêts présentent en effet les mêmes phéno-

---

[1] *Coup d'œil sur les Forêts canariennes, sur leurs changements et leurs alternances*, Paris, 1836, in-4°, p. 6 et suiv.

mènes que nous venons de rencontrer dans le nouveau monde. Des *myrica faya* succèdent aux vieux troncs abattus par le temps ou par le colon ; puis viennent des bruyères, qui remplacent le *pteris aquilina* (*helecho*), que remplacent à leur tour des arbustes, jusqu'à ce qu'enfin la terre, rendue à sa constitution première, après plusieurs régénérations successives, se recouvre encore des mêmes espèces qu'auparavant.

Par leur caractère atlantique, les forêts canariennes n'ont presque plus rien de commun avec celles de nos climats ; elles offrent en général des points de vue très-variés, se groupent de la manière la plus pittoresque sur les pentes des montagnes, garnissent le fond des ravins et les anfractuosités de leurs berges. Placées sur les confins de la zone tempérée, elles ont déjà de grandes analogies avec celles des contrées les plus chaudes des deux hémisphères. Les lauriers y croissent en masse comme aux Antilles et dans quelques îles de l'archipel d'Asie ; plusieurs arbres exclus des régions septentrionales s'annoncent comme des espèces dont les nombreuses congénères se retrouveront plus loin. Les mocans s'y montrent pour la première fois, tandis que, par leurs belles dimensions, d'ondoyantes fougères se rapprochent de certaines espèces d'Amérique et de l'île Bourbon.

Les lauriers abondent partout et forment quatre espèces bien distinctes auxquelles viennent s'unir d'autres arbres de haute futaie et plusieurs beaux arbustes : ce sont les arbousiers, les myrsines et les *ilex* dee Canaries, l'*ardisia excelsa*, le *rhamnus glandulosus*, le *visnea mocanera*, le *myrica faya*, le *viburnum rugosum*, l'*erica arborea*, le *cerasus hixa*, le *boehmeria rubra* et l'*olea excelsa*, si différent de notre olivier d'Europe. Toutefois, au milieu de ce mélange d'espèces, les lauriers dominent toujours et forment le type caractéristique de cette région que M. Berthelot appelle *laurifère*. Répartis le plus souvent en divers groupes, ils semblent s'être réunis par espèces. Les singularités dans le mode de répartition des lauriers, s'observent à Ténériffe pour les bruyères en arbre, pour l'*ilex perado*, pour les cerisiers (*cerasus hixa*), les arbousiers, les ardisiers et les *fayas*, pour les mocans dans l'île de Fer, à Canaria pour les tils.

Les forêts, quelque belles, quelque étendues qu'elles soient, ne nous offrent pourtant pas tout à fait l'image de l'ancien état forestier de l'Archipel.

Avant la conquête des Canaries, la région laurifère devait s'étendre jusque dans le voisinage du littoral, partout où l'exposition et les autres causes influentes étaient venues favoriser le développement des arbres. Les premiers navigateurs qui visitèrent ces îles en ont parlé comme d'un pays boisé jusqu'à la mer ; mais aujourd'hui, les forêts sont loin du rivage. Lorsque Pedro de Vera et Alonzo de Lugo restèrent maîtres de la partie occidentale de l'Archipel, ils voulurent exploiter à leur profit ce sol encore vierge, et les répartitions de terre entre les chefs et les soldats, furent les premiers résultats de la victoire. Alors, à la guerre de spoliation succéda la dévastation des forêts; pressés de jouir de leur conquête, les nouveaux maîtres eurent recours à l'incendie comme au moyen le plus propre pour accélérer les défrichements, et poursuivirent ce système d'exploitation avec un acharnement inouï[1]. Bientôt tout changea d'aspect; les arbres indigènes cédèrent leur ancien poste aux plantes exotiques, la végétation primitive fut refoulée par les cultures dans les sites les plus anfractueux, et les forêts entamées de toutes parts s'ouvrirent en vastes clairières.

Des localités qui ont conservé des noms de plantes indiquent encore les anciennes limites de la région des bois. Telles sont celles qu'on appelle la *vega de los mocanes* (vallon des mocans), à Canaria, le *Madroñal* (les arbousiers) mot qui dénote l'ancienne présence des arbousiers, à l'ouest de la Ciudad de las Palmas, le *pic du Laurier* à Ténériffe, lequel n'est plus couvert que de bruyères.

Entre les îles du groupe des Canaries, Gomère est aujourd'hui la plus peuplée d'arbres, l'île de Fer n'a plus guère que des massifs de genévriers, de pins et de mocans. Ténériffe, dans sa partie nord-est, offre

[1] S. Berthelot, o. c., p. 23.

une grande ligne forestière qui prend les différents noms de forêt de *la Laguna*, forêt de *la Goleta*, de *Taganana*. Au nord s'étend la magnifique forêt d'*Agua Garcia*, que M. Berthelot a si bien décrite[1]. Dans l'île de Canaria, la forêt de Doramas est célèbre par le rôle qu'elle a joué dans l'histoire de cet archipel. L'île de Palma a aussi ses forêts séculaires. Les pins de *la Caldera* font l'étonnement des voyageurs[2]. Ces pins des Canaries (*pinus canariensis*) constituent une des essences forestières caractéristique de cet archipel. Toutefois, Lancerotte et Fortaventure en sont dépouillés, car cet arbre n'aime que les hauteurs dont ces deux îles sont dépourvues. Leur végétation rappelle celle de l'Afrique, dont elles ne sont éloignées que de quelques centaines de milles.

L'Afrique n'est point aussi privée de forêts qu'on le croit généralement, bien qu'il y ait loin de sa végétation forestière à celle de l'Amérique. Sur la côte occidentale de ce grand continent, les voyageurs ont signalé quelques forêts. Au nord de la Sénégambie et du lac Cayor, sur la côte habitée par les Trarzahs, se rencontrent plusieurs vastes forêts de gommiers, entre lesquelles celles de Lebiar, d'Alfatah, de Sahel sont les plus importantes. A l'embouchure du Sénégal, les mangliers forment

[1] P. 43.
[2] Berthelot, p. 57.

des forêts marécageuses qui ont été visitées par le célèbre Adanson[1]. Dans la Guinée[2], le Congo, on trouve des forêts vigoureuses qui s'étendent surtout le long des fleuves, mais ces lignes forestières sont clairsemées et la végétation arborescente n'apparaît que comme une exception.

Les *adansonia*, les *bombax pentandrum*, les *elais guineensis*, les *raphia vinifera* et les *pandanus candelabrum* qu'on rencontre sur toutes les côtes de la Sénégambie, ne constituent pas, à vrai dire, de forêts. Aux environs de Sierra-Leone, les ananas forment de véritables forêts naines qui, par leur étendue, tendent à faire croire, contrairement à l'opinion des botanistes, que cet arbuste est indigène dans ces contrées[3].

Dans la région du cap de Bonne-Espérance, des essences nombreuses constituent des forêts, au pays des Hottentots et des Bechuanas. L'*ilex nocea*, le *curtisia faginea*, le *cunonia capensis*, le *taxus elongata*, le *laurus teterrima*, l'*olea capensis*, le *tarchonanthus arboreus*, l'*acacia capensis* aux épines acérées et effilées, l'*acacia vera*, sont les

---

[1] *Voyage au Sénégal*, p. 34. Notre célèbre botaniste décrit celle qui s'étend entre l'île Bisèche et l'île au Bois, près du Marigot des Maringouins.

[2] Isert, *Voyage en Guinée*, trad. franç., p. 257 (Paris, 1793).

[3] Hugh Murray, *An Encyclopædia of geography*, 2e édit., p. 1216.

plus importants[1]. A côté de ces forêts de haute futaie, s'étendent des forêts d'arbustes, d'euphorbes, de mésembryanthèmes, d'aloès, de *strelitzia*, dont les formes bizarres et variées impriment à la végétation de cette contrée un caractère spécial[2].

La côte de Mozambique est couverte de forêts luxuriantes qui n'ont point encore été explorées[3]. C'est dans celles qui couvrent les bords de l'Oïbo et du Mozambique, que croît la columbaroot, si renommée par ses vertus médicales[4].

Madagascar et les îles environnantes ont leur végétation forestière spéciale. La première de ces îles offre quatre grandes forêts, Alamazaotra, Ifohara, Bemarame et Betsimihisatra, qui rappellent par leur magnificence celles du nouveau monde[5]. C'est dans ces forêts que se rencontre le terrible *tanghinia veneniflua*, dont l'amande servait chez les Malgaches à éprouver les accusés[6].

L'île Maurice présente dans son plateau central

---

[1] B. Hinds, *The Regions of vegetation*, ap. Belcher, *Voyage*, t. II, p. 399.

[2] H. Murray, *An Encyclopædia of geography*, 2ᵉ édit., p. 1239, 1240.

[3] B. Hinds, o. c., p. 402.

[4] H. Murray, o. c., p. 1252.

[5] William Ellis, *History of Madagascar*, vol. I, p. 35.

[6] Voy. dans H. Murray, p. 1281, de curieux détails sur l'emploi du tanghinia.

de vastes forêts remarquables surtout par la multiplicité des essences qui les composent[1]. C'est là que se rencontrent les fougères arborescentes, la *cyathea excelsa* et *borbonica*. Une foule d'orchidées épiphytes promènent leurs tiges volubiles sur ces arbres élégants et majestueux, tandis qu'au-dessus des cimes de ceux-ci se balancent les nids des oiseaux du tropique[2]. Toutefois la culture de la canne fait une guerre incessante à ces forêts, et leur enlève chaque jour une portion de leur territoire[3].

L'île Bourbon a une végétation moins vigoureuse que l'île Maurice. Aux environs de S.-Paul, les tamariniers (*tamarindus indica*) qui atteignent des dimensions considérables, donnent naissance à des bois. Sur les montagnes les arbres ne dépassent pas la région des *calumets* et les cimes du *Gros-*

[1] Dans l'île Maurice, dont la superficie n'excède pas une centaine de lieues carrées, on compte 240 arbres ou arbustes différents, c'est-à-dire un tiers de plus que n'en renferme l'Europe entière. Aussi ces espèces croissent-elles pêle-mêle et sans aucune prédilection de voisinage. Dans ce pays aucun arbre ne repousse de souche; ce qui fait que certaines espèces y disparaîtront promptement.

[2] J. Backhouse, *A narrative of a visit to the Mauritius island and south Africa*, p. 30, 34 (London, 1844). J. Néraud, *De la végétation de l'Ile de France*, dans la *Botanique du voyage de l'Uranie*, p. 21.

[3] Laplace, *Campagne de circumnavigation de l'Artémise*, t. II, p. 87.

Morne n'offrent plus que des broussailles et des *am-bavilles*.

Aux Seychelles, ces cocotiers à *doubles cocos*, connus jadis sous le nom de *cocos de mer*, forment d'épais bouquets qui prennent parfois l'aspect de véritables forêts.

Nous ne savons rien des forêts du centre et du nord-est de l'Afrique. Les récents voyages entrepris en Abyssinie nous ont révélé seulement l'existence de quelques-unes d'entre elles, mais sans nous fournir à cet égard aucune description qui nous permette de juger de leur caractère[1].

La Barbarie a des forêts importantes qui attendent encore des botanistes une description détaillée. Celles de l'Algérie seules ont été explorées avec attention; elles peuvent nous donner une idée de ce que sont celles du Maroc et des régences de Tunis et de Tripoli.

Dans la province d'Oran, le *sumac thezera*, le thuya articulé, les pins d'Alep, les pistachiers de l'Atlas, le *quercus ballota* constituent la majeure partie du peuplement. Entre le Sig et l'Oued-el-Hammau, sur les bords de l'Oued-Sefsaf s'étendent de belles forêts. Dans la première, une tribu d'Arabes, les *Ketarnia* (goudronniers) tire du pin d'Alep sa principale industrie. Au nord-ouest de

---

[1] Voy. par exemple ce que le major Cornwall Harris dit de la forêt de Mamrat, *The Highlanders of Æthiopia*, 2° édit., vol. II, p. 265.

Mascara, entre Saïda et Takdemt, règuent de puissants massifs de chênes blancs[1].

Dans la province d'Alger, les bords du Mazafran, les montagnes du Chenouan jusqu'à Cherchel et Coleah déploient une zone forestière plus importante encore que les précédentes. Le frêne apparaît dans la forêt du Mazafran et le cèdre du Liban se montre dans les montagnes des Riga.

Dans la province de Constantine, les vallées de la Seïbouze sont ombragées par un chêne d'une espèce particulière, celui de l'Edough. Ce chêne zan dont le port rappelle le châtaignier, constitue de superbes massifs[2] qu'on retrouve aussi dans l'Edough, chaîne qui s'étend à l'ouest de Bone. Le chêne-liége abonde dans les forêts du cercle de la Calle.

Les montagnes de la Kabilie sont garnies de belles forêts, dans chacune desquelles prédomine une essence spéciale. Dans l'Ak'fadou, la plus considérable de toutes celles de cette contrée[3],

---

[1] *Tableau de la situation des établissements français en Algérie, en* 1844, p. 265 et suiv.

[2] *Tableau* cité, p. 271.

[3] La forêt de l'Ak'fadou se lie aux bois de l'Afroun et de l'Adrer-ez-Zan pour ne former qu'un même massif. L'espace désert compris entre ces trois sommets, n'a pas moins d'une journée de marche d'étendue dans tous les sens, ce qui porterait approximativement sa contenance à 100 000 hectares, c'est-à-dire deux fois la superficie du département de la Seine. Voy. E. Carette, *Études sur la Kabilie*, t. I, p. 249.

c'est le chêne zan, sur le Tamgout, c'est le chêne, sur le Kendirou, le noyer, sur le Jurjura, le frêne[1].

Mais le déboisement fit jadis disparaître une grande partie de la végétation arborescente de la Mauritanie césarienne et sitifienne. Lorsqu'on parcourt la plaine de la Mitidjah et la province d'Oran, on découvre facilement des traces d'une végétation qui n'est plus et n'a laissé après elle que la stérilité et l'aridité du désert. Dans la province de Constantine, de Philippeville, aux bords du Rummel, on ne rencontre pas un arbre. Ce pays jadis si peuplé, si cultivé n'est plus qu'une plaine sèche et brûlée. Aux alentours de Bone, quelques jujubiers rappellent encore les essences dont les massifs valurent à la ville son nom arabe, *Bleid-el-Huneb*, la ville des jujubiers.

Dans le Fezzan, le *tholh* (*acacia gummifera*) peut seul donner naissance à d'épais massifs, grâce à la nature de ses racines qui s'accommodent d'un sol de rocher, et sur la frontière de ce pays et du district de Ghat, un courageux voyageur en a observé, il y a quelques années, des forêts assez étendues[2].

Les arbres ont aussi disparu des côtes de l'ancienne Byzacène, de la Libye et de la Cyrénaïque.

[1] E. Carette, o. c., t. I, p. 245.
[2] James Richardson, *Travels in the great desert of Sahara*, vol. II, p. 253, 273 (London, 1848).

Cette disparition des essences forestières remonte à une haute antiquité. La civilisation dépouilla de fort bonne heure la chaîne littorale d'un bois qui lui était alors d'autant plus indispensable, qu'elle n'avait point encore appris à substituer, en certains cas à son emploi, celui d'autres matières.

L'Égypte, par la même raison, est découronnée des forêts qui, à une haute antiquité, devaient couvrir les deux chaînes qui limitent la vallée du Nil. Dans la Thébaïde, quelques palmiers *doum* sont aujourd'hui presque les seuls représentants de la végétation forestière.

Pour savoir ce que furent les forêts de l'Égypte, il faut aller visiter cette forêt pétrifiée qui se trouve aux environs du Caire, au delà des tombeaux des califes[1]. Ces troncs abattus, ces fragments de toute longueur, gisant pêle-mêle sur le sol qu'ils couvraient, il y a des milliers d'années, de leurs ombres, et dont l'incrustation a laissé les formes intactes, sont comme les momies de la vie végétale au temps des Pharaons, comme les hypogées des forêts contemporaines de Sésostris et des Rhamsès.

La Judée avait alors aussi ses forêts qu'on chercherait vainement aujourd'hui. Il est fait souvent mention dans l'Écriture sainte des *iarim*[2]. Sur le Liban se trouvaient ces fameuses forêts de cèdres

---

[1] *Asiatic Journal*, Series 3, vol. III, p. 389 (1844).

[2] F. Ackermann, *Archæologia biblica* (Viennæ, 1826), p. 19.

dont on compte à peine aujourd'hui quelques descendants[1]. Sur l'Anti-Liban, des pins et des sapins fournissaient aux Phéniciens des bois de construction pour leurs navires[2]. Dans les monts Baschan existaient des forêts de chênes[3].

La Bible nous fournit le nom de plusieurs forêts dont un sol aride occupe actuellement l'emplacement. Telle est la forêt d'Éphraïm que les Éphraïmites commencèrent à abattre, celle de Khareth et celle de Khorcha dans la tribu de Juda[4], telle était enfin celle qui couvrait le district de Baala sur les frontières de Benjamin et de Juda, et valait à cette ville le surnom de *Kiriath iarim*, la ville des forêts[5].

Les Phéniciens qui se livrèrent au commerce maritime dès une antiquité si reculée, furent les principaux agents de déboisement des forêts de la Palestine et de la Syrie. Ce sont eux qui ont vraisemblablement fait disparaître par leurs abatis les forêts des environs de Carthage et peut-être celles d'une partie de la côte de Lybie qu'ils

[1] I Reg., vii, 2; II Reg., xix, 23; Hos., xiv, 6-8. G. Robinson, *Voyage en Syrie et en Palestine*, t. II, p. 112 et suiv., trad. franç.

[2] II Samuel, xix, 23; Paralip., xviii, 4.

[3] Zach., xi, 2.

[4] Jos., xvii, 15; II Samuel, xviii, 6.

[5] I Sam., xxii, 5; xxiii, 14-16; Jos., xv, 9-10; Jes., xxvi, 10; Ezr., ii, 15; Neh., vii, 20.

Libye qu'ils cotoyaient en se rendant à Gades. Avant Ératosthènes, l'île de Cypre, depuis si déboisée, était encore couverte de forêts et les arbres se propageaient à ce point qu'ils envahissaient les champs cultivés. Pour encourager le défrichement, on accordait alors la propriété du sol à celui qui le débarrasserait des espèces qui l'encombraient[1]. Cette loi porta son effet : l'exploitation des mines, la construction des navires qui avaient pris un immense développement précisément à raison du bois que l'île fournissait en abondance, finirent par dégarnir complétement Cypre, où l'on chercherait vainement aujourd'hui la forêt d'Idalie, une des plus renommées entre les forêts dont aient parlé les anciens[2].

Le même fait s'observe dans toute l'Asie occidentale. La Syrie, l'Aldjezireh, l'Irak Arabi n'offrent presque plus d'arbres. On ne retrouve plus les forêts que dans les montagnes de la Chaldée, où des chênes forment des massifs importants de 1500, à 2500 pieds anglais au-dessus du niveau de la mer[3]. C'est surtout sur le Karadagh, près de Soulimaniah, dans le Kourdistan méridional, que ces forêts acquièrent une étendue notoire, quoique dans ces dernières années, des coupes répétées les aient bien

[1] Strabon, lib. XIV, p. 974, édit. Falcon.
[2] Vibius Sequester, édit. Oberlin, p. 25.
[3] Ainsworth, *Visit to the Chaldeans*, ap. *Journal of the royal geographical Society of London*, t. XI, p. 20.

retrécies. Dans l'Ararat, la végétation qui rappelle celle du Caucase, offre des forêts de chênes, de bouleaux et de noyers [1].

La Perse a perdu aussi ses forêts ; le peu qui en reste couvre les montagnes du Mazanderan, du Ghilan et du Kourdistan. Mais en remontant vers le Caucase, les forêts redeviennent abondantes, principalement dans l'Iméréthie où les hêtres, les charmes, les noyers, les châtaigniers, les plaqueminiers constituent, réunis, des forêts étendues, entre lesquelles celle d'Adjamet, près de Vartsikhé, l'ancienne Rhodopolis, attire surtout l'attention des voyageurs [2].

Sur la côte de la mer Noire, entre Héraclée et les bouches du Kizil-Yrmak, les forêts abondent encore. On y trouve surtout ce chêne auquel sa dureté remarquable a valu le nom de bois de fer [3]. Tout l'angle qui est compris entre la mer de Marmara et la mer Noire, est occupé par les montagnes de l'Olympe que couvrent de magnifiques forêts [4], qui rappellent celles de l'Ida. Mais dans le sud de

[1] Fr. Parrot, *Reise zum Ararat*, th. I, p. 176 (Berlin, 1834).
[2] Dubois de Montpereux, *Voyage autour du Caucase*, t. II, p. 202.
[3] Jul. de Hagemeister, *Essai sur les Ressources territoriales et commerciales de l'Asie occidentale* (Saint-Pétersb., 1839), p. 41.
[4] Kinneir (J. Macd.), *Voyage dans l'Asie mineure, l'Arménie et le Kourdistan*, trad. franç., t. I, p. 47. Hagemeister, o. c., p. 43.

l'Asie Mineure, les forêts sont aujourd'hui clair-se-mées, comme elles l'étaient déjà au commencement de notre ère. Vibius Sequester ne cite dans cette partie du monde que les forêts de Thymbra en Phrygie et de Claros.

La Lycie a été plus heureuse ; elle étale encore sur son littoral des massifs de chênes, de platanes et de pins, dont les lignes ombreuses s'élèvent jusque dans la région montagneuse et couvrent la Karamanie[1]. Au-dessus de ces essences, domine le *juniperus excelsa* qui annonce la disparition de la végétation arborescente.

La Cilicie conserve quelques-unes des forêts de cèdres que Procope avait signalées[2], et la crête du Taurus fournit encore à l'exploitation des bois abondants.

La Grèce n'offrait déjà presque plus de forêts à l'époque romaine. Les progrès rapides de l'agriculture avaient fait disparaître ou réduit à des simples bocages ces forêts d'Erymanthe[3], de Nemée[4] dont le nom se rattachait aux souvenirs héroïques des

---

[1] Spratt and Forbes, *Travels in Lycia*, vol. II, p. 15 et suiv. (London, 1847).

[2] *De Ædificiis*, lib. VI, p. 322, édit. Dindorf. En 1832 le pacha d'Égypte a retiré en bois d'Adana pour la valeur de 3 millions de francs. Hagemeister, o. c., p. 43.

[3] Voy. Mart. Leake, *Travels in the Morea*, vol. II, p. 232 (Lond., 1830). P. Boblaye, *Recherches géographiques sur les Ruines de la Morée*, p. 118.

[4] Cf. Servius, *Ad Georg.*, l. III, v. 219 et suiv.

Hellènes. Leurs traces ont de nos jours presque totalement disparu. Tempé n'était déjà plus, au commencement de notre ère, qu'une vallée ombreuse[1], d'une épaisse forêt qu'elle avait été. Enfin Dodone, si renommée par sa forêt de chênes, avait vu ses arbres fatidiques diminuer avec la célébrité de son oracle[2].

Dès le temps de Pindare, l'Altis d'Olympie n'était plus qu'un simple bosquet qui ne rappelait guère ce bois sacré consacré à Jupiter comme la forêt de Dodone, bois dont il avait gardé le nom[3].

La Crète n'offre aujourd'hui presque plus de forêts. A peine quelques bosquets d'oliviers garnissent-ils encore ses cimes[4] qui furent sans doute jadis aussi ombragées que celles de l'Ida de Phrygie[5]. Il en est de même des îles de Nanfi, d'Antiparo, d'Ipsara, de Nio, de Samos et de Polycandro. Les forêts de Chios naguère si abondantes ont abandonné ses montagnes; car celles-ci n'offrent plus aujourd'hui que l'image de la sécheresse et de la stérilité[6].

[1] Vibius Sequester, l. c. Tit. Liv., lib. XLIV, 6. Plin., *Hist. nat.*, lib. IV, c. viii. Ælian., *Hist. var.*, lib. III, c. i.

[2] Pouqueville, *Voyage de la Grèce*, t. V, p. 364 et suiv.

[3] Ἄλτις, vieux mot péloponésien, pour ἄλσος, voy. Leake, o. c., vol. I, p. 35.

[4] Rob. Pashley, *Travels in Crete*, vol. II, p. 34 et suiv.

[5] Poinsinet de Sivry, dans son bizarre ouvrage intitulé : *De l'Origine des premières sociétés*, avance (p. 183), on ne sait d'après quelle autorité, que le mot *Ida* signifie *forêt*.

[6] Behlen, *Allgemeine Forst-und-Jagd Zeitung*, Jahrg., 1834, p. 482 et suiv.

Dans l'Archipel, des forêts ne se rencontrent plus qu'à Imbros, qui en est encore tout couvert, et où un gibier abondant se cache sous les futaies de chênes et de sapins; qu'à Lemnos, non moins boisé, à Paros dont les montagnes sont ombragées de chênes, de pins et de sapins comme celles de Mycone, de Thasos. Stampalia, l'ancienne *Astypalea*, si elle n'offre pas de hautes futaies, a du moins de nombreux bouquets de chênes-kermès, de pins, de ronces et d'érables [1].

Dans les îles Ioniennes, le déboisement a marché plus rapidement que dans les Cyclades. Les forêts qui ont valu au *Monte Nero*, dans l'île de Céphalonie, son nom, ont disparu depuis l'établissement des Vénitiens [2]. La partie septentrionale de Corfou demeure toutefois encore couverte d'abondantes forêts de platanes, de cèdres, de pins, de sapins, de hêtres et de charmes. Leucade a de belles chênaies qui fournissent à Ithaque le bois dont elle est actuellement dépourvue. Zante, l'ancienne Zacynthe, à laquelle Homère donne l'épithète d'ὑλήεσσα [3], et que Strabon décrit encore comme fort boisée [4], est aujourd'hui complétement dépouillée de ses forêts.

La Turquie présente de nos jours un état analogue à celui de l'ancienne Grèce; la distribution

[1] Behlen, *ibid*.
[2] Behlen, *ibid*.
[3] *Odyss.*, VII, 24.
[4] Ὑλάεης μέν, εὔκαρπος δέ, lib. X.

de la végétation forestière ne paraît pas avoir beaucoup changé. Le chêne est l'essence qui en fait le fond. Les espèces dominantes sont le *quercus robur*, le *quercus cerris*, le *quercus pubescens*, le *quercus pedunculata*, *ægilops*, *cylindrica* et *apennina*. A ces espèces se joignent, dans l'Albanie moyenne et l'Épire, ainsi qu'en Thessalie, dans la Macédoine maritime et sur le *Tekir-Dagh*, le *quercus ilex*, le *quercus aciculus* et le *quercus coccifera*. La Servie et la Bosnie présentent les plus belles forêts [1]. Dans cette dernière province, les sapins, les pins et les bouleaux annoncent une végétation plus septentrionale. Ces essences s'étendent sur le faîte méridional.

La Russie, qui semble être la dernière contrée de l'Europe qui se soit éveillée à la civilisation, offre encore cet état forestier qui fut celui du reste du globe, avant que l'homme n'eût eu dépossédé le sol de ses épais ombrages pour ouvrir un espace libre à ses travaux agricoles. Dans ce vaste empire, des lignes forestières d'une étendue prodigieuse courent dans tous les sens. Dans le midi, les forêts ne se rencontrent guère que le long des fleuves, si l'on excepte toutefois la Forêt-Noire, immense massif de chênes qui recouvre une superficie de 4000 werstes[2].

[1] A. Boué, *la Turquie d'Europe*, t. I, p. 422.
[2] A. de Haxthausen, *Études sur la situation intérieure de la Russie*, t. II, p. 486. G. P. Von Kœppen, *Ueber Wald-Vorrath*

Toutefois, dans la Crimée, les essences forestières deviennent plus abondantes. Des forêts s'étendent sur les deux versants de la chaîne centrale, et dans les localités où le sol est argileux, et conséquemment humide, les arbres atteignent une haute taille. Les arbres se voient surtout sur les hauteurs qui bordent la côte depuis Balaklava jusqu'à Aloupka. Du côté d'Alouchta, ils forment de vastes forêts entre le Babougine-Yaïla et le Tchatir-Dagh. Le pin de la Tauride (*pinus taurica*), qui atteint souvent cinquante pieds d'élévation, gravit les cimes les plus élevées du Baghtcheh-Seraï et du Tchoufout-Kaleh, dont il garnit les pentes schisteuses. Le hêtre, qui atteint aux environs de Laspi jusqu'à un mètre de diamètre, compose le fond de certains massifs [1].

Dans l'Ukraine [2], le terreau noir appelé par les Russes *stepnoï-czernozem*, qui constitue le sol d'une partie de la Russie méridionale, donne naissance à des forêts d'une nature spéciale et dont les essences

im Gebiete der obern und mittleren *Wolga*, ap. Baer, *Beitrage zur Kenntniss des Russischen Reiches*, t. IV, p. 163 et suiv.

[1] A. de Demidoff, *Voyage dans la Russie méridionale*, t. II, p. 646 et suiv. (Paris, 1846). La Crimée a cependant perdu plusieurs forêts importantes. Telle était celle qui ombrageait l'isthme de Perekop et que mentionne Constantin Porphyrogénète. Rubruquis trouva cette presqu'île beaucoup plus boisée qu'elle ne l'est aujourd'hui. Voy. Koeppen. o. c., p. 182.

[2] Voy. le mémoire de M. Cherniaïev, *Bulletins de la Société impériale des Naturalistes de Moscou*, t. XVIII, p. 138.

principales sont les chênes, les tilleuls, les ormes[1]. Ces arbres poussent avec une vigueur peu commune et se mêlent à une immense quantité de gros poiriers d'un aspect magnifique. Toutefois, ce beau manteau forestier s'étiole souvent sous l'action destructive de la sécheresse qui fait périr des milliers d'individus, et particulièrement les coudriers, les frênes, les ormes; les espèces à racines profondes échappent seules à cette dévastation.

Les gouvernements les plus riches en forêts sont ceux d'Archangelsk, de Wologda, de Wiatka, d'Olonetz, de Perm, de Kostroma, de Minsk, de Wilna et de Jitomir[2]. Des essences particulières composent chacune d'elles. Dans le gouvernement d'Archangelsk, ce sont les pins qui dominent, et dont les lignes montent jusqu'au 67° de latitude. Dans celui de Kostroma, règnent de vastes forêts de tilleuls[3]. Dans le gouvernement de Toula, cette même essence constitue aussi des bois d'une physionomie particulière, à cause des formes toutes spéciales que cet arbre revêt dans cette contrée. Sa cime, au lieu d'offrir cet épais branchage qui lui appartient dans nos climats, ne présente qu'un

---

[1] L'opinion générale, en Russie, est que ce terreau résulte de la destruction des anciennes forêts. Cette opinion a été récemment combattue par d'éminents géologues. Voy. à ce sujet d'Archiac, *Histoire des progrès de la Géologie*, t. II, p. 298.

[2] Haxthausen, o. c., t. II, p. 466.

[3] Haxthausen, l. c.

petit développement et des rameaux assez grêles. Le chêne de ces forêts ne projette aussi qu'un petit nombre de rameaux, et ses feuilles, comme celles de toutes les essences de ce gouvernement, n'ont pas cette épaisseur qu'on admire dans les forêts de l'Orient, phénomène qui est en partie dû à la sécheresse constante de l'air[1].

Ces forêts d'essences particulières, telles que pins, bouleaux, tilleuls, chênes, etc., ont reçu chacune dans la langue russe des noms spéciaux qui expriment la nature de leurs essences. La richesse de cette langue pour exprimer l'idée de forêt, démontre l'antique prédominance des forêts dans ce pays. Ainsi on appelle *pichtovnikk*, une forêt de sapins; *bereznikk*, une forêt de bouleaux; *luiva*, une forêt épaisse placée sur un marais; *debre*, une forêt placée dans un bas-fond; *borr*, une forêt de pins et de bouleaux située dans une contrée sablonneuse; *doubrava*, une forêt de haute futaie, etc. Jadis, lorsque la France présentait un état forestier analogue à celui de la Russie actuelle, notre langue désignait aussi par des noms spéciaux chaque genre de forêt; on disait une *chesnaie*, une *aulnaie*, une *vernaie*, une *boulaie*, une *popelinière*, une *fresnaie*, expressions qui sont tombées

---

[1] Comte Wargas de Bedemar, *Untersuchungen uber den Bestand und Nachwuchs der Waelder der Tulaer Gouvernements*, ap. Erman, *Archiv fur wissenschaftliche Kunde von Russland*, th. VI, part. 1, p. 18, 24, 27 (Berlin, 1847).

en désuétude, dès que les forêts n'ont plus guère offert que des mélanges de toutes ces essences.

La Lithuanie forme une vaste marche frontière qui sépare la Russie de la Pologne; c'est là que se trouve cette célèbre forêt de Bialowiéza qui s'étend dans tout le district de Bialistock et qui sert encore de refuge aux derniers *urus* de l'Europe orientale. Cette forêt est la seule en ce pays qui soit encore digne du nom de *forêt vierge*, car elle restait, il y a quelques années, abandonnée à l'action de la nature, et la science forestière ne pourvoyait point à son aménagement. C'est entre ces futaies séculaires qui ombragent la source de la Narew que l'*urus* erre de compagnie avec le buffle et l'élan. C'est à côté de cette nature toute primitive que subsiste une population à part, les Ruskes, presque aussi sauvages que les animaux qui les entourent[1]. Dans plusieurs forêts de la Lithuanie le hêtre a complétement disparu; les pins, les bouleaux et les chênes remplacent cette essence[2]. En Esthonie, en Courlande les tilleuls reparaissent et constituent de vastes forêts[3].

Dans le voisinage de l'Oural, les bouleaux, les

[1] Voy. sur cette curieuse forêt le Mémoire de M. Brinken, publié en 1825 à Varsovie, et analysé dans les *Nouvelles annales des Voyages*, 2e série, t. III (XXXIII), p. 277.

[2] Notamment dans les forêts de Sluzk. Voy. Thurmann, *Essai de Phytostatique appliquée à la chaîne du Jura*, t. I, p. 394.

[3] Fr. Kruse, *Urgeschichte des Esthnischese Volkstammes*, p. 9 (Moskau, 1846).

mélèzes, les cèdres ont cessé de former des forêts distinctes, ils se mêlent à d'autres essences, aux sapins, qui aiment les terrains marécageux, aux pins qui croissent sur les terrains pierreux[1].

En allant vers la Russie d'Asie, la ligne forestière n'est arrêtée que par l'extrême froid; ailleurs elle se propage avec une incroyable activité. Dans le gouvernement de Kasan, règnent des forêts exclusives de chênes; dans ceux d'Irkoutsk et de Tobolsk des forêts d'essences mêlées. Au nord prédominent les conifères, au sud le tilleul, le frêne et l'érable[2]. Les bords de l'Irtysche, du Barnaoul, de l'Aleï sont couverts de vastes forêts de sapins.

Avançons-nous vers l'Altaï, pénétrons dans la chaîne des monts Saïlougueme, et nous verrons reparaître des forêts plus vigoureuses que celles de la Sibérie. Les versants de l'Atbachi sont garnis de magnifiques amas de *pinus cembra* et de *larix sibirica*, tandis que le *rhododendron davuricum*, les bouleaux nains et les groseillers sauvages tapissent le fond de ses vallées[3]. Dans le voisinage du lac Kara-Kol, sur les bords du Samadjir[4], cette dernière essence se marie à l'*abies pihta*. Entre Ouspenka

---

[1] Gr. von Helmersen, *Reise nach dem Ural und der Kirgisen Steppe*, p. 41 (Saint-Pétersb., 1841).

[2] Haxthausen, o. c., t. II, p. 466 et suiv.

[3] P. de Tchihatcheff, *Voyage scientifique dans l'Altaï oriental*, p. 96.

[4] *Ibid.*, p. 147.

et le Tome, une forêt de peupliers noirs court sur les collines qui s'abaissent à mesure qu'elles s'approchent de cette rivière[1]. De l'Aleï aux bords de l'Irtysch, s'étendent de vastes forêts qui n'ont point encore été explorées. Si nous remontons maintenant dans les montagnes qui s'étendent dans le gouvernement de Jenisseï, entre les chaînes de Tazkil et de Sayansk, des essences nouvelles apparaissent dans les massifs forestiers et leur donnent un aspect plus ou moins monotone, ce sont les bouleaux verts qui mêlent leur feuillage à celui des bouleaux blancs, les sorbiers qui viennent prendre rang près de l'*abies pihta*[2].

Lorsqu'on quitte les bords du Jenisseï et qu'on suit la route qui conduit de Minousinsk à la Touba, on retrouve une succession non interrompue de bois et des forêts. Les premiers sont composés d'agréables bouquets de bouleaux, de peupliers, de trembles et de saules. Les forêts moins riantes étaient jadis parcourues par les peuplades indigènes et leurs troupeaux de rennes[3]. Aujourd'hui c'est avec d'incroyables difficultés que le voyageur peut franchir ces marches forestières qui séparent les pays de steppes[4]. Les unes dé-

---

[1] *Ibid.*, p. 235.

[2] *Ibid.*, p. 161.

[3] Voy. le Voyage ethnologique de M. Castren en Sibérie, *Nouvelles Annales des Voyages*, 5ᵉ série, 5ᵉ année (1849), p. 262.

[4] Voy. l'intéressant récit de M. Castren.

ploient des lignes non interrompues de conifères, de pins et de sapins ; ce sont celles qui reçoivent dans le pays le nom de *forêts noires*, les autres appelées *forêts blanches* dressent comme autant de mâts de longues files de bouleaux[1].

Malgré cette vaste étendue forestière, l'époque n'est pas encore bien reculée où ces forêts auront disparu et fait place à de maigres taillis, à des bouquets répandus çà et là sur la plaine labourée. Le paysan moscovite ne le cède à aucun autre peuple dans sa fureur imprévoyante de déboisement. Les *pojégas*[2] succèdent journellement aux forêts. Les sectaires qui vont chercher au fond des forêts un refuge contre la persécution religieuse, travaillent aussi de leur côté à la destruction des bois[3], et incendient les retraites qui les dérobent aujourd'hui à la rigueur des lois.

Parfois ce n'est pas la flamme allumée par le laboureur russe, mais l'incendie amené par l'insouciance du chasseur syrian ou sibérien, qui produit ces destructions funestes. La foudre a également déterminé ces combustions qui anéantissent en quelques jours des milliers d'arbres et de zibelines[4]. En-

---

[1] Castren, l. c., p. 269.

[2] Les Russes appellent ainsi les terrains jadis boisés, rendus labourables après qu'on a brûlé les souches.

[3] Voy. sur ces sectaires appelés *Roskolniki*, Haxthausen, o. c., t. II, p. 251.

[4] Voy. sur ces incendies, produits par les feux que les chas-

fin, la rigueur du froid produit aussi des effets analogues à ceux de l'incendie. Si la gelée ne réduit pas les arbres en cendres, elle les brise souvent dans toute l'étendue de leurs tiges, avec un fracas qui résonne dans les steppes comme un coup de canon en mer[1]. Durant la saison d'hiver les forêts restent ensevelies sous les glaces qui en s'accumulant, dépassent la hauteur des cimes[2]. Ces froids terribles colorent de teintes différentes les mélèzes, seuls arbres qui parfois rappellent au voyageur perdu dans les *toundras* l'existence de la végétation. Leur écorce se colore en noir ou en rouge, suivant qu'ils sont exposés au nord ou au sud, et cette circonstance fournit comme une sorte de boussole naturelle[3].

Lorsque les forêts ont été ravagées par le feu ou abattues par la hache, les essences qui renaissent sur le sol brûlé ou découvert, offrent dans leur succession des phénomènes d'alternance qui rappellent ce qui se passe en Amérique. C'est le bouleau

seurs de zibelines laissent allumés, Ad. Erman, *Reise um die Erde, durch Nord-Asien*. Abth. I, p. 561.

[1] Voy. l'ouvrage de M. de Wrangell, *Sur le nord de la Sibérie*, trad. par le prince de Galitzin, t. II, p. 343 et suiv.

[2] On sait que le rigoureux hiver de 1709 produisit sur les arbres de la France un effet presque aussi désastreux qu'un déboisement opéré sur une vaste échelle. Le régent ordonna le 3 mai 1720 de faire de nouvelles plantations afin de remédier au dépérissement des arbres qui s'en était suivi.

[3] Wrangell, o. c., t. II, p. 37.

qui lève le premier; il forme d'abord des petits bosquets (*bereznikk*); puis viennent le pin sylvestre et l'épicéa.

En Pologne, on ne rencontre plus qu'un bien petit nombre de forêts capables de donner une idée de l'ancien état forestier du pays. On en peut voir un échantillon dans la forêt de Wodwosco qui s'étend sur le domaine de ce nom, entre ceux de Wraniezko et de Lublowicz. Tandis qu'une partie éclaircie depuis une quarantaine d'années n'offre plus qu'une suite de buissons, de halliers, du milieu desquels s'élèvent çà et là quelques aunes, érables ou houx, dans celle que la main de l'homme a respectée jusqu'à ce jour, la forêt offre d'admirables futaies de hêtres et de chênes, mêlées à de majestueux sapins. Les buissons disparaissent alors; un épais tapis de mousse et de bruyère recouvre le sol. Au delà, le terrain perd cette uniformité et prend un aspect des plus tourmentés; un torrent s'élance avec fracas à travers les débris de rochers. Les arbres se resserrent, et leurs rameaux de plus en plus rapprochés finissent par former un dôme que les rayons du soleil cherchent en vain à pénétrer[1].

La Hongrie moins dévastée que la Pologne a conservé plus qu'elle ses richesses forestières. Quoiqu'elles aient aussi ressenti les effets de

[1] Behlen, *Allgemeine Forst und Jagd-Zeitung*, Neue Folge, 1848, p. 448.

l'imprévoyance du montaguard et de l'avidité de
l'usager, les forêts occupent sur son territoire une
étendue de 5 000 000 d'hectares. Les forêts d'arbres verts qui couvrent les cimes de la Transylva-
nie, ont singulièrement à souffrir de l'absence de
tout aménagement[1]. Ces mêmes forêts d'où les
amentacées sont généralement bannies, reparaissent sur les frontières militaires de l'Esclavonie,
dont elles ombragent surtout les montagnes[2]. C'est
surtout dans le district des Tchaïkiotes, que s'étendent celles qui ont gardé la physionomie des anciennes forêts vierges, telles que celles de Gardi-
novacz, de Kovill et de Katy.

La Croatie est encore plus forestière que les frontières militaires. Les arbres verts y cèdent la place
aux espèces à feuilles caduques, surtout aux hêtres
et aux bouleaux. Dans les plaines et les vallées, les
chênes viennent aussi y dresser leurs troncs magnifiques. Ce n'est que sur les frontières de l'Illyrie et
de la Styrie que les conifères reparaissent[3]. Le
comté de Warasdin présente, à lui seul, une étendue de 14 459 hectares de forêts.

Dans la basse Bosnie et la Servie, le chêne devient l'essence dominante, tandis que ce caractère
appartient au sapin dans la haute Bosnie et la
haute Croatie. Dans ces provinces, ces sapinières

[1] Marcel de Serres, *Voyage en Autriche*, t. IV, p. 107, 108.
[2] Marcel de Serres, o. c., t. IV, p. 245, 299.
[3] Marcel de Serres, o. c., t. IV, p. 55.

qui commencent à une hauteur de 2800 à 4700 pieds, couvrent souvent des étendues de 6, 10 et même 20 lieues de long[1].

En remontant vers le nord de la Hongrie, les forêts se rapprochent. Les arbres verts, par leur prédominance, servent à mesurer l'élévation en latitude. Tandis que le chêne domine encore dans cette admirable forêt de Bakony, qui couvre sur une étendue de 12 milles les comtés de Vezprim et de Szalad, ils ont presque complétement disparu dans la Galicie et sur les pentes des Carpathes[2].

L'Autriche offre, dans sa partie septentrionale surtout, un contraste assez frappant avec la Hongrie. Si la Styrie compte encore quelques belles forêts composées principalement de mélèzes, de *pinus cembra* et de *pinus montana*, les autres provinces commencent à sentir fortement la disette de combustible. Dans la Basse-Autriche une seule forêt est restée digne de l'attention, c'est celle de Vienne (*Wienerwald*), dont les vastes lignes de chênes, de frênes et d'ormeaux garnissent les monts Kahlen[3].

Dans la Bohême, les forêts composées des mêmes essences que dans les autres parties de l'empire d'Autriche, sont si richement fournies qu'elles ont pu, jusqu'à ce jour, fournir à une consommation

---

[1] A. Boué, *La Turquie d'Europe*, t. I, p. 447, 448.
[2] Marcel de Serres, o. c., t. III, p 483, 371; t. I, p. 490.
[3] Marcel de Serres, o. c., t. II, p. 354.

abondante, subir des coupes étendues, sans que le déboisement soit encore sensible[1].

Nous reviendrons plus loin sur les forêts de l'Allemagne, en parlant de celles de la Germanie et de l'Helvétie, qui se rattachaient si intimement à celles des Gaules. Remontons davantage vers le septentrion et franchissons la Mer du Nord, pour pénétrer dans la péninsule scandinave.

En Suède, on ne rencontre que rarement de vastes forêts, les bois sont nombreux mais peu abondants. La Dalécarlie, le Warmeland, le district d'Oroebro sont les seules contrées où la végétation arborescente atteigne une suffisante énergie pour boiser une large étendue de pays. Ce sont presque toujours les conifères qui constituent le fond de ces forêts. Parfois cependant le bouleau les remplace, notamment dans l'Ostergothland[2]. La Suède, comme l'Amérique et la Sibérie, a ses incendies qui dépeuplent, en quelques instants, tout un canton de ses ombrages; mais la vie végétale, une fois détruite, ne se réveille que difficilement sur ce sol glacé.

En Norwége, les forêts présentent plus d'étendue, elles sont suspendues le long des Alpes scandinaves qui séparent ce pays de la Suède[3]. Le bou-

---

[1] Behlen, *Allgemeine Forst-und Jagd-Zeitung*, 1834, p. 254.
[2] Behlen, *Allgemeine Forst-und Jagd-Zeitung*, 1839, p. 492.
[3] G. P. Blom, *Das Koenigreich Norwegen*, p. 51 et suiv. (Leipzig, 1843).

leau y atteint une altitude de 365 mètres[1]. Dans le diocèse de Bergen, le sapin a encore ces proportions gigantesques des forêts de la Suisse et de l'Allemagne, mais plus au Nord, il se rabaisse à des proportions chétives, et, arrivé au cercle polaire, il a totalement disparu, tandis que dans la Laponie suédoise, il s'avance à 2 degrés encore au delà.

En Norwége, c'est le bouleau qui sert réellement d'échelle à la végétation; il est la mesure de son énergie, et marque par les différents états par lesquels il passe, à mesure qu'on s'élève en altitude, le degré d'affaiblissement de la vie végétative. Au bouleau à rameaux pendants (*hangebirke*), succède le *betula acer* (*waldbirke*), que remplace le bouleau blanc (*betula alba*), après lequel vient enfin le bouleau des prairies (*wiesenbirke*), lequel passe à son tour par divers états de grandeur, et qui arrivé au cercle polaire, n'est plus qu'un arbrisseau rabougri, de forme pyramidale et couvert de mousse[2].

La presqu'île du Jutland, qu'au xie siècle Adam de Brême dépeint comme *horrida sylvis*[3], a perdu graduellement la plus grande partie de ses massifs forestiers. On en chercherait vainement aujour-

---

[1] Ch. Martins, *Voyage botanique sur les côtes de la Norwége*, p. 61.

[2] Behlen, o. e., 1833, p. 80.

[3] Thaarup, *Versuch einer Statistik der Daenischen Monarchie*, t. i, p. 74.

d'hui sur la côte occidentale de Schleswig. Tout
le marais qui s'étend jusqu'à l'Eider, est complétement dégarni d'arbres. La côte orientale est
un peu moins dépouillée, quoique les bois, presque tous composés de hêtres, y soient extrêmement clair-semés [1].

Lorsqu'on quitte le Danemark et qu'on rentre
en Allemagne par le Holstein, les forêts deviennent
plus nombreuses. Toutefois, le duché d'Olden-
bourg annonce déjà, par la rareté de ses arbres, le
voisinage des Pays-Bas, où le marais ne permet
plus aux forêts de se faire jour.

La Sicile a perdu la plus grande partie des forêts
qui garnissaient les flancs de ses vallées [2]. Les crêtes
des monts *Gemelli*, *Heræi* et *Nebrodes* ne sont
plus que faiblement ombragées. L'Etna seul a sauvé
la couronne forestière qui entoure la région moyenne
de sa cime. Le bois de Catane, qui constitue la *regione nemorosa*, n'a pas moins de huit lieues de
long [3].

La Sardaigne, moins dépourvue de bois que
la Sicile, a vu cependant, depuis les premiers établissements carthaginois, son manteau forestier se
rétrécir graduellement par l'effet des incendies et

[1] Behlen, *Allgemeine Forst-und-Jagd Zeitung*, 1834, p. 85
et suiv.

[2] Behlen, *Allgemeine Forst-und-Jagd Zeitung*, 1834, p. 312.

[3] Voy. de Gourbillon, *Voyage critique à l'Etna*, t. I,
p. 407.

par suite de l'imprévoyance des paysans. Les forêts forment encore la sixième partie du territoire de l'île, et plusieurs sont de véritables forêts vierges[1]. Cette ligne forestière de la Sardaigne se continue au delà du détroit de Bonifacio, sur la chaîne qui traverse presque longitudinalement la Corse, et dont les points culminants sont les monts Rotondo, Paglia-Orba, Cinto et Cardo. Nous reviendrons plus loin sur ces forêts d'une beauté remarquable, et que forment principalement des pins, des chênes blancs et verts, des châtaigniers, des térébinthes, etc. Des bois d'oliviers y sont distribués sur plusieurs points. Dans ces forêts se rencontrent des grottes dont une foule d'arbustes embellissent l'entrée, et qui servent de refuges aux pâtres et à leurs troupeaux.

L'Italie aussi comptait de magnifiques forêts dont il n'y a plus que quelques rares vestiges. On retrouve maintenant difficilement la trace de celles que les Romains nous ont signalées à raison de leur étendue. Qu'est devenue cette célèbre forêt *Ciminienne* (*Ciminia sylva*), qui, des bords du lac de Ronciglione, s'étendait jusqu'au cœur de l'Étrurie[2]? Elle est aujourd'hui réduite à quelques bouquets de bois. On en pourrait dire autant de la forêt

[1] Alb. de La Marmora, *Voyage en Sardaigne*, 2ᵉ édit., t. I, p. 425, 426.

[2] Tit. Liv., IX, 36.

Mœsia[1], de la forêt d'Albe[2], de *la sylva Litana*[3], qui s'étendait de la source du Panaro à celle de la Secchia, et dont le nom paraît avoir tiré son origine de l'étendue qu'elle occupait[4].

On chercherait vainement aujourd'hui la forêt d'Aricie, qui commença sans doute à être dévastée par les Juifs, qui s'y étaient établis au temps de Juvénal[5].

Des forêts que Vibius Sequester[6] cite comme les plus vastes de l'Italie, celle de Sila, dans le Bruttium, est la seule qui ait échappé à la destruction, grâce à la protection spéciale dont elle est environnée depuis longtemps. Strabon[7] nous dit qu'elle occupait une étendue de 700 stades[8]; aujour-

[1] Tit. Liv., I, 53.

[2] Tit. Liv., V, 15.

[3] C'est dans cette forêt que les Gaulois exterminèrent une armée romaine commandée par L. Posthumius (Tit. Liv., XXIII), et que ce peuple laissa dans un autre combat huit mille morts. Tit. Liv., XXIV, 22. J. Fronton, *Stratag.*, I, 6. Cf. Cramer, *A geographical and historical Description of ancient Italy*, t. I, p. 92.

[4] Diefenbach, *Celtica*, t. I, p. 119, 327. *Litana* paraît dérivé du gaëlique *leithan*, étendu, correspondant au cornique *leadan*, au breton *ledan* et au latin *latus*.

[5] Juvénal, *Satir.*, III, v. 13, 14; VI, 2.

[6] Éd. Oberlin, p. 25. Cf. sur cette forêt Virgil., *Æneid.*, XII, v. 715. Plin., *Hist. nat.*, III, 11.

[7] Strabon, VI, 260. 700 stades ou 44 lieues.

[8] Cf. J. A. Cramer, o. c., t. II, p. 437. Cette forêt est réduite aujourd'hui aux deux tiers.

— 119 —

d'hui, quoique occupant une aire beaucoup moins
vaste, elle a encore une importance notable et est
surtout renommée pour les magnifiques pins qui
s'élèvent sur ses pentes à une hauteur de 120 à
130 pieds[1]. Dans la Basilicate, les belles forêts de
chênes-cerres, que Tenore signale aux environs de
Lago-Negro[2], semblent être des restes de la forêt
d'*Angitia*, en Lucanie, qu'a célébrée Virgile, et qui
avait valu sans doute à cette province son nom
(*Lucania*, de *Lucus*). La forêt des Garganus, si
vaste dans l'antiquité, n'offre plus aujourd'hui que
de maigres fourrés[3].

La forêt de Vulsinia (*sylva Volsiniensis*) existe
encore en partie dans les lignes némorales qui courent sur les montagnes comprises entre le lac de
Bolsena et le Tibre, et qui se rattachent aux derniers restes de la forêt Ciminienne qu'on rencontre
du *Ciminio di Soriano* à la Tolfa[4]. C'est là que le
quercus ilex atteint des dimensions étonnantes.
Les hauteurs des Apennins, au centre de l'Italie,
quoique demeurées plus à l'abri du déboisement,

[1] Tenore, *Essai sur la Géographie physique et botanique du royaume de Naples*, p. 75.

[2] Tenore, o. c., p. 78.

[3] Heyne, *ad Virgil. Æneid.* VII, v. 750.

[4] Moreau de Jonnès, Premier Mémoire sur le déboisement des forêts, dans les *Mémoires couronnés par l'Académie de Bruxelles*, t. V, p. 55.

[5] De Tournon, *Études statistiques sur Rome*, t. I, p. 342.

ont été cependant notablement dégarnies. Targioni Tozzetti a signalé la disparition d'une grande partie des forêts qui couvraient jadis les montagnes de la province de Lunigiana[1]. La grande plaine du Pô est complétement dépouillée de forêts ; on n'y rencontre pas un seul conifère[2]. Enfin le déboisement a gagné jusqu'au revers de la chaîne des Alpes qui sépare la Suisse de l'Italie, et était signalé, il y a une trentaine d'années, dans la vallée d'Aoste[3].

L'Espagne a été moins heureuse encore que l'Italie. L'exploitation des mines qui remonte dans cette contrée à une si haute antiquité, et l'insouciante imprévoyance du Castillan ont hâté la destruction des espèces arborescentes. Le centre de la péninsule est aujourd'hui presque totalement privé d'arbres. Quelques pieds d'ifs, de sorbiers, d'érables sont actuellement, dans la *Sierra-Tejada*, les seuls vestiges des forêts qui ont couronné ces montagnes. La *Sierra de los Almijarras* offre encore quelques croupes boisées. Çà et là, des bouquets de *quercus alpestris* et d'*abies pinsapo* ombragent la Sierra de Toloz. Dans la Sierra-Nevada, le pin syl-

---

[1] Targioni Tozzetti, *Relazioni d'alcuni viaggi fatti in diverse parti della Toscana*, t. X, p. 343 et seq.

[2] *Annales des Sciences naturelles*, part. botaniq , 3° série, t. III, p. 248 et suiv., *des Conifères de l'Italie*, par M. Schouw.

[3] Castellani, *Dell'immediata influenza delle selve sul corso delle acque*, p. 86 (Torino, 1818).

vestre constitue des futaies de 20 à 30 pieds, tandis
que deux autres espèces du même conifère, le
pinus pinaster et *aleppensis*, donnent naissance
dans le royaume de Grenade à quelques forêts[1]. Les
Baléares sont totalement dépouillées de leurs arbres, et l'on chercherait vainement dans les Pi-
tyusæ[2] (Iviça et Formentera) les pins qui leur avaient
valu leur nom[3].

Au moyen âge, les seigneurs avaient en Angleterre, de même qu'en France, dirigé tous leurs efforts
pour faire atteindre aux forêts une étendue plus vaste
qui se prêtât davantage à leurs plaisirs. Jean de Sa-
lisbury, qui vivait au xii⁰ siècle, s'élève avec force
contre cet abus de l'autorité seigneuriale. Il con-
damne énergiquement ces seigneurs qui, pour se ménager de plus belles chasses, compromettaient l'existence de leurs sujets et qui punissaient comme les
plus grands crimes, les actes qui pouvaient s'op-
poser à leurs amusements. « A novalibus suis ar-
« centur agricolæ, dum feræ, » écrit-il, « habeant
« vagandi libertatem. Illis ut pascua augeantur,

---

[1] E. Boissier, *Voyage botanique dans le midi de l'Espagne*,
t I, p. 202, 213.

[2] Pline, *Hist. nat.*, III, 11. Tit. Liv., XXXVIII, 37. Diod.
Sicil., V, 17.

[3] L'Espagne est aujourd'hui moitié moins boisée que la
France, mais encore moitié plus que l'Angleterre. Les forêts et
les taillis occupent un douzième de sa superficie. Moreau de
Jonnès, *Statistique de l'Espagne*, p. 24.

« prædia subtrahentur agricolis sationalia, insitiva
« colonis, cum pascua armentariis et gregariis, al-
« vearia a floralibus excluduntur[1]. »

Nous parlerons plus loin dans cet ouvrage de
l'afforestation de *New-Forest*, cette source de tant
d'iniquités, qui a inspiré à Pope quelques-uns de
ses beaux vers[2]. Il semble au reste que le ciel ait
voulu faire de cette forêt le lieu de châtiment des
princes qui s'étaient rendus coupables, en l'éta-
blissant, de tant d'actes odieux, car Guillaume
le Roux tomba dans New-Forest percé par une
flèche; Richard, frère d'Henri I, y trouva la mort,
enfin Henri, neveu de Robert, le fils aîné du conquérant, y resta un jour suspendu par les cheveux
comme Absalon.

---

[1] Policrat., lib. I, c. IV, ap. *Collect. vet. Patr.*, ed. Labigne,
t. XXIII, p. 249.

[2]
« Not thus the land appear'd in ages past,
A dreary desert and gloomy waste,
To savage beasts and savage laws a prey;
And kings more furious and severe than they;
Who claim'd the skies, dispeopled air and floods,
The lonely lords of empty wilds and woods :
Cities laid waste, they storm'd the dens and caves
For wiser brutes were backward to be slaves.
. . . .
What wonder then, a beast or subject slain
Were equal crimes in a despotic reign?
. . . .
But while the subject starv'd, the beast was fed. »
(*Forest of Windsor*, v. 42 et suiv.)

Ce n'était pas au reste à l'afforestation due aux rois normands que résultait l'abondance forestière de la Grande-Bretagne à cette époque. Cet état remontait à une époque beaucoup plus reculée. César donne à Albion l'épithète d'*horrida sylvis*. Au rapport de Dion Cassius et d'Hérodien, les légions romaines et les troupes auxiliaires qui se trouvaient en Écosse, l'an 207 de notre ère, furent employées par l'empereur Sévère à abattre les forêts de cette contrée. Et on prétend que cinquante mille hommes périrent dans cette entreprise.

Les princes qui régnèrent en Angleterre et en Écosse, semblent, dans la protection qu'ils accordaient aux forêts, n'avoir eu en vue d'autre objet que de se ménager la conservation du gibier. Le mot *foresta* est surtout employé dans les anciennes chartes de la Grande-Bretagne, avec le sens de réserve pour le gibier de garenne. Le *Blackbook* de l'Échiquier définit ainsi une forêt : « A forest is a safe harbour « for beasts, not of every sort but for such only as « are wild, not in every place, but in some certain « places fit for that purpose; whence it is called « foresta quasi feresta, that is ferarum statio[1]. »

Les rois d'Angleterre créèrent une charge de *chief-ranger* ou *forester*[2]. Celui qui en était revêtu

---

[1] *Britannia, or a chronographical Description of Great Britain*, by W. Camden, translat with improvements by Ed. Gibson, vol. I, p. 176 (Lond., 1753).

[2] *Britannia*, transl. by Gibson, vol. I, col. 176. Cf. les ob-

était spécialement chargé de veiller à la conservation des forêts, et ce fut certainement ce grand officier qui devint un des agents les plus actifs de l'afforestation au delà de la Manche.

La législation exorbitante que les princes établirent en matière de droit de chasse et de forêt, finit par soulever les barons, qui arrachèrent à Henri III la célèbre *charta de foresta*, par laquelle étaient abrogés les défens si rigoureux qui étaient portés antérieurement, et qui donnait naissance à une législation moins draconienne[1]. Cette charte qui s'incorpora à la grande charte d'Angleterre, détruisit le honteux système d'oppression des rois normands en matière de chasse[2].

Une fois qu'une protection tyrannique eut cessé de mettre à couvert les arbres, ceux-ci qui, depuis l'invasion romaine, avaient été déjà soumis à de vastes abatis, allèrent s'éclaircissant.

En Écosse l'antique *sylva Caledonica* s'étendait primitivement sur un espace d'environ vingt milles. Les trouvères la désignent sous le nom de *bos de Colidon*[3]. Geoffroy de Monmouth, qui en

servations de M. Ph. H. Leather sur une charte d'exemption de la loi des forêts. *Archæologia*, t. XV, p. 209 et suiv.

[1] *Britannia*, vol. I, col. 177.

[2] Voy. Hallam, *Europa during middle ages*, vol. II, p. 97 (édit. 1841); et *Supplemental notes to the view of the state of Europe during middle ages*, p. 278 (London, 1848).

[3] De si al bos de Colidon

fait le siége des aventures de Merlin, l'appelle *ne-mus* ou *sylva 'Calidonis*, et vante la magnificence de ses chênes[1]. Ce vaste district forestier finit par se scinder en un petit nombre de maigres forêts, dont les restes nous sont offerts par la forêt appelée *Coill-more*, ou *Great-wood*, mot qui n'en est que la traduction anglaise, laquelle se trouve dans le comté d'Inverness[2], par celle de Marr, dans le comté d'Aberdeen[3]. Une foule de vieilles traditions s'attachent encore à ce débris de la forêt calédonienne, et l'on découvre journellement dans l'immense tourbière de *Moss Flanders* un grand nombre de troncs d'arbres y ayant appartenu[4].

Les anciennes chartes font mention de forêts qui environnaient Stirling, Forfar, Elgin, Banff, Aberdeen, Kintore, Paidsley. Le grand bois de Drumselch couvrait une partie des environs d'Édim-

---

S'en alerent, fuiant saison.
(*Roman de Brut*, v. 9423-24, t. II, p. 47, éd. Le Roux de Lincy.)

[1] « Et patulas Calidonis præfero quercus. »
(Galfrid. de Monemuta, *Vit. Merlin.* v. 239, éd. F. Michel.)

[2] John Sinclair, *The statistical account of Scotland*, vol. III, p. 446 (Edinb., 1792).

[3] J. Sinclair, o. c., vol. XIV, p. 937.

[4] Moreau de Jonnès, premier Mémoire sur le Déboisement des forêts, t. V des *Mémoires couronnés par l'Académie de Bruxelles*, p. 53.

bourg[1]. Le nom de *Forest* que portaient jadis le comté de Selkirk et la chaîne de hautes collines qui traverse l'île de Harris, au nord de Tarbet[2], indiquent également l'existence d'anciennes forêts.

En Angleterre, la disparition des forêts s'est opérée plus vite encore qu'en Écosse. Selon Cowel[3], il existait soixante-huit forêts dans ce pays, au temps de la conquête des Normands. Le *Doomsday-Book* en nomme cinq, à savoir : *New-Forest* dans le Hampshire, dont nous avons déjà parlé ; *Windsor forest*, dans le Berkshire ; la forêt de *Grauelinges* dans le Wiltshire, celle de *Winburne*, dans le Dorsetshire, et celle de *Hucheuuode* ou *Whichwood* dans l'Oxfordshire[4]. La forêt de Windsor subsiste encore, mais elle est singulièrement réduite. L'antique forêt de Wistmann, près de Dartmoor, à laquelle se rattachent des souvenirs druidiques, a perdu toute importance[5]. La forêt de Rockingham, sur la rive droite du Welland, dans le comté de Northampton, a gardé davantage son antique ma-

[1] Voy. un article extrait du *Quarterly Journal of Agriculture*, dans la *Revue britannique*, 5e série, t. VII, p. 284.

[2] J. Sinclair, o. c., vol. X, p. 347.

[3] Lewis, *Historical Inquiries concerning forests and forest laws*, p. 2 (Lond., 1811).

[4] Henry Ellis, *A general Introduction to Domesday-Book*, vol. I, p. 103, 104.

[5] Mrs. Bray, *Traditions of Devonshire*, vol. I, p. 98 (London, 1836).

gnificence , et l'on y retrouve quelques-unes des magnifiques futaies qui ombrageaient le château de Guillaume le Conquérant.

Dans le Glocestershire, se trouvait une forêt riche en bêtes fauves, à laquelle se rattache une légende féerique, que Gervais de Tilbury nous a racontée et qui prenait peut-être sa source dans des traditions druidiques [1].

Dans le Cheshire, dans cette large presqu'île qui s'étend au nord-ouest de Chester, entre les embouchures de la Dee et de la Mersey, est un district appelé par les Anglo-Saxons *Pirheal*, que Mathieu de Westminster nomme *Wirhale*, qu'en welche on appelle *Kill-Gury* et qui est désigné aujourd'hui par le nom de *Wirall*. Là s'étendait, avant le règne d'Édouard III, une vaste forêt, que ce monarque fit abattre et qui a laissé à ce district le surnom de *Forest de Maclesfield* [2]. Au nord de ce district, on voit encore aujourd'hui le château de Hooton, antique manoir féodal, possédé par une famille qui était en possession de la charge de *forester* et qui tirait son origine d'*Alain le Sylvestre*.

Plus à l'intérieur de cette presqu'île, on rencontre les restes démantelés d'une forêt non moins célèbre, celle de *Delamere*, au milieu de laquelle

[1] *Otia imperial.*, c. LX, ap. Leibnitz, *Script. rer. Brunsq.*, t. I, p. 980.
[2] *Britannia*, transl. by Gibson, vol. I, col. 673.

la fameuse Ædelfleda jeta les fondements de la ville
d'Eaderburg, la ville heureuse (*happy town*), qui
n'est plus aujourd'hui qu'un monceau de ruines
qu'on a baptisé du nom de *chamber in the forest*[1].

Une forêt séparait jadis Londres du village de
Westminster qui en forme actuellement l'un des
principaux quartiers, et environnait le hameau de
Charing, auquel a succédé une place qui occupe
presque le centre de la capitale de l'empire britannique[2]. Le nom de Londres (*Londinium*) paraît être
dérivé du celte ou de l'anglo-saxon *Lundr*, bois[3].

La forêt de Galtres qui s'étendait jadis jusqu'aux
portes d'York, ne commence plus qu'à quelques
milles au nord de la ville, et est coupée par un
nombre considérable de clairières, au milieu desquelles se sont élevés des villages[4].

Dans le West-Riding, à environ trois milles à
l'ouest de Knaresborough, une vaste lande sur laquelle ont été bâtis les villages de Upper et Lower
Harrowgate, dépendait de la magnifique forêt qui
avoisine cette ville sur une longueur de 20 milles,

[1] *Britannia*, ibid.
[2] L. Faucher, *Études sur l'Angleterre*, t. I, p. 122.
[3] En danois *Lund* signifie encore un bois. L'île de Seeland
s'appelait autrefois *Siælund*, bois entouré d'eau. Thaarup,
o. c., p. 76. Graff, *Althochdeutscher Spratchschatz*, vol. II,
col. 241.
[4] G. A. Cooke, *Topographical and statistical Description of
the county of York*, p. 247.

et dans le Nord Riding le nom de *Swaledale Forest*, rappelle l'existence d'une forêt, là où il existe à peine aujourd'hui un arbre[1].

Des bois épais recouvraient les comtés de Nottingham, Lincoln, Derby, Leicester, Rutland. La forêt de Sherwood (*limpida sylva*) que Robin Hood[2] a rendue célèbre, était située dans le premier de ces comtés. Les forêts de Dunsinane et de Birnam, illustrées par les vers de Shakspeare, ont totalement disparu[3].

On donne le nom de *Weald* à un vaste district qui est borné à l'ouest par le Surrey, au Sud par le Sussex, au Nord par une chaîne de collines qui commence à *Well-Street* et s'étend jusqu'à la rivière de Medway. Les bouquets de chênes qu'on rencontre fréquemment dans ce district, les forêts de Tilgate et de Hastings, rappellent la magnifique forêt qui le recouvrait jadis, et qu'habitaient ces *Cantii* que César nous dépeint comme si sauvages[4].

Ce nom de *Weald* qui signifie forêt (le *Wald*

---

[1] Cooke, o. c., p. 176, 339, 340.

[2] Le nom de Robin Hood se rattache à plusieurs forêts de l'Angleterre et à une foule de vieux chênes. Voy. dans la *Revue britannique*, 6ᵉ série, t. XII, un article intitulé *le Romancero de Robin Hood*.

[3] La forêt de Sherwood se rattachait à celle de Needwood. Elle est citée dans plusieurs chartes du moyen âge. Voy. *Archæologia publish. by the Society of Antiquaries of London*, t. XV, p. 213.

[4] Cæsar, *Comment. de Bell. Gall.*, lib. V, c. xxii.

allemand), lui fut imposé par les Saxons. Les Bretons l'appelaient *Coit-andred*, c'est-à-dire le grand bois (*saltus andred* des chartes), et comme elle devint la propriété exclusive du roi, elle prit le nom de *saltus regalis*[1].

La plus grande partie du Weald[2] n'était point encore partagée en paroisses et en manoirs au temps des rois normands, voilà pourquoi cette forêt n'est pas mentionnée dans le Domesdaybook. Elle abondait en gibier, et les chartes font sans cesse mention du droit de panage et de paisson qu'on y accordait aux églises de Rochester et de Cantorbery. On appelait *dens, denberries, wealdberries* les cantons dans lesquels de semblables droits étaient concédés. Leur multiplication finit par faire passer cette forêt à l'état de forêt domaniale[3].

Près de Tunbridge, on voit encore des taillis qui sont les restes des forêts qui ombrageaient le *North* et le *South-Frith*. Sous le règne d'Elisabeth, ces

---

[1] Joh. M. Kemble, *Codex diplomatic. ævi Saxonici*, t. I, p. 133, 239; t. VIII, p. 81 et suiv., 396.

[2] S. Bagshaw, *History, Gazetteer and Directory of the county of Kent*, t. I, p. 30, 31.

[3] Il est remarquable que la formation géologique qui correspond en France au *Weald* anglais, le pays de Bray, et qui en est comme la continuation, ait été aussi couvert d'une forêt. Voy. Ad. Brongniart, *Des périodes de végétation qui se sont succédé à la surface du globe. Annal. des Sciences nat.*, an. 1849, p. 310.

forêts avaient donné naissance à 53 *parks* dont quelques-unes subsistent encore[1].

En Irlande, au temps de Giraud de Cambrie, il existait encore des forêts qui avaient plus de 30 milles de long[2]; aussi cette île porta-t-elle long-temps le nom de l'île boisée, *the woody island*[3]. Arthur Young dit qu'il n'y a pas observé cent acres de terre sans y rencontrer quelques signes évidents, que jadis les bois en revêtaient la surface aujour-d'hui totalement dépouillée. Ce déboisement s'est étendu jusqu'aux Orcades, aux Hébrides et à l'Is-lande.

L'emplacement des anciens bois est maintenant occupé, en beaucoup de comtés, par de vastes bruyères. Les noms que portent plusieurs de ces *heath-fields*, rappellent leur ancien état. Dans le Bas-Languedoc, on observe des faits analogues; bon nombre de *garrigues* semblent avoir remplacé des forêts abattues.

Ce déboisement rapide de la Grande-Bretagne a eu bien des causes. Mais outre celles que nous avons déjà fait connaître, en parlant d'autres pays, nous devons signaler surtout le désir que le pouvoir avait d'enlever, en Écosse aux montagnards, en

[1] Bagshaw, o. c., p. 31.
[2] J. Logan, *The Scottish gael*, t. I, p. 76. (Lond. 1821).
[3] Moreau de Jonnès, Mém. cit. Robert Kane, *The industrial resources of Ireland*, 2e édit., p. 3 (Dublin, 1845).

Angleterre aux *outlaws*, aux bandits, en Irlande aux *white-boys*, les refuges qu'ils trouvaient au fond de ces forêts[1].

Jean de Lancastre employa vingt-quatre mille ouvriers pour abattre les forêts de l'Écosse. Robert Bruce en détruisit un grand nombre, dans son expédition à Inverary contre Cumin, et dans la partie septentrionale de ce royaume les Danois en incendièrent une partie notable[2]. On a trouvé un ordre du général Monk, daté de 1654, lequel était au service de la République, ordre qui prescrit de détruire les bois d'Alberfoyle, parce que les troupes du parti qu'il voulait exterminer, et qu'il embrassa depuis, allaient y chercher un refuge[3].

La Grande-Bretagne est actuellement l'un des pays les plus dépourvus de forêts de l'univers. Après avoir consumé les végétaux arborescents qui ombrageaient son sol, elle fouille maintenant ses entrailles et livre à la flamme les débris fossiles de celles qui la couvraient, il y a des millions d'années. Il semble que sa civilisation, que son industrie, reine de celle du monde, aient hâte de réduire notre globe à cette nudité et à cette sécheresse qu'il offrait avant que la vie prît naissance à sa surface.

[1] Kane, o. c., l. c.
[2] Moreau de Jonnès, Mém. cit., p. 53.
[3] Moreau de Jonnès, *ibid.* Voyez, sur les forêts d'Angleterre, un article des *Annales forestières* pour mai 1848.

Nous ne chercherons pas à déterminer quel était l'état forestier de l'Angleterre et de la France, à cette époque d'une si prodigieuse antiquité qui précéda la période géologique actuelle. Cet état dut varier suivant les âges qui correspondent aux divers étages géogéniques de notre patrie. C'est surtout à l'époque de la houille qu'une vaste végétation arborescente recouvrait les districts qu'occupent aujourd'hui les bassins houillers. Dans le bassin d'Autun existait une magnifique forêt de conifères[1]. Aux environs de Saint-Étienne, les tiges d'arbres monocotylédones qui se trouvent engagées verticalement ou quasi-verticalement dans le grès houiller de Treuil, révèlent l'antique existence d'une forêt analogue aux *guaduales* de l'Amérique[2].

Les fougères arborescentes s'élevaient alors dans les lieux humides et ombragés, comme elles le font encore en Amérique, où on les voit fuir les rayons directs du soleil[3].

A une époque moins éloignée de nos âges, de magnifiques forêts bordaient les deux rives de la Manche, et toutes les côtes de l'Angleterre. Ces forêts ont laissé des vestiges dans les forêts marines qu'on a découvertes dans la baie de Saint-Brieux, près la pointe du Roselier et sur la côte du Finis-

---

[1] Dufrénoy et Élie de Beaumont, *Descript. de la carte géologique de France*, t. 1, p. 681. Ad. Brongniart, o. c., p. 310, 336.
[2] Lyell, *Éléments de Géologie*, trad. Meulien, p. 318.
[3] Humboldt, *Voyages aux régions équinoxiales*, t. II, p. 211.

tère[1]. Entre Wimereux et Ambleteuse, des lignites nombreux, fibreux, pisiformes, des bois pétrifiés à l'état calcaire, des bois pyriteux, annoncent qu'à l'époque jurassique supérieure, qui est celle à laquelle appartient le Bas-Bourbonnais, une vaste forêt ombrageait cette province[2].

Suivant Correa de Serra, une forêt s'étendait de la côte de Lincoln jusqu'à Péterborough, à 12 milles de Sutton[3]. D'autres forêts plus ou moins vastes occupaient les bords du golfe de Tay, de celui de Forth, dans la baie de Largo, la baie de Skaill sur la côte occidentale de l'île de Mainland, la côte sud-ouest du Somersetshire, le canal de Bristol, la baie du Mont (*Mount's bay*), et le Cornwall[4].

La disparition des forêts est donc un fait intimement lié aux progrès de la civilisation. La nature se présente d'abord dans son état primitif et tout à fait sauvage, hérissée de vastes, de profondes forêts. Le tableau des forêts de l'Europe que nous avons tracé plus haut, montre clairement que les forêts sont d'autant plus éclaircies qu'on s'avance davantage au sud-ouest; c'est précisément la direction suivant laquelle la civilisation s'est propagée.

[1] D'Archiac, *Histoire des progrès de la Géologie*, t. I, p. 321.

[2] Dufrénoy et Élie de Beaumont, o. c., t. II, p. 375.

[3] Correa de Serra, *On a submarine forest on the east coast of England*, dans les *Philosophical Transactions of London*, 1799.

[4] La Bêche, *Manuel géologique*, trad. Brochant de Villiers, 2e édit., p. 190. Cf. Ad. Brongniart, *Annal. des Sc. nat.*, 1849.

Les populations des pays les plus déboisés, les Espagnols, les Italiens, les Français, les Anglais, les Grecs, appartiennent à ces deux races pélasgique et celtique qui sont les aînées des nations européennes, en civilisation[1]. Les montagnes étant par leur position moins accessibles, à raison des progrès plus lents qu'y a faits la culture sociale, sont demeurées plus longtemps ombragées.

L'homme des bois, l'habitant des forêts, est devenu le type du sauvage. En allemand, le mot *wild*, sauvage, appartient au même radical que *wald*, forêt; le mot français sauvage, en italien *selvaggio*, est dérivé du latin, *sylva* (en italien *selva*). Le moyen âge représentait cet homme sous la figure d'un personnage velu et hideux, gardant les mystérieuses demeures, les châteaux enchantés que l'imagination populaire plaçait au milieu des solitudes ombragées. C'est ce qu'on peut voir sur plusieurs monuments dont notre excellent et savant ami, M. de Longpérier, a donné l'intéressante explication[2]. Les forêts ont été en effet de tout temps et en tous pays, le refuge des proscrits, des brigands, des *bandits*. C'était dans les forêts aujourd'hui presque toutes démantelées de l'Angleterre

[1] Voy. le compte rendu de l'ouvrage intitulé : *Mittheilungen der maehrisch-schlesisch-Gesellschaft*, dans les *Annales maritimes*, année 1828, t. III, p. 286.

[2] Voy. le mémoire de M. A. de Longpérier, *sur les Figures velues du moyen âge. Revue archéologique*, t. II, p. 807 et suiv.

que se cachaient les *outlaws*, dans les chaînes boisées de l'Allemagne que s'embusquaient les bandes
pillardes, après que la paix leur avait enlevé un
moyen plus légitime de guerroyer. Robin Hood et
Witikind ont dû leur nom à ce genre de vie[1]. En
Corse, c'est encore dans les *máquis* que se réfugient
les *bandits*.

La vie des forêts contraint l'homme civilisé à
retourner vers la barbarie. Quel exemple est plus
frappant à cet égard que celui qui nous est rapporté par M. Castren? Dans les forêts de la
Touba, en Sibérie, le prêtre, le Russe, l'Allemand, le Tatar, sont forcés de se dépouiller chacun de leur costume, et de revêtir le grossier
accoutrement des Kirghises de la forêt. Les *squat-
ters* et les *coureurs des bois* de l'Amérique du nord
ne tardent pas à revenir à un état presque aussi
sauvage que les tribus indiennes.

C'est dans les jongles de l'Inde que les Hindous
se réfugient pour se soustraire à la domination
étrangère. C'est la coutume de ceux qui habitent

---

[1] Le nom du célèbre Robin Hood est une corruption de *Robin
of the wood*, de même que celui de Witikind est dérivé de l'ancien teuton *witu chind*, le fils du bois. Voy. la savante dissertation de M. Th. Wright intitulée : *Popular cycle of the Robin
Hood ballads*, vol. II, p. 207, ap. *Essays on subjects connected
with the literature, popular superstitions and history of England*,
vol. II, p. 207, et un article de la *Revue britannique*, 6ᵉ série,
t. XI, p. 132.

la contrée voisine de l'Orissa, de s'enfuir dans les bois à la seule vue d'un étranger [1]. Les Bhils, les Tondas, les Coles, débris des populations primitives de l'Inde, se sont réfugiés dans les forêts de l'Inde [2], ainsi que les basses castes hindoues, afin d'échapper à la haine et au mépris qui les environnent. A Ceylan, les forêts de Bintenue et de Veddaratta ont servi de refuge aux Veddahs, descendants des Yakkas, les aborigènes de cette île, chassés par les conquérants étrangers. C'est au fond de ces forêts qu'ils conservent leurs usages et leurs antiques superstitions [3]. A Madagascar, les forêts sont exclusivement peuplées par les Djiolahi, sortes de castes de brigands qui habitent les cavernes que ces forêts dérobent aux regards [4]. En Amérique, les descendants des Muscogis ou Creeks ont été se cacher dans les forêts marécageuses ou *everglades* de la Floride, poursuivis de tous côtés par le colon européen, et cette circonstance leur a valu le nom de *Seminoles*, réfugiés [5].

Les populations qui ont fixé leur demeure au sein

---

[1] *Journal of the royal Asiatic society of Bengal*, vol. VIII, p. 607, an. 1840.

[2] Jacquemont, *Voyage dans l'Inde*, t. III, p. 475. Forbes, Ritter, *Asien*, t. V, p. 1040, t. VI, p. 25219, 41519.

[3] Major Forbes, *Eleven years in Ceylan*, t. II, p. 75.

[4] W. Ellis, *History of Madagascar*, vol. I, p. 35.

[5] Voy. la notice de M. de Castelnau, dans le *Bulletin de la Société de géographie*, 3e série, t. XVII, p. 393.

de ces épaisses forêts y prennent des mœurs appro-
priées à leur sauvage patrie, et subissent dans leur
caractère l'influence de cette ténébreuse habitation. Dans les jongles, l'Hindou des dernières castes
offre cette physionomie maladive, cet air défiant,
cette apparence grêle qu'on observe surtout chez
les Soudras du Sunderbunds. La force de la végétation absorbe tous les éléments de la vie et ne
laisse à l'homme qu'une existence chétive et misé-
rable. Dans les forêts de la Malaisie et de la presqu'île Malaise, l'influence climatologique y est
encore plus fâcheuse. L'atmosphère chargée d'élec-
tricité, le haut état hygrométrique dépriment la vie
jusqu'à la dégradation. Tel est le triste spectacle
que nous offrent les peuplades des forêts, les *Slé-
tar*, les *Sabimba*, qui ne s'élèvent guère au-dessus
de ces autres hommes des bois, les *orang-outan*,
dont elles partagent le nom et la patrie[1]. Chez

[1] *Nouv. Annal. des Voyages*, 5ᵉ série, t. XX, p. 230 et suiv.
Les Malais appellent ces peuplades hommes des bois, *orang-
outan*. Rappelons à ce sujet que ces grands singes sont regardés comme de véritables hommes des bois par certains peuples.
Les Dayaks, les Malais et les Bouguis croient que ce sont des
hommes que Dieu a condamnés à la dégradation et a privés de
l'usage de la parole, en expiation de quelque crime. Certains
nègres d'Afrique prétendent que ce sont des paresseux qui ont
fui dans les forêts et refusent de parler pour n'être pas obligés à travailler. Voy. D. de Rienzi, *L'Océanie*, t. I, p. 38. Il
y a dans ces croyances un sentiment de l'influence dégradante
du séjour des bois sur notre espèce.

l'homme des forêts, le langage est plus âpre, plus concis, plus passionné que chez celui des plaines; c'est ce que M. Alexandre de Humboldt a surtout observé chez les Indiens de l'Amérique méridionale[1]. Là où une humidité excessive jointe à une haute température, ne vient pas énerver la vigueur musculaire, le froid piquant et âpre des forêts donne à la fibre plus de force, au caractère plus d'énergie, et l'homme de ces forêts est alors aussi hardi, aussi passionné pour son indépendance, que celui des forêts marécageuses est faible et timide.

La même différence s'observe dans la Sibérie entre les tribus dites *des bois* et celles *des steppes*. La vie de chasseurs des premiers leur donne une énergie qui fait place chez les seconds à un caractère plus doux[2].

Sans adopter les idées chimériques émises par Poinsinet de Sivry dans son ouvrage sur l'*Origine première des Sociétés*, on peut cependant reconnaître avec lui que la découverte du feu fut promptement suivie de l'incendie des forêts[3]. Ce fut un des premiers actes d'hostilité de l'homme contre la nature sauvage. Non pas qu'on puisse admettre l'idée de Vico, à savoir que ces incendies fussent

[1] Voy. *Voyages aux régions équinoxiales*, t. VII, p. 17.

[2] Voy. Castren, *Voyage ethnologique dans l'intérieur de la Sibérie*, dans les *Nouv. Annal. des voyages*, 5ᵉ série, 5ᵉ année, p. 126 et suiv.

[3] Voy. *Origine des premières sociétés*, p. 72, 73.

le résultat des idées religieuses, et que le désir de jouir plus librement de la vue du ciel et d'en apercevoir plus facilement les auspices, en ait été la cause[1]. Il est bien plus naturel de croire que ce furent les premiers progrès de l'agriculture qui amenèrent le commencement de cette guerre que l'homme a déclarée aux arbres, puisque, comme nous le disions plus haut, la destruction de la végétation forestière est d'autant plus complète en un pays que ce pays est plus anciennement cultivé. Mais si les forêts étaient l'image de la nature, de la vie sauvages, elles étaient aussi l'emblème de cette vie primitive, de cet état primordial dont le souvenir a été entouré chez tous les peuples d'idées religieuses. Les forêts, par leur caractère lugubre et sombre, les arbres, par la majesté de leur port, la durée de leur existence, entretenaient dans l'esprit superstitieux des premiers hommes un profond sentiment de crainte et de vénération. Aussi les voit-on jouer un rôle dans le culte de presque tous les anciens peuples. A l'époque du fétichisme ou du naturalisme, état par lequel ont débuté presque toutes les religions, les végétaux arborescents sont adorés comme des divinités, ou regardés du moins comme leur demeure.

Cette terreur qui peuple les forêts d'êtres divins, mystérieux, de puissances cachées et terribles, est

---

[1] *La Science nouvelle*, trad. nouv. (Paris, 1844), p. 188.

née du sentiment d'effroi que ces forêts font éprouver à l'homme; en lui donnant par leur majesté, conscience de sa faiblesse, elles élèvent sa pensée vers la divinité : « Si tibi occurrit vetustis arboribus, » écrit Sénèque[1], « et solitam altitudinem egressis frequens lucus, illa proceritas silvæ et secretum loci et admiratio umbræ fidem numini facit. »

Ce silence solennel qui règne au sein des forêts engageait l'homme au recueillement et le portait davantage au sentiment religieux que des simulacres brillants d'or ou d'ivoire. « Hæc fuere numinum templa, priscoque ritu simplicia rura, etiam nunc Deo præcellentem arborem dicant. Nec magis auro fulgentia atque ebore simulacra quam lucos et in iis silentia ipsa adoramus[2]. »

A ces motifs vint se joindre le sentiment de l'utilité des arbres, la pensée des services que les forêts pouvaient rendre encore. On couvrit alors de la protection de la religion celles qui avaient échappé aux premières destructions. En beaucoup de contrées, ce furent les arbres fruitiers dont la conservation importait si fort au bien-être de la société, qui furent regardés comme sacrés. Dans la Polynésie, le *Tabou* protégeait l'arbre à pain et garantissait ainsi aux peuplades sauvages leur subsistance qu'elles tirent en grande partie de cet arbre.

[1] Lib. V, ep. IV.
[2] Plin. *Hist. nat.*, lib. XII, c. 1.

Le culte des forêts, des bocages, des arbres s'offre, avons-nous dit, au berceau de toutes les sociétés. C'est ce que nous démontrent les témoignages historiques. La Bible en maints passages[1] nous parle du culte idolâtre que l'on célébrait dans les bocages et sous les arbres verts. L'arbre de vie et l'arbre de la science du bien et du mal, que la Genèse place dans le paradis terrestre, semblent appartenir à des temps où les Israélites avaient les mêmes croyances superstitieuses et prêtaient aux arbres une intelligence, une vertu prophétique. C'est ce que confirment certaines traditions rabbiniques. L'une d'elles dit par exemple que, lorsque le serpent s'approcha de l'arbre, celui-ci cria : « Impie, ne t'approche pas de moi[2]. »

C'est au bocage de Mamré qu'Abraham éleva un autel à Jéhovah. C'est là que ce dieu se révéla à lui[3]. Au IVe siècle de notre ère, on rendait encore dans ce bocage, sous les chênes qui l'ombrageaient, un culte aux génies, aux anges qui s'y étaient rendus visibles[4].

[1] Exod. XXXIV, 13 ; Deuteron. XVI, 21, 11 ; II Reg. XVII, 10, 16 ; XVIII, 4 ; Isaïe, I, 29.

[2] Bartoloccii, *Biblioth. magn. Rabbin.* I, p. 322.

[3] *Genes.*, XIII, 18, XV, 7 et suiv.

[4] Ce lieu portait le nom de *Térébinthe.* Voy. Sozomen., *Histor. eccles.*, lib. II, c. IV. Nous comptons donner des détails nouveaux à ce sujet, dans l'*Histoire de la destruction du paganisme en Orient*, que nous ne tarderons pas à faire paraître.

Avant l'établissement de l'islamisme, les habitants de Nadjran, dans l'Yemen, rendaient un culte à un énorme dattier, autour duquel ils célébraient, tous les ans, une fête solennelle et qu'ils chargeaient de vêtements et d'étoffes précieuses[1].

Le culte des arbres en Perse, sur lequel Chardin et sir William Ouseley nous ont donné de si curieux détails, semble se conserver dans ce pays depuis l'antiquité la plus reculée. Ces arbres vénérés portent le nom de *Dirakht i fazel*, les excellents arbres; on les couvre de clous, d'*ex-voto*, d'amulettes, de guenilles, et les derviches et les fakirs viennent se placer sous leur ombre[2]. Ce sont généralement des platanes ou des cyprès. Quelques-uns de ces arbres sont d'une extrême vieillesse. Près de Nakchouan, à Ardubad, en Arménie, est un orme qui a plus de mille ans d'existence et qui est l'objet du culte des habitants[3]. Les crédules persans attribuent à leur vertu divine l'étonnante longévité de ces végétaux, sur lesquels la présence des hommes saints, qui viennent s'abriter sous leur feuillage, attire, disent-ils, les bénédictions du ciel. On brûle à leur pied de l'encens ou des cierges, pour obtenir la guérison des malades ou l'accomplissement de ses vœux. Ceux qui s'endorment à l'ombre de ces ar-

---

[1] W. Ouseley, *Travels in various countries of the East*, t. I, p. 369, 370 (Lond. 1819, in-4°).

[2] W. Ouseley, o. c., t. I, p. 373.

[3] W. Ouseley, o. c., t. III, p. 434.

bres, s'imaginent dans leurs songes goûter les félicités réservées aux *aoulia* ou bienheureux. On connaît le célèbre cyprès de Passa, l'ancienne Pasagarde, qui était encore, il y a quelques années, l'objet d'un pèlerinage célèbre de la part des musulmans. Ces arbres reçoivent le nom de *Pir*, c'est-à-dire les *anciens*[1] et on les regarde comme le séjour favori des âmes des élus. Une croyance analogue fait admettre que les forêts de Mazanderan, derniers vestiges de la végétation forestière de ces contrées, sont la résidence, le lieu de retraite des *div*[2]. Ce dernier trait achève de démontrer que cette croyance est un de ces restes du mazdéisme qui se sont conservés à travers l'islamisme, comme tant d'autres idées zoroastriennes. Le Zend-Avesta nous montre que les anciens Perses adoraient les *saints ferouers* ou esprits *de l'eau et des arbres*[3]. Ces ferouers se plaçaient au-dessus des arbres et bénissaient leurs fruits. Ils étaient puissants et immortels.

Les Persans appellent encore certains arbres *mubarek*, c'est-à-dire sacrés; tels sont l'olivier, le dattier, le nakhl, le kharma[4]. Un conifère porte chez

[1] Pietro della Valle, *Viaggi, lettera 16, di Luglio* 1622.

[2] Ouseley, o. c., t. I, p. 313; les *div* sont les *dews* ou δαίμονς perses.

[3] Voy. *Zend-avesta*, trad. Anquetil Duperron, t. II, p. 257, 284, 286 et suiv.; E. Burnouf, *Commentaire sur le Yaçna*, p. 380.

[4] Ouseley, o. c. t. II, p. 330.

eux le nom de *Dib-dar*, *Div-dar*, *Div-daru*[1], c'est-
à-dire l'arbre des *divs* ou démons. Les Arabes l'appellent *schedjeret al djinn*, l'arbre des djinns, et
quelquefois *schederet allah*, l'arbre de Dieu, expressions qui remontent toutes également à la dendrolâtrie mazdéenne[2]. Ce fait rappelle ce que dit Cazwini
de l'arbre qui se trouve au pied du mont Sabalan,
dans l'Azerbaïdjan, et où résident les djinns[3].

Dans l'Hindoustan, on retrouve des restes évidents
de dendrolâtrie qui se sont greffés sur le brahma-
nisme et le bouddhisme, et cette dernière religion,
en se répandant dans toute l'Asie orientale, les a
propagés avec elle. Chaque village de l'Hindoustan
a son *ficus indica*, qui en est comme le sanctuaire et
l'asile. Ces arbres atteignent une vieillesse prodigieuse, circonstance qui a beaucoup contribué à
inspirer pour eux de la vénération. C'est surtout sur les bords du Nerboudda qu'ils parviennent à une grande longévité. Il n'est pas rare d'en
voir qui ont plus de 500 ans. Cet arbre merveilleux, qui paraît être le συκῆ ἰνδική, dont nous ont
parlé les compagnons d'Alexandre, forme à lui seul
une véritable forêt. Son étendue est telle qu'il en
est qui ont pu abriter toute une armée. Ses rameaux

---

[1] *Dar, daru*, arbre, appartenant à la même racine que le
russ *derevo*, arbre, que le grec δρῦς, chêne, et δόρυ, lance, l'anglais *tree*, et les mots *dard*, *dague*, *daguet*, *tarière*.

[2] Ouseley, o. c., t. I, p. 387.

[3] Ouseley, o. c., t. I, p. 386.

en se repiquant dans la terre, donnent naissance à une foule de rejetons qui ne se séparent pas de la tige mère [1].

Le *ficus indica* présente deux espèces qui sont également entourées du culte et de la vénération des Hindous. Le *ficus indica* proprement dit, appelé par ce peuple *vata* ou *njagródha* et le *ficus religiosa* qui porte le nom de *açvattha*, d'*asod* ou de *pippala*. Celui-ci présente de nombreux et flexibles rameaux qui se repiquent en terre. Le Vata est le symbole de l'intelligence *bódhi*, c'est le *hom* des anciens Persans, l'arbre de la science du bien et du mal de la Genèse [2]. Il atteint dans l'île de Ceylan, où il est fort abondant, d'étonnantes dimensions [3], et est, de la part des Bouddhistes, l'objet d'une dévotion spéciale. Dans tous les pays de foi bouddhiste on rencontre des arbres de Bouddha, Pout ou Bodhi, qui répondent tous à la même idée symbolique [4]. Le Vata est regardé comme de sexe femelle. On le plante près de l'Açvattha, qui est regardé au contraire comme du sexe mâle. Ces mariages d'arbres sont l'objet de cérémonies religieuses sur lesquels les voyageurs ont donné des détails intéressants [5].

[1] Ch. Lassen, *Indische Alterthumskunde*, t. I, p. 256 et suiv.
[2] *Ibid.*
[3] Major Forbes, *Eleven years in Ceylon*, t. II, p. 108.
[4] W. Ouseley, o. c., t. I, p. 393.
[5] W. H. Sleeman, *Rambles and recollections of an Indian official*, vol. I, p. 45 et suiv.

Dans la Grèce, le culte des arbres, la consécration des bois et des bocages remontent à l'aurore de la société. Ils datent très-certainement de la religion pélasgique, puisqu'on les retrouve en Italie comme dans la Grèce, et qu'ils formaient le trait distinctif de la religion de Dodone, cet ancien centre de la civilisation des Pélasges. Les chênes de Dodone consacrés à leur grand dieu, Ζεύς ou Ιου[1], furent longtemps regardés comme doués de cette même vertu prophétique que l'on attribuait plus anciennement à tous les arbres des forêts sacrées[2]. En effet les oracles les plus célèbres, ceux de Claros, de Thymbra, d'Olympie, de Charax en Carie, étaient placés au voisinage de bois sacrés[3].

Les Grecs donnaient le nom d'ἄλσος, et les Latins de *lucus* à ces forêts sacrées. Les premiers réservaient le nom δρυμός, δρυμών, à des forêts plantées surtout de chênes et d'ὕλη, aux forêts profondes, aux forêts vierges[4]. Les Latins appelaient *nemus* un parc, une pépinière, et désignaient l'ὕλη sous le nom de *sylva*, mot qui en est dérivé. Par synecdocque

[1] Voy. nos notes au livre VI des *Religions de l'Antiquité*, trad. et refond. par M. Guigniaut.

[2] Strabon, *Géogr.*, liv. VIII, 7, p. 227 et suiv.

[3] Vibius Sequester, éd. *Oberlin*. p. 25, et l'excellent article *Oracles*, par M. L. Renier dans l'*Encyclopédie moderne*, nouv. édit.

[4] Voy. Jul. Polluc. *Onomastic.* lib. I, c. XII.

[5] « Interest autem inter nemus et silvam et lucum; et lucus

le mot ὕλη s'est appliqué dans la suite au bois, à la matière, sens qu'il prit, surtout à l'époque alexandrine. Tandis que par un rapprochement inverse d'idées le mot *lucus* bois, est dérivé de *lignum*, bois (anglais *lig*, italien *legno*)[1].

Au fond de ces forêts, de ces bocages sacrés, les Pélasges s'imaginaient que des divinités qui veillaient à la conservation des arbres, avaient placé leur séjour. Pour les Grecs c'étaient les Dryades, les Hamadryades, les Napées et Artémis Agrotera leur reine, la déesse de la chasse et des lieux champêtres[2]; enfin Pan et les Panisques. Les mêmes divinités reçurent chez les Pélasges italiotes les noms de Sylvains, de Faunes[3]. C'est aux premiers de ces dieux, dont les anciens eux-mêmes ont reconnu

« enim est arborum multitudo cum religione, nemus vero com-« posita multitudo arborum, silva diffusa et inculta. » Servius *in Æneid.* I, 310, t. I. p. 61, éd. Lion.

[1] Voy. la note que nous avons donnée plus haut, en parlant de Madère.

[2] Ces nymphes sylvestres reçoivent les noms de ἀλσηΐδες, ὑληωροί, ναπαῖαι, αὐλωνιάδες, δρύαδες, ἀμαδρύαδες. Celles des arbres fruitiers μηλιάδης, ἀμαμηλίδης. Voy. Jacobi, *Handwoerterb. der griech. und roemisch. Mythologie*, art. *Nymphen*.

[3] Le nom de *Faunus* est identique au grec Πάν. Pan est en effet le type des Satyres dont les Faunes ne sont qu'une variété. Les Faunes habitaient surtout, suivant la croyance populaire, les hauteurs boisées des Apennins.

« Apennicolæ fugere ad littora fauni. »

(Sil. Italic., lib. V, v. 620.)

l'origine pélasgique[1], que les paysans latins adressaient des prières pour la conservation de leurs troupeaux[2] Palès, qu'invoquait le pâtre sicilien et auquel il faisait des libations de lait, résidait caché au fond des forêts. Ce culte champêtre se conserva longtemps en Italie, et sur la *via ostiensis*, un arbre consacré aux dieux attirait encore la vénération des habitants, quand saint Audacte vint y prêcher la foi[3].

Le culte des forêts, des arbres et des bocages se rencontre également chez toutes les populations germaniques. « Lucos ac nemora consecrant, » dit Tacite en parlant des Germains[4]. « Deorumque no-« minibus appellant secretum illud, quod sola reve-« rentia vident[5]. » Les *Heiligeforst*, les *Haine* existaient chez toute la race teutonique. Le même Ta-

---

[1] « Silvano fama est veteres sacrasse Pelasgos,
   Arvorum pecorisque deo lucumque diemque. »
                    (Virgil., *Æneid.*, VIII, 600.)

[2] M. Cato, *de Re rustica*, c. 83. Caton appelle cette divinité champêtre *Mars Silvanus*, circonstance qui rappelle l'époque où ces deux divinités, Mars et Sylvain, se confondaient en une seule, laquelle était vraisemblablement la divinité par excellence des Latins ; peuplade pastorale et guerrière, qui avait dû transporter son propre caractère à son dieu national.

[3] « Silvicolam tepido lacte precare Palem. »
                    (Ovid., *Fast.*, IV, 746.)

[4] Bolland., *Act.* xxx, *Aug.* p. 546, col. 2

[5] *German.*, c. IX.

cite a parlé de la forêt des Semnons[1] et du *castum nemus*, consacré à Hertha[2]. Les chênes de la forêt Hercynie, de même que ceux des forêts druidiques, recevaient, à cause du respect qu'inspiraient leurs troncs séculaires, les vœux, les offrandes et les sacrifices des peuplades qui les visitaient[3].

En Germanie comme en Gaule, cette superstition résista longtemps aux efforts persévérants de l'apostolat chrétien, et il fallut l'intervention de l'autorité laïque, les menaces de la loi pour l'extirper définitivement. Encore se conserva-t-elle dans les deux pays, sous une forme déguisée[4].

Les Francs[5], les Allamans[6], les Lombards[7], présentent le même fait religieux que les Germains, les Saxons[8] et les Angles[9] leurs descendants.

---

[1] *German.*, c. xxxix.

[2] *German.*, c. xxxix, xl.

[3]
> « Ut procul Hercynia per vasta silentia silvæ
> Venari luto liceat, lucosque vetusta
> Relligione truces et robora numinis instar. »
> (Claudian., *de Laudib. Stilich.*, I, 228.)

[4] Voy. à ce sujet l'excellent ouvrage de M. Wilhelm Müller, intitulé : *Geschichte und System der altdeutschen Religion* (Goting. 1844), 58 et suiv.

[5] Gregor. Turon., *Histor. Francor.*, II, c. x. Cf. Epist. v, 5.

[6] Agathias, XXVIII, 4, ap. D. Bouquet, *Histor. de France*, t. II, p. 53.

[7] *Vita S. Bertulfi Bobbiensis*, ap. *Act. Bened.*, sæc. 2, p. 164.

[8] Pertz. *Monum. german. histor.*, t. II, p. 676.

[9] *Leges Canuti Magni, quas olim Anglis dedit, edid. Kolderus*

Les anciens Prussiens et divers peuples slaves avaient aussi un chêne consacré[1]. Ce chêne se retrouvait à Upsal et était consacré à Thor, le dieu de la foudre, comme il était chez les Grecs l'arbre de Jupiter.

Chez les Scandinaves ces forêts sacrées, consacrées la plupart à Odin, s'appelaient *Lund* (pl. *Lunder*)[2]. Enfin ces mêmes forêts, ces mêmes chênes se retrouvent jusque chez les populations d'origine finnoise qui occupent les confins orientaux de l'Europe. Les Tchérémisses sacrifient dans les forêts à leur dieu *Youma*, et plantent un chêne au centre du *Keremeth*, ou lieu sacré. Ce chêne est pour eux un vrai sanctuaire hypèthre[3]. Les Tchouvaches du gouvernement d'Orenbourg ont des usages analogues[4].

Tant est générale chez les peuples primitifs cette habitude de choisir pour lieux saints les profon-

de Rosenvuige, p. 38. Dans les défenses portées par Canut le Grand, il est question de culte rendu à des arbres en feuilles et à des arbres morts, *lignum frondosum, lignum viride aut aridum.*

[1] J. L. v. Parrot, *Versuch einer Entwicklung der Sprache, und Mythologie der Liwen, Latten, Resten*, t. I, p. 321. Cf. Helmold. *Chronic. Slav.* I, 43.

[2] Rudbeck, *Atlant.*, t. II, c. xxiii, § II, p. 573. Olaüs Magnus, *Histor. septentr.*, lib. XVI, c. ii.

[3] A. de Haxthausen, *Études sur la situation intérieure de la Russie*, t. II, p. 413.

[4] *Nouv. Annal. des voyages*, an. 1845, t. IV, p. 192, Mém. de M. Kronheim.

deurs des forêts ou la retraite silencieuse des bocages, qu'il n'est pas jusqu'aux Nègres chez lesquels on ne l'ait observée[1]. C'est dans les bocages, au pied des arbres, qu'ils élèvent leurs fétiches et font leurs grossières libations.

Non-seulement les populations celtes, germaines et scandinaves consacraient les forêts à leurs dieux, elles admettaient encore, de même que les peuples de race pélasgique, l'existence de divinités forestières qui faisaient leur séjour dans ces profondeurs ténébreuses, et veillaient sur les arbres. Sans doute qu'elles avaient apporté, comme les Pélasges, ces croyances de l'Asie, où on les voit subsister encore chez les hordes primitives qui errent dans la chaîne des Ghâtes orientales[2]. Les paysans allemands ont conservé le souvenir de ces dieux qu'ils désignent sous les noms de *Wilden Leuten*, *Waldleuten*, *Holzleuten*, *Moosleuten*, et qu'ils se représentent sous des formes pygméennes[3].

Ce sont ceux que les annalistes et chroniqueurs

[1] J. Beecham, *Ashantee and the Gold Coast*, p. 178 (1841, in-8°).

[2] Les Khonds qui habitent le territoire d'Orissa et dont la religion offre tant d'analogies avec celle des races slaves et germaines, ont leur *Gossu-Pennu*, le dieu des forêts. Voy. l'intéressant mémoire intitulé : *An account of the religious opinions and observances of the Khonds of Goomsur and Boad*, by capt. S. Ch. Macpherson dans le t. XVII, p. 172 du *Journal of the royal Asiatic society of Great Britain* (London, 1843).

[3] J. Grimm, *Deutsche Mythologie*, 2e Ausgab, p. 451.

latins du moyen âge désignent sous le nom de *fauni, homines sylvestres, sylvani, feminæ sylvatriæ*[1], les identifiant par ces désignations avec les faunes et sylvains latins, qui offrent en effet avec eux une si frappante ressemblance. Dans la Scandinavie, ces *Waldgeist* reçoivent le nom de *Trold* ou *Troll*. Les Elfs aiment aussi, suivant la croyance des peuples du Nord, à résider sous les arbres et dans les forêts[2].

L'imagination populaire prêtait deux formes différentes à ces esprits des bois. Quand elle se les représentait comme la personnification des forces qui animent la terre et président à la végétation, elle voyait en eux de petits êtres aux formes les plus variées, des êtres gracieux et folâtres qui menaient dans les clairières ou dans les futaies une vie joyeuse et amusante; tels étaient les Elfs, les Cobolds, les Trolds, les Nymphes, les Fées. Au contraire, si ces esprits s'offraient comme la personnification de cette vie sauvage, que les forêts réveillent toujours dans l'esprit, ainsi que nous l'avons remarqué plus haut, c'était sous la forme d'hommes velus, d'êtres farouches, noirs et hideux que le peuple se les représentait; tels étaient les Satyres, les Sylvains et les Waldleuten; vrais diables des bois, qui

---

[1] W. Müller, *Altdeutschen Religion*, p. 379.
[2] Crofton Croker, *Fairy legends of the south of Ireland*, part. III, p. 84.

servirent de type aux sauvages du moyen âge, à
Volundr, ce forgeron des bois aux formes de satyre[1], à l'*uom foresto* de Pulci[2], à ces sauvages qui
ont fini par ne plus avoir d'existence que sur nos
enseignes[3].

Le souvenir de ces forêts sacrées, hantées par
des dieux qui furent transformés en démons, après
l'établissement du christianisme, de ces forêts où se
réunissaient les Druides, les Semnothées, les Eubages, les prêtres de Thor et de Jupiter réduits plus
tard à la condition de magiciens et de sorciers, a
fait naître l'idée de ces forêts enchantées, qui occupent une si grande place dans le merveilleux des
épopées des temps de chevalerie, et qui ont fourni
à l'immortel Torquato Tasso l'idée de cette forêt
qu'il décrit dans ces magnifiques vers :

« Sorge non lunge alle cristiane tende
Tra solitarie valli alta foresta
Foltissima di piante antiche, orrende
Che spargon d'ogni intorno ombra funesta.
Qui nell' ora che 'l sol più chiaro splende

[1] Voy. la savante dissertation de MM. Depping et Fr. Michel,
intitulée : *Veland le forgeron* (Paris, 1833).

[2] Pulci, *Morgante*, v. 38. Voy. ce que nous avons dit plus
haut. Cf. Grimm, o. c., p. 44 et suiv.

[3] En Suisse, en Allemagne et en France, on trouve encore
beaucoup d'auberges qui portent pour enseigne au *Sauvage, zum
Wilde man*. Celles qui sont demeurées fidèles aux traditions
anciennes, telles que je l'ai vu dans le pays des Grisons et en
Allemagne, représentent le sauvage par une sorte de satyre aux

È luce incerta, e scolorita e mesta.
. . . Quando parte il sol qui tosto adombra
Notte, nube, caligine ed orrore
Che rassembra infernal, che gli occhi ingombra
Di cecità. »   (Canto xiii.)

Forêt sur laquelle Ismen étend ses enchante-
ments et où il évoque les mauvais esprits.

« Cittadini d'Averno . . .
Prendete in guardia questa selva e queste
Piante che numerate a voi consegno.
Come il corpo è dell' alma albergo e veste,
Così d'alcun di voi sia ciascun legno.

. . . .
Veniano innumerabili, infiniti
Spiriti, parte che 'n aria alberga e erra,
Parte di quei che son dal fondo usciti,
Caliginoso e tetro della terra.

Il semble que les idées de divination, de magie
qui s'attachaient chez les Celtes aux arbres, objet
de leur culte, aient donné naissance à cet alphabet
magique, à ces ruines merveilleuses qui représen-
taient les différentes lettres par leurs pousses, leurs
scions. Ces signes recevaient chacun le nom d'un
arbre, de l'arbre sur le bois duquel on les inscrivait,
on les gravait par incision, et puis on agitait ensuite
ces fragments taillés, de manière à en tirer des au-

cheveux longs et à la barbe touffue. On sait qu'on a cru long-
temps à l'existence d'hommes sauvages habitant dans les bois.
Voy. Bonnaterre, *Notice historique sur le Sauvage de l'Aveyron*
(Paris, an viii), p. 4.

gures[1]. Plus tard cet assemblage de signes fournit à l'alphabet dit runique ses éléments, et cet alphabet en garda le nom d'*Ogham craobh*, c'est-à-dire l'arbre aux lettres[2].

Le culte que les Gaulois rendaient aux arbres des forêts et aux chênes en particulier, est un fait connu de tout le monde[3], et qui forme un des traits caractéristiques du druidisme, dont le nom en est dit-on, dérivé. Lucain, dans sa *Pharsale*[4], a donné

[1] C'était le mode de divination appelé *Rhabdomancie* et dont il est déjà question dans la Genèse.

[2] Voy. E. Davies, *Celtic researches*, p. 246. L'irlandais *feadha* et le gallique *gwydd* signifient à la fois arbre et lettre. Dans l'alphabet *ogham*, toutes ces lettres à l'exception du P (pethove) et du T (tinne), avaient des noms d'arbres ; c'est ainsi que A (*ailm*) s'appelait ormeau, B (*beith*) bouleau, C (*coll*) coudrier, D (*duir*) chêne, E (*eagh*) peuplier, F (*fearn*) aune, etc. Voy. Ed. Duméril, *de l'Origine des runes*, dans ses *Mélanges archéologiques et littéraires*, p. 77 (Paris, 1850). Les Scandinaves appelaient les lettres, bâtons de hêtre, *Bok-st*, parce qu'ils gravaient les runes sur des bâtons faits de ce bois qui se prête mieux aux incisions parce qu'il est sans filaments et sans nœuds. Voy. ce que dit Fry, *Pantographia*, p. 307, sur la manière dont les Bretons se servaient pour écrire de ces *sprigs* ou *rods*.

[3] Voy. Maxim. Tyr. *Dissert.* VIII, t. I, p. 142, éd. *Reiske*. D. Martin, *Religion des Gaulois*, t. I, p. 109 et suiv.

[4] Lib. III, v. 397 et sqq. :

« Lucus erat, longo nunquam violatus ab ævo
Obscurum cingens connexis aera ramis
Et gelidas alte summotis solibus umbras, etc. »

Comparez la description donnée par M. de Marchangy dans la *Gaule poétique*.

une magnifique description d'une de ces forêts divines dont le fer respectait les rameaux et dans laquelle les Romains n'osaient qu'en tremblant porter la hache.

« Sed fortes tremuere manus, motique verenda
Majestate loci, si robora sacra ferirent
In sua credebant redituras membra secures. »

Nous avons conservé des inscriptions latines qui témoignent encore du culte rendu aux arbres chez les Gallo-Romains[1]. Les apôtres du christianisme eurent grand'peine à déraciner cette superstition[2], et ils n'y parvinrent généralement qu'en consacrant au culte nouveau ces mêmes arbres qui étaient l'objet de la vénération populaire[3]. On plaça sous

[1] Telle est, par exemple, cette inscription trouvée à Auch : sxx. arboribus. || q. rufivs || germanus. v. s. (Orelli *Inscript. lat. select.*, n° 2108). Cf. Muratori, *Antiquitates italicæ medii ævi*, t. V, p. 66 et suiv.

[2] Voy. ce qui est rapporté dans la vie de saint Maurille, au sujet d'un lucus que cet apôtre détruisit dans le *Pagus communicus*, Bolland. *Act.* XIII *septemb.*, p. 74, col. 2; du culte des arbres et des forêts chez les Gantois, au temps de l'apostolat de saint Amand. Bolland, *Act.* I *feb.*, p. 850, et du même culte chez les habitants du pays de Caux, lors de l'apostolat de saint Valéry. Bolland. *Act. April.* t. I, p. 1647.

[3] En Irlande les chênaies sacrées appelées *Doire*, furent consacrées au dieu nouveau, à J. C. Lorsque S. Columba vint, au vi° siècle, prêcher la foi dans cette île, il fit élever deux monastères au milieu de ces forêts sacrées, l'un au lieu qui a longtemps gardé le nom de *Doire*, lequel est devenu par corruption

le patronage de la Vierge ou des saints, ces enfants des forêts, longtemps adorés comme des images de la Divinité. On christianisa les fêtes païennes qui se rapportaient à ce culte.

Il existait en France, il y a quelques années, plusieurs arbres qui avaient hérité de l'antique vénération qu'avaient longtemps inspirée leurs devanciers. Non loin d'Angers, Dulaure nous apprend[1] qu'on voyait un chêne nommé *Lapalud* que les habitants entouraient d'une sorte de culte. Cet arbre, que l'on regardait comme aussi vieux que la ville, était tout couvert de clous jusqu'à la hauteur de 10 pieds environ. Il était d'usage, depuis un temps immémorial, que chaque ouvrier charpentier, charron, menuisier, maçon, en passant près de ce chêne, y fichât un clou[2].

Plusieurs de ces arbres vénérés avaient été consacrés à la Vierge ou aux saints, et décorés de

Derry, l'autre à *Doire-magh* ou *Durrow* dans le King's county. La présence du nom de *Doire* comme composant dans un grand nombre d'appellations d'églises, nous démontre que les disciples de Columba en agirent de même, tels sont *Doire-mella*, *Doire-more*, *Doire-inis*, *Dar-neagh*, *Dare-arda*, *Dore-bruchais*, *Dore-chacohain*, *Dore-chuiserigh*, *Dore-Dunchon* et *Kil-doire*, *Kil-derry*. Voy. E. Ledwich, *The antiquities of Ireland*, 2ᵉ édit., p. 70, 71 (Dublin, 1804).

[1] *Histoire abrégée des différents cultes*, 2ᵉ édit., t. 1, p. 70.

[2] Nous avons vu plus haut que le même usage existe en Perse pour les arbres sacrés ou *Dirakht i fazel*.

petites statues ou d'images, de croix que plaçaient les pèlerins. Nous citerons le célèbre *Chêne
à la Vierge* qu'on voit à l'extrémité du Ban de
Mailly, dans l'ancien duché de Bar, et dans le tronc
duquel on a pratiqué une niche décorée d'une
madone[1].

La fête de la plantation des *Mais*, si générale en
France, se rattache sans contredit à ce culte féti-
chiste[2].

En Irlande, certains ifs d'une antiquité extraordinaire qui décorent encore le porche des églises,
remontent à ces consécrations des arbres sacrés des
Celtes opérées par les premiers apôtres du christianisme[3].

Les Celtes paraissent avoir désigné sous le nom
de *Nemet*[4] ces sanctuaires forestiers dans lesquels,

---

[1] H. Lepage, *Le département de la Meurthe, statistique
historique et administrative*, t. II, p. 337.

[2] Voy. Mme Clément, *Histoire des fêtes du département du
Nord*, p. 356 et suiv. Coremans, *L'année de l'ancienne Bel-
gique*, p. 21 (Bruxelles, 1844). Il est digne de remarque qu'en
Angleterre, celui qui préside à cette fête de la plantation du
Mai, reçoive précisément le nom de *Robin Hood*, Robin des
Bois. Voy. plus haut *Revue britannique*, 5e série, t. XI,
p. 158.

[3] Tels sont les ifs de Newry dont la plantation est attribuée
à S. Patrice et de Glendabough dont la plantation est attribuée à S. Kevin.

[4] Voy. Diefenbach, *Celtica*, t. I, p. 83. Ce mot celte parait
appartenir à la même racine que le latin *nemus* et les noms de

à certaines époques, ils allaient cueillir le gui sacré. Ce mot entre en effet en composition dans plusieurs noms de sanctuaires et de temenos gaulois[1], et l'épithète de *Nimidæ*, par laquelle étaient désignées les forêts où s'accomplissaient encore des rites païens au temps du concile de Leptines, paraît en être dérivée[2].

La forêt des Ardennes était personnifiée en une déesse que les Romains assimilèrent à leur Diane[4].

lieux *Némée*, *Nemetocenna*, *Nemetobriga*. Suivant une tradition locale, la ville de Namur tirerait son nom d'une idole nommée *Nam* que renversa saint Materne, apôtre des Namurois. Il se pourrait fort bien qu'on eût transporté à cette idole le nom de quelque forêt sacrée (Voy. Bolland., *Act.* XIV *septemb.*, p. 390). Toutefois, d'autres témoignages nous apprennent que cette idole était celle de Mercure, le Wodan germain. M. Petrie, dans sa savante dissertation sur les tours rondes de l'Irlande (*Transactions of the royal Irish Academy*, t. XX, p. 61 et suiv.) nous apprend que ces forêts s'appelaient chez les Celtes d'Érin, *neimheadh*. Suivant M. Benfey, il faudrait aller chercher l'étymologie de ce mot dans le sanscrit *Nam-as*, adoration, dérivé lui-même de l'idée première de séparation, qui, prise dans le sens figuré, renfermait celle de vénération, de respect. Voy. *Griechisches Wurzellexicon*, t. II, p. 184.

[1] Cæsar, *De bell. Gallic.*, VI, 13.

[2] Δρυναίματον. Strab., XII, 17. Vernemetis, *Fanum ingens.* Fortunat. *Carm.* 9.

[3] *De sacris sylvarum quæ Nimidas vocant.* Cf. Diefenbach, *loc. cit.* E. Eckhart, *Rerum francicarum* lib. XXIII, Rheginon, *de Disciplina ecclesiast.* lib. II, p. 143.

[4] J. de Wal, *Mythologiæ septentrionalis monumenta epigraphica latina*, nᵒˢ 20, 21.

La contrée sur laquelle elle s'étend, demeura longtemps plongée dans les ténèbres du paganisme.
Les sauvages populations du Hainaut et du pays
Wallon tenaient à ce culte, dont la nature prenait
elle-même le soin de renouveler sans cesse les
monuments autour d'eux. Au vi° siècle, Grégoire
de Tours nous apprend que le culte de Diane se
conservait encore à Trèves[1]. Ce fut dans le siècle
suivant que saint Hubert et saint Bérégise déracinèrent, les premiers, les croyances païennes de ce
pays[2], croyances qui y étaient bien vivaces, comme
on peut en juger par ce tableau qu'en trace Hariger,
dans la vie de saint Remacle[3]. « Reperit ibi mani-
« festa satis indicia, quod loca illa idolatriæ quon-
« dam fuissent mancipata, lapides scilicet Dianæ et
« aliis portentuosis nominibus effigiatos, fontes ho-
« minum quidem usibus aptos, sed gentilium er-

---

[1] Bolland. *Act.* II *octob.*, p. 528, col. 2. « Nam cum illis
« adhuc temporibus fanatico errore Austrasiacorum populus
« multis in locis horrende fœderetur, per hunc præcipuum sa-
« cerdotem dæmonum præstigia et idolorum fantasias maxime
« ab hoc Ardennensi territorio, etc. »

[2] Gregor. Turon., *Hist. Franc.*, lib. V, p. 229, ed. Ruinart.
Cf. A. Beugnot, *Histoire de la destruction du paganisme en
Occident*, t. II, p. 319.

[3] Lib. I, 92. Saint Remacle, évêque de Maestricht, fonda
les abbayes de Stavelot et de Malmédy, au pays d'Ardenne.
Bolland. *Act.* III *septemb.*, p. 669 et suiv. 680. Le pieux
évêque se hâta d'exorciser ces lieux où il fit construire la
seconde des abbayes que nous venons de citer.

« rore pollutos ac per hoc dæmonum adhuc infes-
« tatione obnoxios. »

Une déesse, du nom de *Nemetona*, paraît avoir
été adorée comme la divinité tutélaire des forêts
du Palatinat qui avaient valu à Nemetum son nom[1].
On invoquait encore comme une divinité les cimes
du mont Vosege ou Vosge, toutes ombragées de
forêts[2]. De l'autre côté du Rhin, les massifs qui
couvrent les sommets de l'Abnoba étaient placés sous la garde d'un dieu, Odin, et la forêt
Noire dut à cette circonstance son nom d'Odenwald[3].

Au milieu de ces forêts ténébreuses, des clairières servaient de lieu d'assemblée, d'endroit de
réunion pour les druides et les eubages. Le *Champ
de feu* ou *Hochfeld* dans les Vosges semble avoir
eu jadis cette destination. On y voit encore de
nombreux monuments druidiques[4]. Un temenos
de ce genre se trouvait au milieu de la forêt des
Carnutes, et c'est là que se tenait la réunion générale des druides gaulois. Ces emplacements répondent aux *Valplatzen* des anciens Scandinaves,
lieux choisis spécialement pour les assemblées re-

[1] J. de Wal, o. c., n° 326.

[2] vosego || maximinvs || v. s. l. l. Gruter, XCIV, 10.

[3] Eginhard, *Histor. translat. martyr. Marcell. et Petri*, ap.
Oper., ed. Teulet, t. II, p. 178.

[4] Élie de Beaumont et Dufrénoy, *Explication de la carte
géologique de France*, t. I, p. 68.

ligieuses et qu'entouraient des blocs de pierre gros-
sièrement taillés [1].

Les Celtes aimaient à se faire enterrer dans ces
sanctuaires ombragés par les hautes futaies des forêts; ils préféraient ces lieux saints pour y déposer
leur dépouille mortelle. On a observé dans plusieurs forêts fort anciennes des tumulus et des
tombelles gauloises. Dans la forêt de Carnoet (Fi-
nistère), on a récemment mis au jour une sépul-
ture contenant une chaîne d'or, une chaîne d'argent, un casse-tête, un fer de lance, un poignard et
divers autres objets de travail gaulois [2].

Dans la forêt de Duault (arrondissement de
Guingamp), où les ducs de Bretagne avaient jadis
leur haras et qui conservait encore, il y a une cin-
quantaine d'années, tout à fait l'aspect d'une forêt
primitive, le monument druidique appelé le *Cal-
vaire de la Motte* paraît avoir été un tombeau de
quelque haut personnage. Les habitants du pays
croient que le dolmen qui le surmonte est la pierre
sur laquelle saint Guénolé vint d'Angleterre en
Bretagne [3].

---

[1] Voy. Chr. Keferstein, *Ansichten über die keltischen Alter-
thumer*, t. I, p. 283 (Halle, 1846).

[2] *Annales forestières*, t. II, p. 547. Les antiquités découvertes dans la forêt de Carnoet sont déposées au Musée de l'hôtel
de Cluny, à Paris.

[3] Habasque, *Notices historiques sur les Côtes-du-Nord*, t. III,
p. 54.

Dans diverses localités des Vosges on a trouvé des cimetières gaulois au milieu des bois. Sur le plateau jadis couronné de forêts, que surmontent les ruines du châtelet de Bonneval, on a découvert, au lieu nommé *Goutte des Tombes*, un dolmen et de nombreux tumulus gaulois, dont on a retiré des médailles et des armes celtiques[1]. Près de Martigny-lez-Lamarche, des tombelles ont été également découvertes dans deux bois[2].

La contrée qui s'étend entre Kirkby Moor, Heathwaith, Woodland, au nord du Lancashire, et qui était jadis couverte de forêts, présente les restes d'un vaste cimetière celte que l'on a récemment décrit[3].

En Allemagne, c'est souvent dans la profondeur des forêts, à l'ombre des bocages, sous de hautes futaies que l'on découvre ces antiques tombeaux connus sous le nom de *Hunengraeber* et qui remontent, pour la plupart, au temps des anciens Germains[4].

En même temps qu'avec la civilisation la popu-

[1] H. Lepage et Charton, *le Département des Vosges*, t. II, p. 68.

[2] H. Lepage, o. c., t. II, p. 317.

[3] Voy. le mémoire de M. Charles M. Jopling, donné dans le t. XXXI de l'*Archæologia published by the Society of antiquaries of London*, p. 451 et suiv.

[4] Fr. Müller, *Die Hunengraeber* dans Behlen, *Allgemeine Forst und Jagd-Zeitung*, 1834, p. 240.

lation augmenta, les sols les plus fertiles se virent graduellement dépouillés des bois qui les couvraient. Les plus beaux arbres furent probablement les premiers abattus pour servir aux constructions, aux clôtures, au chauffage, et leurs racines arrachées du sol, soit pour laisser à la charrue un libre passage, soit pour créer aux troupeaux de toute espèce des paturages plus étendus[1].

Les cultures s'établirent d'abord en dehors des forêts, et les clôtures ne furent point plantées sur un sol préalablement déboisé. Mais dans d'autres districts au contraire, dans ceux qui ont reçu le nom de *Bocages*, et qu'on rencontre principalement dans l'ouest de la France, les haies renferment des arbres et des buissons, restes évidents des forêts primitives qui indiquent non-seulement l'essence jadis dominante, mais encore la nature et la qualité du sol le plus convenable à ces essences. La proximité des fleuves, des lacs grands et petits, des routes, détermina l'emplacement des villages, et les cantons voisins offrant le sol le plus riche et le moins accidenté, furent les premiers défrichés.

On peut encore, à l'aide du témoignage des anciens, se faire une idée de l'étendue des forêts de la

---

[1] Des considérations identiques sont présentées dans une notice sur les forêts de l'Angleterre, publiée dans les *Annales forestières* de mai 1848, et extraite de l'ouvrage de J. Martin, intitulé : *The forest's planter and pruner's assistant.*

Gaule. Lorsque, abordant sur la côte de Massilia, le Romain pénétrait dans notre pays et s'avançait dans la direction du nord, il rencontrait des bois de plus en plus épais, de plus en plus étendus. A peine avait-il passé la Druentia et entrait-il dans la Viennoise qu'il se trouvait dans de vastes forêts où le souvenir des cérémonies druidiques subsistait il n'y a pas deux siècles[1]. Au delà et à l'ouest, s'étendait la chaîne boisée des Cévennes où l'abondance des forêts avait fait vouer un culte particulier au dieu Sylvain[2].

Au centre de la Gaule, le pays des *Arverni* rappelait par son nom *ar*, article, et *vern*, aune[3], les innombrables aunes qui poussaient sur son sol de trachyte et de granite. Cette essence très-robuste se contente, comme on sait, de terrains secs et légers.

L'Aquitaine présentait une suite de dunes chargées de forêts de pins et d'essences alpestres qui s'étendaient jusqu'aux Pyrénées[4]. Au delà de la

---

[1] Chorier, *Histoire générale du Dauphiné*, t. I, liv. I, p. 60 (Grenoble, 1661).

[2] D. Martin, *Religion des Gaulois*, t. I, p. 190.

[3] *Vern*, aune; en bas-breton *gwern*. De là sont dérivés les noms de *Leguern*, *Penvern*, *Vernes*, *Vernet*, *Verney*, *Verneuil*, *Vernoy*, *Duvernoy*, *Vergnes*, *Vergniaud*, *Guerneaux*, etc. Voy. Radlof, *Neue Untersuchungen des Keltenthumes*, p. 417 (Bonn., 1822).

[4] Festus Avienus, *Ora maritima*, 271.

Loire, dans la partie de la Gaule occupée par la
race kymrique, les Lyonnaises et les Belgiques,
l'Armorique, les deux Germanies, la Séquanaise
étaient presque totalement couvertes de forêts. Les
territoires des Atrebates, des Ambiani, des Morini,
des Nervii, des Veromandui, des Ambivariti, qui
répondaient aux provinces de Boulonnais, de San-
terre, d'Artois, de Flandre, de Hainaut, étaient
envahis par d'immenses masses d'arbres[1]. Ces forêts se liaient à celle des Ardennes, la plus vaste et
la plus célèbre de la Gaule, circonstance qui, d'a-
près certains érudits, lui avait valu son nom, lequel signifie *la profonde*, de *ar*, article, et *denn*,
profond[2].

[1] Cæsar, *De Bell. gall.*, III, 28.

[2] Voy. sur cette forêt, Cæsar, *De Bell. gall.*, V, 3; VI, 29.
Strabon., IV, 4, § 5. Tacit., *Annal.* III, 42. Il existe cependant d'autres étymologies de ce nom qui ne paraissent pas
moins fondées. Selon certains érudits, ce nom viendrait du
celte *dan*, *dean*, forêt. Cette étymologie qui semble confir-
mer certains faits, nous paraît la plus vraisemblable. Ainsi, il
y avait jadis au diocèse de Bayeux une abbaye d'Arden qui
était située au milieu des bois (Piganiol de la Force, *Nouvelle
description de la France*, 3e édit. t. XI, p. 60). Deux forêts
importantes de l'Angleterre s'appelaient *Dean* et *Arden*. Ce radical celte *Dan*, *Den*, pourrait fort bien être l'étymologie de tous
ces noms. Les Anglais traduisaient le nom d'Ardenne par *Sylva
danica*. Ogier le Danois est appelé, dans le roman de Raimbert
de Paris, Ogier l'Ardenois (Voy. la préface de ce roman, édit.
Paris, 1842, p. iij); ce paladin était, en effet, non du Danemark, mais du pays d'Ardenne.

Longtemps cette impénétrable forêt se conserva dans toute sa majestueuse horreur, et André Thevet en fait encore, dans sa *Cosmographie universelle*[1], la description suivante: « La forest d'Ardenne ayant une grande estendue, va depuis Treves du Rhin avant, jusqu'aux limites de Treves jusqu'aux Nerviens (qui est le comté de Hainault et Artois) contenant plus de cent lieues de longueur. Quant à cette large forest tant célébrée, c'est peu de chose aujourd'hui qu'il n'y a seigneur y prétendant droit qui ne la fasse abattre et démolir, pour en tirer du profit. Jadis elle embrassait les pays de Hainault, Luxembourg, Bouillon, Bar, Lorraine, Limbourg, Metz, Namur, Mayence, Confluents et Cologne, voire encore à elle, soubz soy la plus part du pays de Liege, tirant à l'ouest... Et vers les Belges, l'extrémité de ceste forest est prise aux rivières de Meuse et l'Escault; car quant à la Moselle, du costé de l'est, elle est encore ombragée de cette forest de la part de Treves. »

Au temps de Charlemagne, suivant la remarque de M. Bernard Sainte-Marie, cette forêt paraît avoir été déjà divisée en plusieurs, puisqu'un diplôme de l'an 802, en faisant donation de deux localités peu distantes de Trèves (*Cerviam* et *Cerviaco*) interdit la chasse dans les forêts voisines.

Ces forêts de la Flandre et du Hainaut se termi-

[1] Chap. XIII, p. 682, 683.

naient aux marais tourbeux qui longeaient l'Océan
depuis l'embouchure de la Somme jusqu'à celles
de la Meuse et du Rhin. C'était là que venaient
s'immerger les troncs de chênes, d'ormes, de bouleaux, de pins que charriaient les ondes de ces
fleuves et qu'on retrouve encore dans les tourbières
de la Belgique[1]. Les eaux de la mer ont peu à peu
envahi ces marais et gagné les forêts elles-mêmes[2],
en faisant irruption à travers les dunes. Les forêts,
qui couraient de Boulogne à Ostende, ont subsisté
jusqu'au temps de Charlemagne[3]. Elles recouvraient
toute la vallée de la Liane, se prolongeaient sur le
territoire actuel de Boulogne jusqu'à Hardelot, Sa-
mer, Desvres, la Capelle, et garnissaient la ceinture
de montagnes qui environne l'espace connu sous
le nom de *fosse boulonaise*[4]. Des vestiges de ces
forêts subsistent encore dans la forêt de Boulogne,

---

[1] Dans les tourbières des environs de Durren, sur la frontière de la Belgique, près d'Aix-la-Chapelle, on a trouvé des
troncs entiers de pins. Voy. Belpaire, *Sur les changements de
la côte d'Anvers à Boulogne*, mémoire couronné par l'Académie
de Bruxelles, t. VI, p. 20 et passim, et un mémoire du même
sur la ville d'Ostende (dans le t. X du recueil de cette Académie).

[2] Belpaire, mém. cit.; Dumont, *Bulletin de l'Académie de
Bruxelles*, t. V, p. 643.

[3] Belpaire, mém. cit. ap. t. X, de l'*Académie de Bruxelles*,
p. 4.

[4] Bertrand, *Précis de l'histoire physique, civile et politique de
la ville de Boulogne-sur-mer*, t. I, p. 22 (Boulogne, 1828).

qui était en 1666 de 4 433 arpents et qui n'en comptait plus, il y a vingt ans, que 3 940[1], et dans celle
d'Hardelot actuellement considérablement réduite.
Le diocèse de Thérouane, dont Aire et Saint-Omer
dépendaient, était presque partout revêtu de la forêt dite *Tristiacensis sylva* et *vastus saltus* et du
bois de *Beyla* (Bailleul) situé entre Rudderwoorde
et Thourout[2]. C'était dans leurs profondeurs que se
réfugièrent les Ménapiens et les Morins, pour har-
celer l'armée romaine ; César les débusqua en faisant opérer des abatis étendus[3]. Au moyen âge
ces forêts marécageuses servaient encore de re-
paires à des brigands, ainsi que nous l'apprend la
vie de saint Arnulfe, évêque de Soissons[4]. Il y est
fait mention d'une tourbière située près de Ghis-
telle, et qui était devenue l'asile de brigands. Au-

[1] Bertrand, o. c., t. II, p. 170.

[2] E. Bernard Sainte-Marie, *Recherches sur les anciennes forêts
de la partie N.-E. de la France* (*Annales forestières*, an. 1850,
p. 49). L'auteur de cet article, où sont consignées des recherches intéressantes, aurait pu s'épargner quelques-unes d'entre
elles, s'il avait connu notre travail déjà publié depuis un an,
dans les mémoires de la Société des Antiquaires de France.
Mais ce premier essai lui était certainement inconnu, puisqu'il
écrivait il y a trois mois : « Il y aurait un intéressant travail à
faire sur les innombrables forêts gauloises détruites par les
hommes ou par les éléments. »

[3] Dio Cassius, lib. XXXIX, c. XLIV.

[4] Cf. *Acta s. s. Bened. sæc.* II, part. II, p. 537, n° XVII.
Saint Arnulfe est mort à Oudenbourg en 1087.

jourd'hui les effets de l'érosion de la mer ne permettent pas de retrouver les vestiges de cette marche forestière qui a disparu sous les flots; mais en sondant les estuaires de tous les fleuves qui déchargent leurs eaux dans l'Océan, de l'Elbe, de l'Oder, de l'Ost, de l'Ems, du Weser, en visitant le delta du Rhin et les bords du Bies-Bos et du Zuyderzée, l'ancien lac *Flevo*, on retrouve, dans la couche inférieure des terrains appelés eu Hollande *Moor* et *Veen*, les traces du séjour de l'homme et des fragments de végétaux arborescents qui ombrageaient ces contrées[1]. Le mot *Loo*, qui entre en

---

[1] On a reconnu des branches et des troncs de bouleaux, de hêtres et de chênes dans les tourbières du pays de Liége. (Cf. Davreux, *Essai sur la constitution géologique de la province de Liége*, mémoire couronné par l'Académie de Bruxelles, 1833, in-4, p. 51). On a aussi trouvé des fragments des mêmes essences dans les tourbières de la Flandre (Voy. Belpaire, mém. cit., p. 34). M. Galeotti a soutenu que ces débris d'arbres n'appartenaient pas à la période géologique actuelle (*Sur la constitution géologique de la province de Brabant*, mémoire couronné par l'Académie de Bruxelles, t. XII, p. 16); mais ce qui va à l'encontre de cette opinion, c'est qu'on a découvert au milieu de ces restes nombreux de végétaux, des traces de voies romaines, ainsi que cela est arrivé dans les tourbières de la province de Drenthe et dans celles de Kinardine et de Hatfield dans la Grande-Bretagne (Voy. Berghaus, *Allgemeine Laender-und-Voelkerkunde*, t. II, p. 570). On a également recueilli dans ces tourbières des débris de poteries romaines (De Bast, *Recueil d'antiquités*, t. II, pl. 103, p. 370). Les restes de bois, de défenses, d'ossements, qu'on y trouve aussi, paraissent avoir

composition dans un grand nombre de noms de localités de la Belgique et qui s'appliquait à des hauteurs boisées, témoigne encore de la disparition des forêts [1] dont furent recouverts jadis les Flandres et le Brabant. Dans le district de Loo s'étendait la forêt de *Heinaerft-trist*, où, d'après la chronique de saint Bavon, le forestier Liderik II et son fils Ingelram obtinrent d'Eginhard, au ix° siècle, le droit de chasser, à condition de payer une dîme de cerfs ou d'autres gibiers [2]. Le *Skeldeholt* (forêt de l'Escaut), qu'administrait, suivant Miraeus [3], le forestier Theodorick, se prolongeait sur les bords de ce fleuve et touchait au *Wasda* ou *Waes* (forêt aux vastes prairies) dans le comté de Gand. Une charte de Lothaire, du 13 avril 969, la donna à Théodrick, comte de Gand et de Hollande, avec les eaux, les prés, les terres labourables qu'elle renfermait, le droit d'aller et de venir, et toutes ses dépendances. Le *Wasda* était situé entre le *Skeld-*

appartenu aux cerfs, aux sangliers, aux chevreuils qui peuplaient ces forêts.

[1] Ce mot *loo* se retrouve dans les noms de Louvain (*Looven*) et Venloo. Le mot *ven*, en flamand *vehen*, en hollandais *veen*, signifie *tourbière*; c'est de ce mot qu'est dérivé le français *sagne*, dont il sera question plus loin. Les noms de *Looven* et de *Venloo* indiquent donc des lieux tourbeux et boisés. La même racine *loo* entre dans les noms de *Waterloo, Westerloo, Calloo, Loos*, etc.

[2] *Annales forestières.* 1850, p. 50, l. c.

[3] Miraeus, t. I, p. 38, *Capitul. ed. Baluze*, t. II, col. 268.

cholt et le *Lisganaw*, ou forêt des bords de la Lys, dont le point central paraît avoir été Harlebeke. Ces deux dernières forêts ont été mentionnées dans le capitulaire rendu en 877 par Charles le Chauve (*Skadehot* et *Lisga*). L'emplacement des deux villes de Turnhout et de Tourhout était occupé, au vii° siècle, par deux forêts consacrées au dieu Thor (*Thoraldi sylva*, *Thoralti sylva*), d'où ces villes ont tiré leur nom [1]. Au moyen âge, la forêt de Beverholdt s'étendait sur une partie du canton de Bruges [2]. Elle se rattachait à une ligne d'autres forêts, telles que la forêt de Saint-Amand ou Vicogne dans le Hainaut, entre l'Escaut et la Scarpe, et la ville de Valenciennes, Condé et Saint-Amand; la forêt de Fagne, celle de Mormal, également située dans le Hainaut; la forêt de Boland et de Brion, dans le pays de Limbourg; la forêt de Villers ou de Marlage près Namur, et peut-être la forêt de Soignes, près Bruxelles [3]. Des souvenirs du culte

[1] Schayes, *Essai historique sur les usages, les croyances, etc.*, *des Belges*, p. 9 (Louvain, 1834).

[2] Voy. J.-J. de Smet, *Recueil des chroniques de Flandre*, t. I, p. 240-340 (Bruxelles, 1837).

[3] *Annales forestières*, 1re année, 1808, p. 218, 219. Ce nom de Bruxelles, écrit dans les anciennes chartes latines, *Brosella*, *Bruolesila*, *Brucsella*, *Brussellia*, signifie un petit bois, *un breuil*, et annonce que l'emplacement de cette capitale était boisé. Ce bois se rattachait peut-être à la forêt de Soignes. Un village, situé près de Saint-Gilles, porte encore le nom de *Forest*, et annonce la présence d'une forêt au sud de Bruxelles.

des forêts se sont conservés en grand nombre dans la Belgique. Le peuple croit encore que les restes démantelés des vastes *lucus* de leurs ancêtres sont habités par des esprits mystérieux, les *Woudmannen* ou *Bosch-goden*, qui viennent la nuit prendre leurs ébats. Ces génies des bois sont les frères des *Waldgeister* des Allemands[1], des *Trolls* ou *Trolds* des Scandinaves[2], des fées françaises[3], des faunes et des sylvains des anciens peuples de l'Italie, des nymphes, des dryades et des hamadryades des Hellènes. Leur souvenir s'est conservé dans ces diables que l'on conjure la nuit de Noël, et qui, suivant les croyances populaires, apparaissent cette même nuit dans les forêts[4]. Les *Pfingstlanen* ou sapins de la Pentecôte[5] sont les héritiers de ces arbres sacrés qui, suivant la croyance germaine, avaient le don

Cette forêt avait été vraisemblablement défrichée par les moines de Saint-Benoît, lesquels avaient une abbaye au village de Forest.

[1] Voy. Fr. L. F. von. Dobeneck, *Des deutschen Mittelalters Volksglauben und Heroensagen*, t. I, p. 72 et suiv. (Berlin, 1815).

[2] Nyerup, *Wœrterbuch der skandinavischen Mythologie*, ub. von Sander, p. 112 et suiv.

[3] Voy. notre ouvrage intitulé : *les Fées du moyen âge* (Paris, 1843, in-12).

[4] Voy. sur un usage qui se rattache aux *Waldteufel*, Kuhn u. W. Schwartz, *Norddeutsche Sagen, Maehrchen und Gebräuche*, p. 405 (Leipzig, 1848, in-8°).

[5] Voy. Coremans, *l'Année de l'ancienne Belgique*, p. 22.

de la parole[1]. Les bords du Rhin étaient reliés au Harz par la forêt de Buchaw (*Buconia*), citée au vᵉ siècle par Grégoire de Tours[2], et à ceux de l'Escaut par celle qui portait le nom de forêt Charbonnière, *Carbonaria sylva*, à raison des charbons qu'on en tirait[3].

On voit encore un débris de cette contrée forestière dans le *Sonnerwald*, qui s'étend entre Bingen et Simmeren, et qu'avait traversée Ausone dans ce voyage le long de la Moselle sur lequel il a composé un poëme[4].

[1] Dans la nuit du dimanche au lundi de *Bloeifest* (Pâques fleuries), les paysans plantaient encore au moyen âge autant d'arbres devant leurs étables qu'elles renfermaient de têtes de bétail. Ces arbres avaient un caractère sacré. Il en était de même des sapins de la Pentecôte (*Pfingsttannen, Sinxendennen*). M. Coremans nous apprend qu'il n'y avait pas d'exemple qu'on les eût jamais endommagés. Voy. Coremans, o. c., p. 22, 137.

[2] Gregor. Turon., *Hist. Franc.*, lib. II, col. 96, éd. Ruinard.

[3] Il en est souvent question chez les historiens de l'époque carlovingienne. Voy. D. Bouquet, *Historiens de France*, t. III, p. 4, 308, 344, 687. Ce nom se retrouve encore dans celui de *Carbonires* qui est donné, dans les anciennes chartes flamandes, à une forêt du Hainaut, située près de Seneffe. Voy. J.-J. de Smet, *Recueil des chroniques de Flandre* (Bruxelles, 1837, in-4°). Belleforest prétend, dans sa *Cosmographie universelle*, lib. II, p. 444, que ce nom de *charbonniers* est une altération de celui de *cambronière* que cette forêt reçut de Cambron, chef des Cimbres, ou plutôt des Cimbres eux-mêmes.

[4] « Unde iter ingrediens nemorosa per avia solum
Et nulla humani spectans vestigia cultus. »

(Auson., *Mosell.*, v. 5, 6.)

Les forêts de Compiègne et de Senlis (en latin *Sylvanectum*) étaient comprises dans les embranchements de l'Ardenne. Toute l'étendue forestière contenue entre le Laonais et le Parisis avait reçu des Latins le nom de *Silvacum*. Ce nom fut altéré plus tard en celui de *Servais*, et il est resté à deux cantons situés, l'un dans le Parisis, l'autre dans le Laonnais. A deux lieues de Louvre, près Paris, se trouve encore un village qui porte le nom de la *Chapelle-en-Servais*[1]. Le palais *Silvacum*, dont il est si souvent fait mention dans les Capitulaires, était bâti sur l'emplacement actuel de *Servais*, village du Laonais. Cette forêt se terminait aux marais tourbeux qui occupaient le Ponthieu, dans lesquels les eaux de la Samara entraînaient les troncs déracinés et les rameaux détachés par le vent[2].

Aux confins du Cambresis et du Vermandois se trouvaient les deux forêts *Theoracia* et *Aroisia*, dont le défrichement a donné naissance, vers le VIIe siècle, aux pays de *Tiéraisse* ou Thiérache et d'*Arouaise*[3].

---

[1] Carlier, *Histoire du duché de Valois*, t. I, p. 12. Cf. Hincmar, *Annales*, ap. Pertz, *Monum. germ.*, t. I, p. 467, 477. On dit aujourd'hui par corruption *Serval*.

[2] Voy. sur les anciens marais du Ponthieu, le mémoire de M. Girard sur l'histoire physique de la vallée de la Somme, *Journal des mines*, n° 10, p. 15.

[3] Voy. *Li Romans de Raoul de Cambrai et de Bernier*, publié par Ed. Le Glay, p. 341, 348 (Paris, 1840).

Lutèce se trouvait environnée au nord par ces dernières ramifications des Ardennes. A l'est son territoire était borné par les forêts des Meldi, au sud et à l'ouest par celles des Senones et des Carnutes [1].

Une ligne de forêts courait de Trèves à Vesontio, et constituait en quelque sorte une seconde Ardenne.

Telle était l'impression profonde que cette immense forêt d'Ardenne avait, par sa majesté et son horreur, laissée dans les esprits, qu'on voit, dans tout le cours du moyen âge, son souvenir se rattacher aux aventures chantées par les romanciers, et qu'on en fit le théâtre de mille fictions. On la représente comme le repaire de bêtes féroces inconnues à nos climats, tels que lions, tigres, léopards :

« Devers Ardene vit venir uns leuparz, »

dit la chanson de Roland [2]. Dans le roman de Parthenopex de Blois, ce chevalier et le roi Clovis sont représentés chassant dans cette forêt, dont on donne la description suivante :

« Ardane ert moult grans à cel jor,
Et porprendoit moult en son tor;
Car plus duroit dont li convers,

---

[1] Cæsar, *De bell. Gall.*, I, 9; III, 28; V, 3; VI, 5; VIII, 7.
[2] Édit. Francisque Michel, stance LVI, p. 39.

Sains la mervelle des desers,
Que or ne dure tote Ardene ;
Si le volt Deus, ensi ordene.
Ele est ore molt escillie
Et par lius tote hébergie ;
Mais à cel jor dont je vos cant
I par avoit de forest tant
Que cil qui erroient par mer
N'i ossoient pas ariver,
Por elefans, ne por lions,
Ne por guivres, ne por dragons,
Ne por autres mervelles grans
Dont la forest ert formians.
Ele estoit hisdouse et faée
La disme pars n'en ert antée.
Là paissant i missent mers
De tant con duroit li eenvers.
Ne passoit gaires nus les sains
Qui là revenist dont mut ains.
Oltre les sains n'avoit convers,
Chievrels ne dains, bisce ne cers,
Ne beste nuls fora maufés ·
Qui mangeoit les esgarés.
Cil Cloevis, cil rices rois,
A la cacier en Ardenois[1]. »

Cette naïve description, qui accuse l'ignorance du romancier en fait d'histoire naturelle[2], montre

[1] V. 499 et suiv., éd, Crapelet, t. I, p. 18, 19.
[2] Les romanciers étaient généralement fort ignorants sur ce chapitre. C'est ainsi qu'Adenès, dans son roman de *Berte aux Grans Piés*, place un olivier dans la forêt du Mans :

C'est la forest du Mans, ce oy tesmoigner

de combien de fables la ténébreuse forêt d'Ardenne
était l'objet. Dans les sombres clairières, les paysans
croyaient entendre le bruit du cor et de la meute
du chasseur nocturne. Puis tout à coup ils voyaient
tomber morts à terre des sangliers, des daims et
des cerfs frappés par son invisible épieu[1]. Ces crédules habitants de la forêt s'imaginaient que c'était
saint Hubert, apôtre de cette contrée, qui continuait
son ancien métier de chasseur[2]. Une légende célèbre rapportait sa conversion miraculeuse dans cette
forêt[3].

Au reste ces traditions féeriques n'étaient pas les
seules qui s'attachassent aux forêts. Dans presque
toutes, l'imagination populaire, amie du merveilleux et gardienne des anciennes croyances druidiques, plaçait des aventures analogues. C'était dans
les forêts que les fées aimaient à faire leur séjour.
Raymondin rencontra Mélusine dans celle de Co-
lombiers en Poitou[4]. C'est dans celle de Léon en

Lors se sont arrestées dessous un olivier.
(Édit. Paulin Paris, p. 84.)

[1] Voy. la légende de *Die wilde Jagd in den Ardennen*, dans
l'ouvrage de J.-W. Wolf, intitulé : *Niederländische Sagen*,
p. 816, Leipzig, 1843.

[2] Bolland., *Act. sanctor.*, 2 octob., p. 528, col. 2.

[3] Voy. mon *Essai sur les légendes pieuses du moyen âge*,
p. 172.

[4] Voy. l'*Histoire de Mélusine*, par F. Nodot, p. 19 (Paris,
1698).

Bretagne que Gugemer, étant en chasse, trouva la
fée qui joue un si grand rôle dans sa mystérieuse
aventure[1]. C'est dans une autre forêt que Graelent
vit celle qui l'enleva dans son séjour d'Avallon[2].
On connaît les merveilles de la forêt de Bréche-
liande, dont nous parlerons plus loin, et où résidait l'enchanteur Merlin. En Lorraine, un petit
bois, sur la route de Tarquimpol à Marsal, porte
encore le nom dè *Haye des Fées*[3]. Une dame
blanche ou fée se montrait, au dire des paysans,
près des forêts qui environnaient la *Roche au
Diable*, où un menhir appelé *Kunkel*, la Quenouille,
atteste l'existence ancienne du culte druidique[4].
La célèbre *Roche aux Fées*, se trouvait jadis dans
la forêt du Teil en Bretagne; mais aujourd'hui son
emplacement a été déboisé[5]. C'était au pied des
arbres que les fées aimaient à se montrer. Témoin
cet arbre aux fées où, au temps de Jeanne d'Arc, les
superstitieux habitants de Domremy faisaient chan-
ter la messe pour éloigner ces esprits malfaisants[6].

[1] Voy. le *Lai de Gugemer*, dans les *Poésies de Marie de
France*, publiées par de Roquefort, t. I, p. 54.

[2] Voy. le *Lai de Graelent*, dans les *Poésies de Marie de
France*, t. I, p. 538, 539.

[3] Voy. H. Lepage, *Le département de la Meurthe*, t. II,
p. 247.

[4] Ce lieu est près d'Abreschwiller. Voy. H. Lepage, o. c.,
t. II, p. 6.

[5] *Mémoires de l'Académie celtique*, t. V, p. 370, 381.

[6] *Notices et extraits des manuscrits de la Bibliothèque du roi*,

Ce sont là autant de souvenirs de l'antique vénération des Gaulois pour les forêts.

Le Jura devait déployer, il y a deux mille ans,
une majestueuse horreur. Sa configuration particulière, son sol calcaire, éminemment propre à la
croissance des arbres, en faisaient un digne pendant
de l'Ardenne et de l'Hercynie. Les six à huit chaînes
parallèles dont il se compose comprennent une longueur de quatre-vingts à quatre-vingt dix lieues, sur
une largeur de dix à quinze, et se terminent à
l'ouest au mont Vouache, dans le territoire des Allo-
broges, et à l'est au Randenberg, près de la ville
actuelle de Schaffouse, vers le territoire des Rauraci ; elles offraient autant de défilés impénétrables,
bordés d'épaisses forêts. Des sommets de la Dôle,
du Chasseral, du Chaumont et du Weissenstein, ces
forêts descendaient jusqu'au fond des larges vallées
longitudinales qui, semblables à de larges ravins,
séparent les crêtes parallèles ; elles garnissaient
les cluses et masquaient les torrents[1]. Des vents
glacés, le *Joran* ou le *Juran* et la *Montaine*[2] qui
soufflent encore dans ces contrées du nord, du

t. III, p. 300. Procès de Jeanne d'Arc, publié par Laverdy.
J. Quicherat, *Procès de Jeanne d'Arc*, t. I, p. 67 et suiv.;
t. II, p. 390 et suiv.

[1] Voy. J. Thurmann, *Essai sur les soulèvements jurassiques de Porentruy* (Paris, 1832, p. 47).

[2] Voy. sur ces vents, J. Thurmann, *Essai de phytostatique appliquée à la chaîne du Jura*, t. I, p. 69 (Berne, 1849).

nord-ouest, et de l'est, s'enfilaient dans ces défilés et y glaçaient les voyageurs assez osés pour s'y hasarder. Aujourd'hui des villages ont remplacé, au fond de ces vallons, les arbres qui les tapissaient. Les petits cours d'eau qui traversent ces ouvertures, la fertilité du sol ont appelé les habitants[1]. En parcourant les grandes vallées du Jura français, celles du Doubs, de Dessoubre ou Val de Consolation, celle de la Loue, on reconnaît des traces d'antiques forêts qui bordaient les rives de ces rivières torrentielles. Les belles forêts de la *Chaux* et de la *Serre*, situées aux environs de Dôle, doivent être regardées comme les derniers vestiges du *Sultus sequanus*[2].

Ces forêts étaient coupées par des lacs dont le fond, aujourd'hui incomplétement desséché, s'est transformé en tourbières[3], dans lesquelles les eaux ont entraîné les troncs qui s'élevaient jadis pleins de séve sur la pente des montagnes. Plusieurs de ces lacs étaient consacrés aux divinités gauloises,

---

[1] Voy. Girod-Chantrans, *Essai sur la géographie physique du département du Doubs*, t. I, p. 21.

[2] Pyot, *Statistique générale du Jura*, p. 441 (Lons-le-Saulnier, 1838).

[3] Voy. Guyétant, *Tableau de l'état actuel de l'économie rurale dans le Jura*, p. 25, in-8° (Lons-le-Saulnier, 1834). J. Thurmann, *Essai cité*, t. I, p. 167. Presque tous ces lacs ou tourbières sont situés vers 800 mètres au-dessus du niveau de la mer, au milieu de forêts d'épicéas.

ainsi que l'indiquent les antiquités qui y ont été découvertes [1]. Aux environs de Luxeuil, célèbre par le culte de Luxovius, dieu qui présidait à ses eaux thermales, s'étendaient des forêts qui furent longtemps le théâtre du druidisme. « Ibi imaginum « lapidearum densitas, » écrit Jonas [2], « vicina sal- « tus densabat quas cultu miserabili rituque profano « vetusta paganorum tempora honorabant. »

Les forêts qui entouraient l'antique Bibracte formaient un des principaux sanctuaires du druidisme, dont le mont Dru, situé au voisinage d'Autun, rappelle encore le nom. Une charte de Louis d'Outremer, publiée par la société Éduenne [3], désignent ces forêts sous le nom de *forêts de la Montagne*.

Les forêts du Jura ou du pays des Helvétiens n'étaient séparées que par le Rhin de la forêt Marciane (*silva Marciana*), appelée aujourd'hui *Schwarzwald*, la forêt Noire. Celle-ci s'étendait du pays des Rauraci, près duquel se trouve son point culminant, que l'on désigne encore sous le nom de *Horn von Schwarzwald* [4], jusqu'à cette partie de la

[1] Cf. Ed. Clerc, *La Franche-Comté à l'époque romaine*, p. 156 (Besançon, 1847).

[2] *Vita S. Columbani*, ap. *Acta S. S. ordinis S. Bened.*, II, p. 13.

[3] Ann. 1839, p. 34.

[4] Cf. Martin Gerberti, *Historia nigræ silvæ ordinis S. Benedicti coloniæ*, t. I, p. 12, in-4°, 1783.

Souabe où le Danube prend sa source. Julien la traversa en entier pour aller reconnaître la source de l'Ister[1]. Au delà de la *silva Marciana*, après avoir traversé le pays des *Chætuori* et des *Curiones*, on trouvait la forêt Gabrete (*silva Gabreta* ou *Gabrīta*[2]*, placée au sud des *montes Sudeti* dont elle recouvrait le versant méridional[3]. Plus loin, en allant vers le pays des Quades, on rencontrait la *silva Luna*[4], qui se terminait aux *montes Sarmatorum*. Au nord de cette forêt était la célèbre forêt Hercynienne (*silva Hercynia* ou *Orcynia*), l'Ardenne de l'Allemagne[5], qui faisait l'étonnement de l'empereur Julien[6]. Le nom de cette majestueuse forêt était souvent appliqué à l'ensemble de toutes les forêts qui couvraient la partie centrale de la Germanie. César donne évidemment à cette forêt cette vaste étendue, puisqu'il la fait commencer au pays des Helvétiens, des Némètes et sur les fron-

---

[1] Ammian. Marcel., XXI, 8, 9.

[2] Cette forêt paraît être le *Thuringer-Wald*. Strabon, VII, 1, § 5; Ptolemæus, *Geog.*, II, xi.

[3] Σούδητα ὄρη, les monts Sudètes, aujourd'hui le *Boehmerwald*. Ces montagnes se joignaient à l'*Asciburgium Mons*, le *Riesengebirge* actuel, jadis couvert de forêts.

[4] Ἡ Λούνα ὕλη, Ptolem., *Geog.*, II, xi.

[5] Voy. sur cette forêt la *Geographie der Griechen und Roemer*, de M. F.-A. Ukert, t. III, part. 1, p. 114, et l'ouvrage de M. Karl Barth, intitulé : *Teutschlands Urgeschichte*, 2ᵉ édit., t. III, p. 90.

[6] Julian. imp. *Epistol.* LXIII, ap. Suidas, s. v. χρῆμα.

tières des Rauraques, c'est-à-dire précisément là
où nous trouvons la forêt Marcienne[1], et qu'il la
termine au pays des Daces. C'est aussi l'étendue
que lui attribue le poëte Claudien, lorsqu'il la
fait confiner à la Rhétie [2]. Ce sens générique du
nom de forêt Hercynienne a fait singulièrement varier, chez les géographes, les limites et l'emplacement qui étaient attribués à l'*Hercynius saltus*[3]. Les
auteurs anciens se sont seulement accordés pour
s'émerveiller de son étendue et de ses solitudes impénétrables[4]. Au moyen âge, cette forêt est désignée sous le nom de *Hircanus saltus*[5]. Charlemagne
la traversa lorsqu'il alla porter la guerre chez les
Bohêmes[6], et il s'y livra au plaisir de la chasse,
poursuivant les bœufs sauvages ou *urus* qui s'y
rencontraient alors[7].

La *silva Bacenis* s'étendait à l'est du Rhin et

[1] Cæsar, *De bell. Gall.*, VI, 25.

[2]   « Prominet Hercyniæ confinis Rhetia sylvæ. »
                              (*De Bell. Get.*, v. 331.)

[3] Tit.-Liv., V, 34; Plin., IV, 25; IV, 28 ; Tacit., *German.*,
28, 30.

[4] On peut regarder comme des restes de cette vaste forêt
l'*Alman-wald*, le *Lussart-wald*, le *Neustadt-wald*.

[5] Barth., l. c., p. 35. Cf. Strunzii *De Sylva Hercynia*
(Vitemb., 1716, in-4°).

[6] Eginhard, *Annales*, an. 805.

[7] « Sed antea venationem bubalorum, cæterarumque ferarum
« per saltum Hircanum, exercuit. » Eckhart, *Franc. orient.*,
t. II, p. 32.

servait de frontière aux Suèves et aux Chérusques[1]. Au nord-ouest se trouvait le *lucus Baduhennæ*[2], puis, non loin du Weser, la forêt Teutoburg (*Teutoburgerwald*), rendue célèbre par la défaite de Varus. La *silva Cæsia*[4] occupait le pays de Coesfeld et de Nottuln, et avait son point culminant au *mons Coisium*[5]. En se rendant vers les bords de la mer du Nord, on trouvait la forêt sacrée des Semnones, qui jouait un rôle important dans le culte de ce peuple germain[6], et le bois sacré des Naharvales, placé non loin des rives de l'Oder[7]. Près de Minden était une forêt que Tacite[8] nous dit avoir été consacrée à un dieu germain qu'il identifie à Hercule[9]. Enfin en revenant au centre de la Germanie, près du *mons Melibocus*[10], et sans doute sur son versant méridional, la *silva Semana* éten-

[1] Cæsar, *De bell. Gall.*, IV, 10.

[2] Tacit., *Annal.*, IV, 73.

[3] Tacit., *Annal.*, I, 51, 64; II, 7; Strab., VII, 294; Vell. Paterc., II, 105, 116, 120; Dio Cass., LVI, 18, 24; Florus, IV, 12; Frontin., *Strat.*, IV, 7, 8.

[4] Tacit., *Annal.*, I, 50.

[5] Wilkens *Versuch einer Geschichte der Stadt. Münster*, p. 68.

[6] Tacit., *German.*, 29.

[7] Tacit., *German.*, 43.

[8] Tacit., *Annal.*, II, 12.

[9] Cf. Cluver., *Germ. ant.*, III, 19.

[10] Τὸ Μηλίβοχον ὄρος. Ἡ Σημανὰ ὕλη. Ptolem., *Geog.*, lib. II, c. XI.

dait ses épais ombrages et prolongeait ses rameaux
sur l'Erzgebirge, le Thüringerwald, le Harz et les
montagnes de la Hesse[1]. Les restes de ces immenses forêts de l'Allemagne subsistent encore
assez nombreux pour donner une idée de leur antique magnificence. Les mots *Hart* ou *Harz*, qui
signifiaient *forêt* en langue teutonique, entrent
dans un grand nombre de noms de lieux, et notamment dans ceux de deux forêts montagneuses,
le Harz et le Spesshart qui sont encore aujourd'hui
d'importants vestiges de la forêt Hercynienne[2].

La première de ces forêts est sans contredit l'une
des plus belles et des plus curieuses de l'Allemagne.
La prédominance du pin, l'absence totale du chêne
la rattachent à la classe des forêts septentrionales.
C'est une grande marche forestière qui sépare
quatre États sur le territoire desquels elle s'étend,
le Hanovre, le Brunswick, la Prusse et l'Anhalt.
Jadis à ses lignes de conifères se mêlaient aussi des
amentacées qui imprimaient à sa physionomie une

---

[1] Cf. Ukert, o. c., p. 119.

[2] Barth, o. c., p. 34. Aujourd'hui les forêts sont désignées
en allemand par les noms de *Forst* et de *Wald*. Ce dernier
mot s'applique à toute une étendue de pays couvert d'arbres,
le premier implique l'idée d'un canton déterminé d'une forêt,
d'une superficie bornée par des montagnes, des vallées ou des
bruyères. Behlen, *Lehrbuch der deutschen Forst-und Jagd
Geschichte*, p. 174 (Francf., 1831). Voy. ce que nous disons plus
loin de l'origine de ces acceptions différentes.

teinte moins sombre ; mais le défaut d'aménagement dont le Harzwald a eu longtemps à souffrir, a
laissé le pin tout envahir, et aujourd'hui le hêtre
devient de plus en plus rare[1]. Quant aux autres
essences, elles ne se rencontrent presque pas
dans les futaies, et ne se présentent que dans
les petits bois. De grands incendies ont, à certaines époques, dévasté cette forêt. Le plus célèbre est celui qui arriva en 1473, par suite de l'incroyable sécheresse de cette année ; car il ne tomba
pas une goutte de pluie depuis le huitième jour de
la Pentecôte jusqu'à la Saint-Éloi (2 décembre).
Des ouragans terribles déracinèrent aussi des cantons entiers de la forêt, notamment en 1714, 1747
et 1800. Enfin, un ennemi plus dangereux encore,
parce que ses attaques étaient moins passagères,
des xylophages (*Hylurgus piniperda*) se répandirent
par milliers sur les arbres et en attaquèrent le bois.
Cette maladie, appelée *trockniss*, sécheresse, tua
en moins de douze ans un million et demi de pins
et fut pour le pays un véritable fléau. Le Harz est
coupé en divers endroits par des tourbières (*torf-
moore*), qui, lorsqu'elles occupent des plateaux
élevés, sont souvent dépouillées de toute végétation. Çà et là on aperçoit quelques bouleaux (*be-*

---

[1] Voy. l'intéressant article intitulé : *Die Waldungen und
Jagden des Harzes*, dans l'*Allgemeine Forst-und Jagd-Zeitung*
de Behlen, mars, 1834.

tula pubescens et *b. nana*). Des bêtes fauves habitent en grand nombre les profondes retraites du Harzwald, le cerf (*cervus elaphus*), le sanglier, le blaireau, le chat sauvage, le lynx (*felis lynx*) et le renard.

Les souvenirs du culte célébré dans les forêts de la Germanie se sont conservés au Brocken, dans le Harz et en d'autres localités environnantes[1], au Fichtelberg, dans la forêt de Zeitelmoos[2] et dans les profondeurs du Riesengebirge.

Le *Thüringerwald* constitue, après le Harz, un des cantons forestiers les plus remarquables de l'Allemagne, un de ceux qui peuvent le mieux donner l'idée des anciennes forêts de la Germanie; aussi les habitants des pays l'appellent-ils la forêt, la forêt par excellence, *der Wald*[3]. Comme le Harz, la forêt de Thuringe est presque exclusivement composée de conifères, de pins, de sapins, d'épicéas, çà et là entremêlés d'ifs, de genévriers et de mélèzes : c'est l'épicéa qui constitue l'espèce dominante, c'est lui qui forme véritablement l'espèce indigène et qui gravit les plus hautes cimes. Il s'accommode merveilleusement du sol de porphyre et

[1] Voy. les recueils de Sagen et Maehrchen, publiés en Allemagne, par MM. Grimm, Wolf et autres.

[2] Voy. J. et W. Grimm, *Traditions allemandes*, trad. par Theil, t. I, p. 68.

[3] Voy. l'article sur cette forêt donnée dans l'*Allgem. Forst und Jagd-Zeitung* de Behlen, juin 1836.

grès rouge (*todtliegende*) qui recouvre surtout les pentes septentrionales. Sur les hauteurs moins élevées de calcaire, de la partie orientale, le sapin dispute l'empire à l'épicéa [1]. Celui-ci tend toujours à envahir les cantons dans lesquels il a une fois planté sa tige. Il chasse devant lui le hêtre qui, après avoir composé avec lui le fond de la forêt, s'est réfugié à l'ouest entre Eisenach et l'Inselsberg et au pied de quelques cimes telles que celle du Schneekopf.

Les forêts de l'Allemagne n'ont pas passé par moins de vicissitudes que les nôtres. Dès l'époque des Carlovingiens, le défrichement commença à en restreindre singulièrement l'étendue démesurée. Charlemagne ordonna aux officiers de son domaine de déboiser certains cantons de ses forêts [2]. On possède plusieurs témoignages qui démontrent que des déboisements notables furent opérés durant le cours du ıxᵉ siècle [3]. Les usagers gaspillaient tellement le bois, l'affouage était si peu réglé, que des arbres entiers, de magnifiques futaies tombaient journellement sous la hache du bûcheron. Une chaumière, pour le luminaire de quelques veillées, employait souvent un arbre entier. On le fendait en longs copeaux que l'on allumait en guise de torche,

[1] Behlen, *Allgemeine Forst-und Jagd-Zeitung*, 1838, p. 435.
[2] *Capit. de Villis*, 36.
[3] K. G. Anton, *Geschichte der deutschen Landwirthschaft*, t. I, p. 489 et suiv. (Gœrliz, 1799).

ainsi que cela se pratique encore dans quelques localités d'Allemagne [1]. On se servait aussi de l'écorce des arbres comme luminaire [2], usage qui donnait naissance à une décortication très-préjudiciable à la conservation des essences.

Au XIIe siècle, certaines forêts avaient été tellement éclaircies et dévastées (*excisæ et extenuatæ*) qu'elles suffisaient à peine au besoin d'un seigneur et de ses gens (*curiæ et familiis ejusdem* [3]).

En 1309, l'empereur Henri VII ordonna que la forêt de Nuremberg qui avait été presque complétement défrichée et convertie en champs de blé cinquante ans auparavant, fût remise en état et peuplée d'arbres [4]. La forêt appelé *Altholt*, située près de Soest, avait été tellement dévastée, tant par les habitants que par les étrangers, qu'elle était regardée par l'archevêque de Cologne, Reinold, comme terre sans valeur et sans rapport. Aussi ne la qualifie-t-il plus que d'*Area nemoris* [5].

---

[1] Les arbres qui servaient à cet usage, reçurent pour cette raison le nom de *schleissbaeume, schleisshols*, et les fragments que l'on brûlait comme des torches s'appelaient *Spelt*. Anton, o. c., p. 464.

[2] *Cortices arborum quibus ad luminaria uti solemus.* Leibnitz, I, 87, Vit. Ludgeri.

[3] Anton, *Geschichte der teutschen Landwirthschaft*, t. I, p. 327.

[4] Cotta, *Principes de la science forestière*, 2e édit. trad. Nouguier, p. 0.

[5] Kindlinger, II, 97.

Des colons s'établissaient par centaines dans les cantons des forêts qui avaient été défrichés. Aux futaies succédaient les essarts que remplaçait bientôt un sol libre sur lequel s'élevaient des chaumières, où dans lequel on établissait des jardins potagers. En 1160, l'archevêque de Mayence, Arnould, signale le grand nombre de colons qui étaient venus se fixer dans la forêt de Haguenau [1].

L'autorité seigneuriale ne tarda pas à prendre des mesures sévères pour arrêter les conséquences désastreuses de cet état de choses [2], mais les guerres fréquentes dont l'Allemagne eut à souffrir, neutralisèrent les bons effets que pouvaient avoir ces défenses.

Les détails que nous venons de donner plus haut sur les forêts de la Germanie, nous montrent que les lignes forestières de ce pays se rattachaient à celles de la Gaule, et qu'elles constituaient une suite de solitudes et d'ombrages qui imprimaient aux deux contrées un caractère analogue.

Parmi les essences qui composaient ces forêts, on comptait différentes espèces de chênes [3], l'érable (*acer*) [4], le bouleau dont les Gaulois tiraient une

---

[1] Gudenus, *Codex diplomatic. mogunt.*, t. I, 235.

[2] Voy. à ce sujet les intéressantes recherches d'Anton., o. c., t. III, p. 439 et suiv.

[3] Plin., *Hist. nat.*, XIV, 13.

[4] *Ibid.*, XV, 26, 27.

sorte de résine [1], l'orme [2], le saule [3]; de magnifiques pins croissaient sur les hauteurs des Vosges, du Jura et des Alpes [4], et fournissaient une poix qui était recherchée jusqu'en Italie [5]. L'if se rencontrait aussi fréquemment dans la Gaule; mais son ombrage, redouté comme funeste, son bois comme empoisonné [6], le faisaient peu propager. Le buis atteignait, dans la Celtique, une hauteur inaccoutumée [7], et le platane s'étendait au nord jusque

[1] Plin., XV, 26, 27; Matthiol., *In Dioscorid.*, I, c. xciii. Pline (XVI, 18) parle de la beauté des bouleaux de la Gaule. « Gallica hæc arbor, écrit-il, mirabilis candore atque tenui- « tate, terribilis magistratuum virgis. » Le nom latin de cet arbre, *betula*, paraît être dérivé du nom celte qui était vraisemblablement *beitha* ou *bet*. Quant au nom actuel de bouleau, il provient de *betula* (*betoul*, *bétouleau*), par la suppression du *t*, comme le mot *rouleau*, *rolle*, est dérivé du latin *rotulus*, par la suppression du *t*. Voy. Radlof, *Neue Untersuchungen des Keltenthumes*. Bonn., 1822, p. 300. Le bouleau se rencontre surtout comme essence forestière sur les courants de lave de l'Auvergne. Il ne dépasse pas en altitude 1 988 mètres.

[2] Plin., XV, 29.

[3] *Ibid.*, XV, 69-83.

[4] Plin., XV, 76. Le pin sylvestre ne s'étend guère dans les plaines, comme composant le fond des forêts, au sud du 49e et en altitude au-dessus de 900 mètres. Il constitue aujourd'hui l'essence dominante sur le plateau granitique de l'Auvergne. Le pin *mugho* dans les Pyrénées atteint jusqu'aux neiges éternelles.

[5] Columell., *De re rustic.*, XII, 22, 23.

[6] Athen., v. c., 40, t. II, p. 296, ed. Schweigh.

[7] Pline, XV, 28. On croit que le buis est originaire du Caucase; si cela est vrai, cet arbuste a été apporté alors fort an-

dans le pays des Morini. Le hêtre, qui ne croissait pas dans la Grande-Bretagne, abondait, au contraire, dans les forêts de la Gaule [1]. Tous ces arbres étaient-ils indigènes dans la Gaule? c'est ce qu'il nous est impossible de déterminer [2].

Les progrès de la civilisation que fit naître dans notre pays l'établissement de la domination romaine, durent amener ceux de l'agriculture et diminuer quelque peu l'étendue des forêts. Les céréales qu'on cultivait avec succès [3] chassèrent les essences

ciennement dans la Gaule; il croît aujourd'hui de préférence dans les terrains calcaires du Jura et dans les schistes argileux des Pyrénées. La multiplicité des noms de *Bussy*, *Buxeuil*, *Bussière*, *Boissière*, *Boissy*, etc., montre qu'en France le buis était jadis très-abondant.

[1] Cæsar, *De bello Gall.*, V, 21.

[2] Suivant Deleuze (*Annal. du muséum*, t. III, p. 191), la France renferme aujourd'hui deux cent cinquante espèces d'arbres, dont les trois quarts sont d'origine étrangère; ce qui réduit beaucoup le nombre d'espèces qu'on peut supposer avoir formé les forêts de la Gaule. Peut-être doit-on admettre qu'il y eut dans la Gaule plusieurs époques de végétation correspondant à des caractères forestiers déterminés. M. Worsaæ a cherché à établir, d'après M. Steenstrup, que les révolutions du sol du Danemark ont successivement donné naissance aux trembles, aux pins, puis aux hêtres, aux chênes. Le même auteur distingue quatre périodes (Cf. Worsaæ, *Daenemarks Vorzeit durch Alterthümer und Grabhügel, ubers. von Bertelsen*, p. 7; Copenh., 1844). On pourrait tenter un travail analogue pour notre pays.

[3] Plin., XVII, 11.

forestières. Mais c'était surtout dans les plaines
crayeuses de la Champagne, impropres à la végétation des arbres, dans les terrains tertiaires et jurassiques des territoires des Pictones et des Edues,
qu'on récoltait le froment [1]. Le *panicum* était cultivé dans l'Aquitaine [2], et l'*arinca*, le *siligo* [3] se se-
maient dans les provinces méridionales. La culture
de cette dernière céréale paraît avoir valu son nom
au pays de Sologne (*Secalaunia* [4]). D'ailleurs, les
Romains, qui apportaient un grand soin à la conservation des forêts et déféraient souvent à des
consuls nouvellement élus les attributions désignées
par les mots *provinciam ad sylvas et calles* [5] ne
durent point abandonner à la hache des colons les
magnifiques forêts de leur nouvelle conquête. La
coupe en était réglée, et nous voyons que l'usage
des forêts foncières formait en Gaule une partie du
revenu des empereurs [6]. La sollicitude du gouvernement romain pour l'entretien des arbres utiles est

[1] Varron. *De re rustica*, I, c. vii; Pallad., *De re rustica*, I,
34; Plin., XVII, 8; XVIII, 11.

[2] Strabon., IV, p. 190; Plin., XVIII, 20.

[3] Plin., XIV, 29; XVIII, 11, 12, 19; Cf. Chorier, *Hist. du
Dauphiné*, t. I, p. 54.

[4] On a cherché avec plus de vraisemblance l'étymologie de
ce nom dans le latin *secale*, seigle.

[5] Sueton. *Vit. Cæsar.*, c. xx.

[6] Voy. la préface du t. XV des *Ordonnances des rois de
France*, par M. de Pastoret, p. 4.

écrite en vingt endroits de ses lois. La loi des douze tables condamnait à une amende de 25 as celui qui mutilait un arbre, amende qui était autant de fois imposée qu'il y avait d'arbres mutilés[1]. Des peines sévères avaient été établies contre celui qui coupait en Égypte un sycomore dont le bois servait à construire les digues qui retenaient le Nil[2].

Les nombreux termes relatifs à l'aménagement des forêts que l'on rencontre dans les lois romaines, prouvent d'ailleurs que les Romains étaient fort avancés dans l'économie forestière. Telles sont les expressions de *sylvæ materiariæ* et *ceduæ*, par lesquelles ils distinguaient les forêts de haute futaie et les bois taillis; celles de *sylva regerminans, reputtulans, renascens, stolones radicibus emittens*, qui s'appliquaient aux différents bois taillis, d'*arbores grandes, arbores tonsiles*, etc., et qui distinguaient les différents genres d'arbres[3].

Mais nonobstant l'administration prévoyante des Romains, on doit croire que, tant que dura leur domination, la prédominance marquée des

---

[1] *Lex* XII *Tabul.* VIII, ad calcem *Element. juris romani* Heineccii, edit. Giraud, p. 491. Cf. Gaius, *Inst. comment.* IV, § 11.

[2] *Digest.*, l. XLVII, tit. 21, l. 10, *ex Ulpian. de offic. proc.* Déjà chez les Grecs, au temps de Xénophon, l'action de couper un arbre chez autrui était regardée comme un acte d'hostilité. Libanii *Orat.* VII *pro Aristoph.*, p. 220, éd. Morell. Xenoph. *Hist. Græc.*, lib. IV.

[3] Behlen, o. c., p. 31.

intérêts de l'agriculture, le besoin impérieux de produits alimentaires firent hâter et étendre les défrichements, et restreindre d'une manière notable l'extension, auparavant presque indéfinie, de la végétation forestière. L'établissement des ordres religieux, la propagation de la vie cénobitique et anachorétique exercèrent ensuite une influence marquée sur la mise en culture des forêts. De pieux solitaires fondèrent, au cœur de plusieurs d'entre elles, des monastères qui devinrent autant de centres agricoles. Ils défrichèrent des lieux boisés et marécageux qui n'avaient été jusqu'alors que le repaire des bêtes fauves et qui répandaient au loin la stérilité. La vie de plusieurs saints fondateurs d'ordres monastiques, d'abbés, d'ermites, témoigne des services que ces hommes de Dieu rendirent à l'humanité. Ainsi nous lisons, dans la *Vie de saint Fiacre* [1], que les hauteurs de la Brie, sur lesquelles se retira ce solitaire, étaient couvertes d'une épaisse forêt qui se rattachait à la forêt de Jouarre (*Jotranum, Juranum*), dont probablement les bois de Meaux et la forêt du Mans sont encore des restes [2]. Saint Fiacre défricha

[1] *Ad prædictum locum reversus est Fiacrius et avulso nemore monasterium in honorem B. Mariæ construxit.* Rolland., XX, aug., p. 606. Le lieu où s'établit saint Fiacre s'appelait le Breuil, c'est-à-dire *le bois.* Cf. *Act. s. s. Bened.*, t. II, p. 848.

[2] Ce sont vraisemblablement ces bois dans lesquels, au

une grande partie de ces lieux, qui, depuis long-temps, forment un des plus riches cantons de la Brie[1]. On doit de même à saint Deicol ou Diel le défrichement d'un canton des forêts des Vosges, celui de *Luthre* ou *Luders*, aujourd'hui *Lure*, qui était alors infesté de bétes fauves. C'est dans ce canton qu'il éleva la célèbre abbaye de Lure, où vint le visiter Clotaire II, que la chasse du sanglier avait amené dans cette contrée[2].

Ce rôle civilisateur, cette action agricole des moines[3] ne cessa que lorsque, enrichis par leurs efforts et leurs travaux, ils ne songèrent plus qu'à jouir paisiblement de leurs biens et abandonnèrent à des serfs le soin de cultiver le sol dont ils con-sommaient les produits. L'opulence amena la pa-resse, et, loin d'imprimer à la marche de l'agri-

---

xe siècle, le moine Richer raconte qu'il se perdit, en se rendant de Reims à Chartres. Richer, *Histor.*, lib. IV, c. l.

[1] Cf. *Vit. S. Columbani*, ap. D. Bouquet, *Hist. de France*, t. III, p. 481-513.

[2] Voy. Baillet, *Vies des Saints*, t. II, p. 245 et suiv., 18 janv. Saint Diel, dont le nom a été altéré plus tard en celui de saint Diey ou Dié, vivait au commencement du viie siècle. Le lieu des Vosges où il se retira, appartenait à Weifhar, seigneur de la cour de Thierry, roi de Bourgogne.

[3] On doit aux moines divers travaux agricoles fort impor-tants. Ce sont eux notamment qui ont créé une foule d'étangs dans la Brenne et dans la Bresse. Voy. de Marivault, *Pré-cis de l'histoire générale de l'agriculture*, p. 311, note (Paris, 1837).

culture une salutaire impulsion, les religieux obéirent alors aux influences nouvelles et toutes différentes qui se faisaient sentir.

Ces influences, c'était aux barbares qu'elles étaient dues. Les populations germaniques, sorties d'un pays encore plus boisé que la Gaule, avaient pour leurs forêts un respect religieux. C'était dans leurs profondeurs, sous leurs épais ombrages, qu'elles sacrifiaient à leurs divinités; c'était dans les forêts que les Germains passaient une partie de leur temps, occupés à la chasse, qui leur offrait incessamment une image de la guerre, dont elle rappelait les émotions et les hasards.

Originairement les forêts germaines constituaient une propriété commune. Tout le monde avait sur elles le droit d'usage, et elles servaient à tous de lignes de démarcation pour les champs et les propriétés[1]. Les abus auxquels avait donné lieu un pareil état de choses, ne tardèrent pas à faire naître une législation plus protectrice, qui arrêta quelque peu les dévastations.

Les lois ripuaires défendent expressément le vol dans les forêts royales et communales[2]. La loi salique[3] réitère ces défenses, fixe des châtiments

[1] Anton, *Geschichte der Teutsch. Landwirthschaft*, t. I, p. 141.

[2] *Lex Ripuariorum*, tit. LXXVIII, p. 468, ed. Lindenbrog.

[3] *Lex salica reformata*, tit. XXIX, art. 16, 27, 29, p. 136,

contre ceux qui porteraient du feu dans les forêts ou qui y causeraient du dommage, établit l'usage de marquer des arbres à abattre, porte des peines contre ceux qui les écorceraient sur pied, et défend sévèrement l'abatage des arbres fruitiers[1]. Les lois des Lombards[2] ordonnaient que celui qui abattait un arbre de réserve ou qui en enlevait seulement la marque, eût le poing coupé ou perdît la vie. Aux motifs d'utilité publique qui engageaient les peuples barbares à défendre l'abatage des arbres se rattachait sans doute encore le respect religieux, l'espèce de culte dont certains arbres, les *arbores sacrivæ*, étaient entourés dans le paganisme germanique[3].

Le passage de cet état communal des forêts à l'état de propriété privée était un fait grave, qui allait à l'encontre d'habitudes invétérées chez la race germanique, et qui ne pouvait par conséquent s'opérer d'un coup. Ce fut graduellement que les fo-

ed Canciani. La loi des Visigoths fait la même défense, lib. VIII, p. 153, ed. Canciani.

[1] *Lex Bajuvariorum*, cap. vii, tit. XXI, p. 395, ed. Canciani.

[2] *Leges longobardicæ*, lib. I, cap. i, art. 138 et suiv., p. 74 et suiv., ed. Canciani. Elles défendirent aussi d'incendier les forêts, p. 206, ed. Canciani.

[3] Cf. *Leges longob.*, lib. VI, c. i, art. 30, p. 120, ed. Canciani; Ducange, *Gloss.*, s. v° *Sacrivus*. Voy. sur les *Arbores sacrivæ*, Muratori, *Antiquitates italicæ medii ævi*, t. V, p. 66 et suiv.

rêts passèrent de l'état de *silvæ* à celui de *forestæ*[1].
Certaines étendues de forêt furent d'abord réservées à l'usage spécial du roi et de ses officiers[2].
Ce sont ces cantons qu'on appela *foresta, forestis, foreste*, en allemand *Bannforste*[3]. Comme c'é-
tait surtout en vue de la chasse que les monarques
francs et teutons se réservaient ces forêts, on peu-
pla celles-ci de bêtes fauves, avec défense de les
détruire. Les forêts moins importantes, celles qui
demeuraient à l'abri des défens, finirent par tomber en la possession des seigneurs, des principaux
usagers. Et une fois que ces forêts eurent perdu le
caractère de propriété communale, il devint d'autant plus facile aux puissants de les revendiquer,

---

[1] *Capitul. de vill.* 36

[2] Voilà pourquoi le nom de forêt, *foresta*, fut appliqué souvent au droit de pêche, parce qu'il était interdit à ceux qui ne
possédaient pas ce droit, de pêcher dans la rivière ou l'étang.
Dans la dotation de l'abbaye de Saint-Germain des Prés, par
Childebert, la pêche de la Seine, vis-à-vis le bourg d'Issy, est
désignée par le mot *foresta*. Ce mot se trouve également
employé dans les chartes par lesquelles Charles le Chauve
donna à l'abbaye de Saint-Denis la seigneurie de Cavoche
en Thiérache avec la forêt de la pêche de la Seine et à l'abbaye
Saint-Bénigne de Dijon, la forêt des poissons de la rivière
d'Aiches. Voy. Et. Pasquier, *Recherches de la France*, liv. II,
c. xv.

[3] Behlen, *Lehrb. d. deutschen Forstgeschichte*, p. 59 et suiv.
On a fait dériver tour à tour le mot *foresta* de *forum*, droit de
justice, défens, *fera*, bête fauve, de *forchaha* (foehrenwald)
forêt de pins.

en faisant valoir une sorte d'usucapion, de possession de long titre[1]. Toute *silva*, tout *Wald*, devint nécessairement une *foresta*, un *forst*. Le droit de forêt et de chasse devint un apanage obligé de la seigneurie. Les monastères obtinrent des concessions des princes, qui leur attribuaient certaines forêts[2]. Et ils avaient en réalité plus de droit que ceux-ci à les posséder, puisque leurs prédécesseurs en avaient le plus souvent opéré le défrichement. Les rois francs apportèrent dans la Gaule le droit de forêt et appliquèrent aux forêts de ce pays les défens dont ils frappaient celles d'au delà du Rhin.

L'établissement des *forestæ* dut donner naturellement naissance à une législation, à une administration nouvelle. La régie des forêts forme l'objet de plusieurs capitulaires de Charlemagne et de Louis le Débonnaire. Ces princes la confièrent à des officiers appelés *forestiarii*[3].

Tandis que les petits bois, les brosses (*lucus*), les forêts de peu d'étendue (*nemus*), étaient attribués généralement aux monastères, les grandes forêts (*silvæ*) demeuraient la propriété royale[4]. En général, les forêts dépendaient presque toujours d'un domaine seigneurial ou abbatial, et elles ne

[1] Voy. Anton, *Geschichte d. Teutschen Landwirthschaft*, t. I, p. 462 et suiv., t. II, p. 326 et suiv.
[2] Behlen, l. c. Anton, o. c., t. II, p. 333.
[3] Voy. Ducange, *Glossar*, art. *Forestarii*.
[4] Anton., o. c., t. II, p. 332.

constituaient presque jamais par elles-mêmes le bien-fonds, le fonds principal. Le droit de forêt, les défens restaient souvent limités à certains cantons d'une forêt, tandis que le reste demeurait propriété commune. Nous voyons, par exemple, l'empereur Henri II donner à Lorch une forêt (*saltum*) placée dans la forêt de Nobbenhausen[1]. Telle fut peut-être l'origine des bois appelés *segrais*, *bois tenus en gruerie*, ou en *segrairie*. D'autres fois, et c'est surtout en Allemagne que nous en rencontrons des exemples, le droit de forêt ou ban était séparé de la propriété du fonds, et ils étaient attribués à deux personnes différentes. C'est ce dont Anton a recueilli de curieux exemples.

Le droit de forêt (*foresta*) avait d'abord porté sur la réserve appliquée à tout ou partie d'une forêt. Plus tard on distingua deux espèces de droit : celui de forêt proprement dit (*bannus silvestris*, *Forstbann*), d'où naissait le *forestagium*[2], et celui de chasse (*Wildbann*, *forestum*), qui comprenait aussi le droit de pêche, *foresta aquatica*. Le premier était nécessairement contenu dans le second, mais l'inverse n'avait pas lieu, preuve que le désir d'assurer la conservation du gibier, de réserver au seigneur les plaisirs de la chasse, était dans cette lé-

---

[1] Tolner, *C. P. Pal,*, c. xxi, ap. Anton, l. c. Cf. Henschel, ap. Ducange, *Glossar.*, p. 353, col. 1.

[2] Ducange, *Glossar.*, s. v° *Forestagium*.

gislation le motif déterminant[1]. Cette union intime des droits de chasse et de pêche explique pourquoi la surveillance des eaux et celle des forêts ont été en France, jusque dans ces derniers temps, confiées à une même administration, celle des *eaux et forêts*.

Le droit de prendre et de couper du bois dans les forêts, *jus capulandi*[2], fut sévèrement réglé. Charlemagne défendit les coupes trop abondantes[3], et les serfs chargés du *caplim* ou soin de couper les bois furent assujettis à certaines observances[4]. Le Capitulaire de l'an 813 porte : « Ut silvæ vel « forestes nostræ bene sint custoditæ, et ubi locus « fuerit ad stirpandum, stirpare faciant et campos « de silva increscere non permittant. Et ubi silvæ « debent esse, non eas permittant nimis capulare « atque damnare[5]. »

Les Capitulaires reconnaissent deux sortes de forêts, les unes appartenant au roi et appelées *forestæ dominæ*, les autres appartenant aux comtes ou immunistes. Ceux-ci avaient, comme le roi, leurs *forestarii* particuliers[6].

[1] Anton., o. c., p. 331.
[2] *Capitular.*, éd. Baluze, t. I.
[3] Cf. Guérard, *Polyptique de l'abbé Irminon*, t. I, part. II, p. 768.
[4] Pertz, LL. 1, 181, *Capitul. de villis*, 3.
[5] *Capitul.*, éd. Baluze, t. I, col. 310, art. 43.
[6] Voy. Championnière, *de la Propriété des eaux courantes*, p. 598.

Et ce qui démontre que cette législation protectrice des forêts était conçue moins dans l'intérêt de
la culture forestière, que pour assurer un privilége
au prince, c'est que les mêmes Capitulaires défendent d'établir des forêts nouvelles[1], défense que
l'on retrouve dans les lois lombardes.

Toute cette législation, en même temps qu'elle
prouve la prévoyance du législateur, accuse aussi
la fréquence des délits forestiers. Sous les Carlovingiens, le serf, qui avait sans cesse besoin de bois
pour la construction de sa cabane, pour la confec-
tion de ses ustensiles ou de ses outils, le serf, qui
n'était pas propriétaire du sol qu'il cultivait et n'a-
vait nul intérêt à en bien aménager les produits,
devait commettre des dégâts considérables dans les
forêts, où la matière combustible et première s'offrait à lui avec une abondance en apparence iné-
puisable. Il devait faire ce que fait encore de nos
jours le serf moscovite, dont la hache abat, pour
les plus légers motifs, de vastes étendues d'arbres,
et qui, pour élargir un peu son champ, incendie
toute une forêt.

Il est probable qu'à l'époque qui nous occupe,
la science forestière était dans l'enfance, et qu'excepté une surveillance de police, l'aménagement
des bois se réduisait aux idées les plus élémentaires.

[1] Championnière, o. c, p. 507. Ce jurisconsulte a cité les
textes des Capitulaires. Cf. Ducange, v° *Foresta*.

En effet, nous voyons qu'au xv° siècle les Français étaient encore à cet égard dans une déplorable ignorance ; on attribuait alors à la lune la plus grande influence sur la végétation des arbres, et l'on réglait leur coupe et leur débit sur les lunaisons [1].

Un Capitulaire de Charlemagne (tit. XLIII, cap. xxxii) nous a conservé l'énumération des principales forêts royales à cette époque. Ducange, dans son *Glossaire* [2], a recueilli et déterminé leurs noms avec sa sagacité et son érudition ordinaires ; nous allons suivre l'illustre érudit dans son énumération.

Nous trouvons d'abord la forêt de Kiersy-sur-Oise (*Karisianum foreste*), située dans le *Pagus Suessionensis* : c'était dans cette forêt que Louis le Débonnaire allait chasser en automne [3]; la forêt de Selve (*Silvacum foreste*), non loin de Laon ; celle de Compiègne ou de Cuise (*Causia silva* ou *Cotia*

[1] Monteil, *Histoire des Français des divers états*, xv° siècle, 2° éd., t. III, p. 40.

[2] *Glossar. script. med. æv.*, v° *Foreste dominicum*. Cf. *Capitul. Caroli Magni*, ap. D. Bouquet, *Histoire de France*, t. I, cap. xxxii, p. 704, et *Annales Bertiniani*, ann. 864, ap. D. Bouquet, *ibid.*, p. 84. La plupart de ces forêts sont énumérées dans le capitulaire de Charles le Chauve de l'an 877 (éd. Baluze, t. II, col. 268), comme étant celles où le fils de ce monarque, Louis, ne doit pas chasser en l'absence de son père.

[3] Eginhard, *Annal.*, an. 808.

silva'), celle d'Aire en Artois (*Audriaca silva*'), celle d'Attigny (*Attiniacum foreste*'), et celle de *Ver* ou *Vern* (*Verum*, *Vernum*), dont le nom rappelle les aunes qui devaient en constituer l'essence principale';

---

[1] Gregor. Turon., lib. IV, cap. xxi. Fortunat., *Vita s. Medardi*. L'étymologie du nom de Cuise, en latin *cotia, cosia,* se rapporte précisément à une forêt. Ce mot paraît venir du celte *cot, coit, coat,* bois, forêt (en gaëlic *coill,* en cornique *kelli*). Il entre comme radical dans le nom d'un grand nombre de localités, telles que *Cuis* (Marne), *Cuisance* (Doubs), *Cuiseaux* (Saône-et-Loire), *Cuiserey* (Côte-d'Or), *Cuisery* (Saône-et-Loire), *Cuisia* (Jura), *Cuisiat* (Ain), *Cuissai* (Orne), *Cuissy* (Aisne), *Cuisy* (Meuse, Seine-et-Marne, Aisne), *Cuis* (Marne) en latin *Cotia*. Presque toutes ces localités se trouvent encore au voisinage de forêts ou de bois.

[2] *Annal. s. Bertin.*, ann. 865, 867, 871, 873, 875. Eginh., *Epist.* XXVII. Un débris de cette forêt subsiste encore dans la forêt de *Vastlau* (*Vaslus saltus*). Cf. Ducange, *Glossar.*, ed. Henschel, s. v° *Foresta*.

[3] Cf. Ducange, *Gloss.*, ed. cit., v° *Palatium regium*. Cette forêt prenait son nom du village de *Ver*, près de Villers-Cotterets, où était une maison royale. Elle porte aujourd'hui le nom de ce dernier endroit. Elle ne faisait qu'un avec la forêt de Cuise ou Compiègne, ainsi que l'indique l'ancien nom de Villers-Cotterets (*Villare ad Cotiam*). Voy. Dulaure, *Histoire des environs de Paris*, t. V, p. 73, 76.

[4] *Capit. Caroli Magni*, ann. 808, cap. x. Quelques érudits ont regardé cette forêt comme étant celle de Verneuil en Normandie. Il nous paraît plus vraisemblable d'y reconnaître celle qui entourait la ville de Verberie, jadis *Vernbria* ou *Verbria*, où Charlemagne avait fait bâtir un palais vaste et magnifique et où les Mérovingiens avaient déjà une maison de plaisance. Ver-

celle d'Ardenne (*Arduenna silva*[1]), celle d'Héristal ou Herstal (*Aristallum foreste*[2]), celle de Lens en Artois, celle de Wara[3], près Mézières, celle de Stenay ou Astenay (*Astenidum foreste*), celle de Cressy (*Crisiacum foreste*[4]), celle de Samoucy, non loin de Laon (*Salmotiacum foreste*[5]), celle des Vosges (*Vosagum foreste*). C'était dans cette dernière forêt que Guntran ou Guntkhram

beric n'offre plus, il est vrai, dans son territoire, de forêts et n'est plus entouré que de quelques bosquets (Voy. Cambry, *Description du département de l'Oise*, t. II, p. 131); mais on y reconnait les traces d'une forêt qui allait se joindre à celle de Compiègne et de Halatte. D'ailleurs, nous savons que Charlemagne avait, dans les environs de la forêt de Halatte, une villa appelée *Verneuil*. C'était celle qui donnait évidemment son nom à cette forêt. Quant à la terminaison *bria*, elle appartient à un radical celtique (*Briga, Bria*) qui implique l'idée de boue, de pays humide, et qui se retrouve dans les noms de *Brie, Bray, Bresse, Brenne*, etc.

[1] *Annal. Francor.*, ann. 802, 804, 813, 819, 822, 823.

[2] *Annal. Francor.*, ann. 823. Cf. Ducange, *Glossar.*, v° *Palatium*, t. IV, col. 39.

[3] Cf. Ducange, *Glossar.*, t. IV, col. 48. Cette forêt doit être la même que celle de Voivre (*Vavra*), qui se rattachait à celle de Stenay d'une part, et à la *Foresta regia Ermandia* (aujourd'hui *Bois de la Reine*) de l'autre. La forêt de Voivre a donné son nom à tout un canton, *la Voivre*. Voy. D. Calmet, *Notice de la Lorraine*, t. II, p. 989.

[4] Appelée aussi *Forestis silva*. Cf. *Diplom. Caroli Magni*, ap. D. Bouquet, *Hist. de France*, t. V, p. 759.

[5] Ducange, t. IV, col. 45.

allait chasser le bœuf sauvage (*bubalus*[1]), et que Chundon fut pris avant d'être envoyé à Châlons. C'était encore dans cette forêt que Louis le Débonnaire allait se livrer au plaisir de la chasse[2]. Au centre de la forêt vosgienne se trouvait une habitation royale, celle de *Champ-le-Duc*, où ce prince et son père Charlemagne séjournèrent en 805[3].

Ces forêts royales n'étaient que des démembrements de l'ancienne Ardenne, dont nous avons rappelé plus haut les limites, et à laquelle se rattachait également la forêt d'Aix-la-Chapelle (*Aquis granensis foresta*), qui était sans doute le parc du palais des Carlovingiens[4]. L'Ardenne en effet s'était partagée, depuis, en un certain nombre de forêts distinctes, qui servaient de parcs à autant de palais royaux et constituaient ainsi une partie des *villæ regiæ*. Aussi, à titre de parcs, étaient-elles encore entourées de la sollicitude des rois, dans l'intérêt de leurs plaisirs. La chasse formait, comme on sait, le divertissement favori de nos ancêtres. Les Gaulois et les Francs passaient pour les premiers chasseurs du monde connu[5]. « Qui vix ulla in terris

---

[1] Gregor. Turon., *Histor. Francor.*, X, c. x.

[2] Eginhard. *Annal.*, ann. 17, 821.

[3] H. Lepage et Charton, *le Département des Vosges*, t. II, p. 95.

[4] Voy. Ducange, *Glossar.*, s. v° *Foresta*, p. 350 ed. Henschel.

[5] Voy. la description des chasses de Charlemagne et de ses fils, dans le poëme sur cet empereur attribué à Alcuin, ap.

« natio invenitur quæ in hac arte Francis possit
« æquari, » dit Éginhard[1].

Loin de diminuer le nombre des forêts de notre
patrie, le régime féodal eut donc pour effet de
l'accroître encore et de ramener le sol à l'état dans
lequel il se trouvait au temps des Gaulois. Les dévastations produites par les guerres réduisaient
les champs cultivés en de véritables solitudes
dont la végétation arborescente ne tardait pas à
s'emparer. Ainsi, nous lisons dans la vie de saint
Liphard[2] :

« Est autem mons in Aurelianensi pago, quem
« ejusdem incolæ regionis Magdunum appellant;
« in quo ab antiquis castrum fuerat ædificatum,
« quod crudeli Wandalorum vastatione ad solum
« usque dirutum est. Nemine autem remanente
« habitatore, nemoribus hinc inde succrescentibus,
« locus idem qui claris hominum conventibus
« quondam replebatus, in densissimam redactus
« est solitudinem. » On voit par ces paroles quels
étaient les effets de ces dévastations, et comment
les forêts prenaient possession des lieux dont la
guerre avait chassé les habitants. Ces lieux, jadis
habités, devinrent en peu de temps des profon-

Alchuini *Opera*, t. II, part. II, p. 452, v. 15319, et Éginhard,
an. 819, 820, 822.

[1] Cf. Arrian., *de Venation.*, c. xxxiv. Ducange, *Glossar.*, s.
v° *Foresta*, p. 350, éd. Henschel.

[2] Bolland., *Act.*, 3 jun., p. 300.

deurs presque impénétrables, *abstrusa latibula*, comme dit l'hagiographe, dans lesquelles les solitaires évangéliques portaient seuls les pas.

Des ruines qui ont été découvertes dans les forêts du Haut-Rhin, dans celles de Grand (Vosges), de Damville (Meurthe), et qui remontent à l'époque romaine, indiquent l'envahissement par la végétation forestière de ces lieux jadis habités et cultivés. Des ruines, également romaines, ont été découvertes à la Petite-Houssaye, dans la forêt de Brotonne, en Normandie[1]; dans la forêt de Beaumont le Roger (Eure)[2]. Le plateau de Leinenberg, près Abreschwiller, en Lorraine, qui est aujourd'hui tout boisé, était jadis cultivé[3].

Mais ces causes étaient peu importantes, comparées à celles qui résultaient de la législation. Les droits de forêt et de garenne étaient plus efficaces pour propager les arbres que ne l'eussent été des plantations opérées sur une grande échelle. Ils constituaient une des prérogatives essentielles des seigneurs justiciers[4]; et telle était la liaison qui s'était établie entre les idées de seigneur et de propriétaire de forêt, qu'on en vint à exiger en quelque sorte cette dernière qualité de celui qui était

---

[1] *Annales forestières*, t. III, p. 197, 546.

[2] Badebled, *Dictionnaire topographique, statistique et historique du département de l'Eure*, p. 37 (Évreux, 1840).

[3] H. Lepage, *le Département de la Meurthe*, t. II, p. 43.

[4] Championnière, *de la Propriété des eaux courantes*, p. 568

revêtu de la première, et que dans plusieurs contrées, notamment dans l'Anjou, ce fut une règle
que le justicier de certaine classe devait avoir forêt,
comme si, dit M. Championnière[1], la marque es-
sentielle de la justice devait être l'effet le plus terrible de la conquête et de la désolation. Les droits
de forêt et de garenne furent de véritables banalités établies par l'autorité du *bannum*[2], et l'histoire
de la législation féodale montre, à mesure que l'on
pénètre davantage dans son étude, de plus nombreux développements. Ces savantes et judicieuses
recherches du jurisconsulte que nous venons de
citer ont jeté de vives lumières sur l'influence
prodigieuse que ces droits et le dernier en particulier exercèrent sur l'extension des forêts. Nous
empruntons ici ses paroles :

« Ce que le roi des Francs faisait dans ses immenses domaines, ses comtes et ses fidèles durent
le faire dans les terres confiées à leur administration
ou tombées dans leur part de conquête. L'établissement des forêts se retrouve en effet jusque dans
les simples seigneuries, mais sur une échelle nécessairement plus petite, et elles recevaient le nom de
garenne. »

Le mot de *garenna* ou *warenna*, dérivé du germain *waren*, défense, avait la même signification

[1] Championnière, *de la Propriété des eaux courantes*, p. 338.
[2] *Ibid.*, p. 567.

que le mot *forestella*, diminutif de *foresta*, et par conséquent la même valeur originaire que ce dernier. On lit dans une charte de 1209 : « Forestella illa quæ garenna vocatur, priori de Pargis « extra partem meam et successorum meorum « comitum campaniæ, libera remanebit. »

« Les garennes étant nécessairement moins étendues ne permettaient pas le même genre de chasse que les forêts. Celles-ci étaient peuplées de bêtes féroces ou de grande espèce, telles que les ours, les buffles, les cerfs, qui ne pouvaient vivre que dans les bois; les autres recevaient des animaux plus petits, tels que lièvres, lapins, perdrix, faisans. Une charte d'Édouard III statue sur la question de savoir si les chevreuils sont bêtes de forêt ou de garenne, et, de l'avis de ses seigneurs hauts justiciers, le roi décide que le chevreuil est un animal de garenne et non de forêt : « Videtur « tamen justitiariis et consilio dom. regis, quod « caprioli sunt bestiæ de varenna et non de fo- « resta[1]. »

« L'établissement des premières garennes ne fut que la continuation des ravages de la conquête, mais plus odieuse peut-être que les incendies et les meurtres de l'envahissement; le soldat qui dévaste les récoltes et fait périr les habitants du pays où il pénètre les armes à la main trouve une

[1] Championnière, o. c., p. 64. Ducange, v° *Warenna*.

excuse dans la nécessité de la guerre et les dangers que lui-même a courus; mais lorsque les peuples vaincus ont déposé la résistance et que des traités ont permis aux vainqueurs de jouir des fruits de leur conquête, l'abus de la force, au préjudice des populations qui ne se défendent plus, est un fait tyrannique dont le temps et la possession ne sauraient légitimer les conséquences. »

Que les premiers établissements de garennes, de forêts et de toute espèce de banalités aient été le résultat de la violence, c'est ce qu'il est bien inutile de chercher à démontrer. Le droit n'engendra pas la désolation dont les histoires nous ont tracé l'image; les monuments judiciaires du viiie siècle nous représentent encore la force et la violence comme la cause la plus ordinaire des garennes contre lesquelles les vassaux réclamaient devant les tribunaux du roi. Nous voyons, par le procès élevé entre un certain Jean de Moly et ses hôtes[1], que cet homme de guerre, après avoir établi par les abus de sa position, *per potentiam suam*, une garenne sur les vignes, les blés et les jardins de ses hôtes, *hospites suos*, et obtenu d'eux une somme considérable sous la promesse d'y renoncer, la rétablit par violence, *per vim suam iterum levavit*; malgré la foi du serment, *hoc ipsis juravit*. Dans le plus grand nom-

---

[1] *Olim*, ed. Beugnot, t. I, 83, n° 16; *Enquêtes*, 1259.

bre des procès, les mêmes causes sont attribuées à l'établissement de la garenne contestée[1].

Il est dit dans un cartulaire de l'abbaye de Saint-Serge[2] qu'Adam, fils de Thibaud, avait une terre nommée Ralée (*Raleium*) près de Brael (*juxta Braellum*), terre dont il avait hérité de ses ancêtres. Elle était environnée par des forêts appartenant à Widon, seigneur de Laval, et à André, seigneur de Vitré. Or, un jour, un des forestiers de ces seigneurs, nommé Hervé, leur ayant fait observer l'avantage qu'ils auraient à agrandir leurs forêts, en envahissant le domaine du sieur Adam, Widon et André s'en emparèrent sans forme de procès. En vain le possesseur ainsi dépossédé protesta-t-il contre la violence qui lui était faite ; ses récriminations et ses plaintes furent inutiles ; comme les seigneurs de Laval et Vitré étaient gens puissants, il dut se résoudre à se voir frustrer de son bien. Toutefois il ne cessa pas de réclamer durant plusieurs années. Étant devenu vieux, ce malheureux tenta une nouvelle démarche ; entouré de tous les siens, il alla supplier une dernière fois André de Vitré. Celui-ci ne consentit enfin à lui rendre son domaine, converti en forêt, que sur la promesse d'en faire don à l'abbaye de Saint-Serge,

---

[1] Championnière, o. c., p. 73. Cet auteur cite plusieurs autres espèces curieuses.

[2] Voy. les Preuves de l'*Histoire de Bretagne*, de D. Lobineau, t. II, an. 1073, col. 258.

dans laquelle Adam prit, ainsi que son fils, l'habit de moine.

Les *Établissements de saint Louis* consacrent formellement le droit de garenne « Hons coustumiers si fet soixante sols d'amende, se il brise la sesine son seigneur ou il chace en *ses garennes* ou il pesche en ses étangs ou en ses défois (deffens). » Une ancienne coutume de France, citée par Ducange, v° FEUDUM, faisait de la violation d'une garenne un cas de commise : « Le vassal perd son fief, quand par mal talent il met la main sur son seigneur à tort, se il arme contre lui, se sans congié il pêche en ses étangs et ou il chasse en sa garenne. »

Déjà la civilisation a fait d'immenses progrès ; la commise et l'amende de soixante sous ont remplacé les cruautés des seigneurs du x° siècle. Un arrêt de 1270, rapporté par Guénois[1], déclare également amendable celui qui prend cerf ou biche au lieu où il y a garenne. Enfin, dans les nombreux procès inscrits au registre des *Olim*, la garenne est considérée comme un droit légitime, ayant le même caractère que le droit de corvée, de moulin banal ou tout autre élément de la puissance seigneuriale[2].

Les garennes ne comprirent pas des provinces

---

[1] *Grandes conférences des ordonn. et édits royaux*, t. II, p. 344.

[2] Championnière, *de la Propriété des eaux courantes*, p. 76.

entières; néanmoins elles s'étendirent sur de vastes possessions et sur des biens de toute espèce : moins destructives que les forêts, elles n'entraînaient pas nécessairement la ruine des populations, l'abandon des terres et la dévastation du sol, mais elles nuisaient considérablement à l'agriculture et restreignaient le droit du propriétaire. Aussi furent-elles la source de nombreux procès entre les seigneurs et les vassaux, aussitôt que ces derniers purent recourir à la justice royale. Le registre des *Olim* contient une foule d'arrêts sur le sujet de garenne; l'exposé de la contestation fait voir qu'il s'agissait de garennes appliquées sur les terres d'autrui, le plus souvent fort étendues et comprenant des fiefs, des censives, des communautés, des vignes, des jardins, des villages, etc. [1]

Les rois normands transportèrent en Angleterre cet inique droit de garenne et de forêt, et Guillaume le Conquérant donna le premier l'exemple de l'envahissement des terrains cultivés[2]. Il contraignit,

---

[1] Championnière, *de la Propriété des eaux courantes*, p. 68.

[2] L'usage de planter des forêts pour se ménager des chasses n'a pas été pratiqué par les seuls seigneurs du moyen âge; nous lisons dans le grand historien de l'Arménie, Moïse de Khorène que Chosroes II (Khosrov), planta près du fleuve Éleuthère, une forêt qui porte aujourd'hui son nom, et au centre de laquelle il fit élever un palais, afin d'être plus à même de se livrer à la chasse, son passe-temps favori. Moïse de Khorène, trad. par Levaillant de Florival, liv. III, c. viii, t. II, p. 19.

dans le Hampshire, des hommes à abandonner un espace de trente milles, où il détruisit toutes les habitations, sans même épargner les églises. Les bêtes fauves devinrent bientôt si nombreuses dans cette forêt de nouvelle création, que l'on prétendit qu'elles empestaient l'air. Voici ce qu'écrit à ce sujet Guillaume de Malmesbury[1] : « Tradunt cervos in « nova foresta[2], terebrantem, tabidi aeris nebula « morbum incurrisse. Locus est quem Willielmus « pater, desertis villis, subrutis ecclesiis, per tri- « ginta et eo amplius milliaria in saltus et lustra « ferarum redegerat, infando prorsus spectaculo, « ut ubi ante vel humana conversatio, vel divina « veneratio fervebat, nunc ibi cervi et capreoli et « ceteræ illud genus bestiæ petulanter discursitant « nec illæ quidem mortalium usibus communiter « expositæ. »

La *Chronique de Philippe Mouskes* rapporte ce même acte du fils du conquérant, de Guillaume le Roux[3]. Le lecteur sera bien aise de connaître le naïf récit du chroniqueur gantois :

---

[1] Lib. III, p. 111, ap. Savile, *Rer. anglic. scriptores.*

[2] Cette *Nova foresta* est le *New forest* ou parc de Southampton cité par Guillaume de Jumièges (*Recueil de Camden,* liv. VII, c. IX ; Fr. Michel, *Chronique anglo-normande*, t. I, p. 51).

[3] Voy. sur l'histoire de l'afforestation du Hampshire par Guillaume le Conquérant et Guillaume le Roux, Henry Ellis, *A general introduction to Domesday book* (London, 1833), t. I, p. 105.

Cis rois fu Guillaumes li Rous
D'Engletiere et fu moult irous.
Es abeïes soujournoit
Et toutes les glises reuboit.
D'autre part Hanstône en I plain
Avoit I liu moult biel et sain.
XVII capièles que glises
I avoit-on pour Dieu assises
Très le tans Artus, le bon roi.
Cil rois Guillaumes, par desroi
Les fist abatre et bos planter
Des kaillos fist son gart-muer
Et quant vint al cief de VII ans
Si fu li bos créus et grans
Ciess i mist et bisses et dains ;
Pors , counins, livres et férains.
Et manière de sauvagine
Tant que plaine en fut la gaudine
La *nueve-foriés* fu clamée
Encore est-ele ensi nommée[1].

[1] *Chronique rimée de Philippe Mouskes*, publiée par M. de Reiffenberg, t. II, v. 17710-17729. Nous renverrons aux notes de cette édition pour l'explication des vieux mots français du texte que nous venons de citer; nous remarquerons seulement que le mot *gaudine*, employé par Mouskes avec le sens de forêt, et qui se retrouve chez les écrivains en style vulgaire de ce temps, vient de l'allemand *wald*, par la substitution du g au w, et de l'u à l'i. Voy. Wachter, *Glossarium germanicum*, s. v° *Wald*. Ce mot *wald* a donné naissance au bas-latin *gualdum*, *gualda*, forêt, qui fut en usage en Italie au XIe siècle, ainsi que le montre ce passage de la chronique du mont Cassin, écrite par Léon Marsicanus : « Necnon et duo gualda in finibus Vicalbi, « unum in loco qui dicitur silva plana, alterum in monte

Le droit de forêt et de garenne ne consistait qu'en une prohibition ou défense de chasser ou de pêcher. Aussi, dans l'origine, le seigneur ne s'appropriait-il ni le territoire ni le fleuve qu'il frappait d'interdiction; il y défendait seulement la pêche ou la chasse, réservant ce droit pour lui seul; mais, comme l'établissement d'une forêt avait pour résultat nécessaire l'abandon de la culture et l'émigration des habitants qui ne pouvaient ni vivre ni cultiver en présence des animaux féroces dont le territoire était peuplé, le propriétaire étant absent, le souvenir du droit de propriété se perdait et le seigneur demeurait seul possesseur du territoire abandonné; et ce qui démontre que tel n'était pas le droit primitif, c'est l'effet des renonciations au droit de forêt, renonciations que les chartes du moyen âge expriment par le mot *deafforestare*. La déafforestation rendait au propriétaire la libre disposition de son domaine.

Les résistances armées des possesseurs et les procès perpétuels auxquels la propriété d'un grand nombre de forêts ont donné lieu ne sont qu'une protestation du droit contre la violence et le souvenir vague et traditionnel d'une spoliation[1].

« Albeto. » Lib. II, ap. Pertz, *Monument. german. histor.*, t. VII, p. 632. De *Gaudine*, on fit par corruption *Gaus*. Voy. *Roman de la Rose*, v. 662.

[1] Championnière, o. c., p. 569.

Cette extension démesurée des forêts trouva, dans le principe même qui l'avait produite, un contre-poids à ses progrès. La vaine pâture, les droits de panage, glandée, grapillage [1], ramage, avaient été introduits par cette même race qui hâtait par sa législation la marche de la végétation forestière. Si quelques lois, telles que celles du pays de Galles, réglaient avec prudence l'usage de ces droits [2], les autres, par leur tolérance, ouvraient la porte à tous les abus. La loi des Burgundes permettait à tout individu, non possesseur de forêts, de prendre dans celle d'autrui les bois tombés et sans fruit [3]. Celle des Wisigoths autorisait les voyageurs à faire reposer leurs bœufs et leurs chevaux dans les pâturages non clos et de rompre dans les forêts le feuillage nécessaire pour leur nourriture [4]. C'était là un reste de l'ancienne communauté de biens qui caractérisait la société germaine primitive, communauté qui était la conséquence de leur

[1] Cf. Guérard, *Polyptique d'Irminon*, t. I, part. I, p. 686.

[2] L'ancienne loi du pays de Galles interdisait l'accès des forêts aux pourceaux qui y venaient paître, depuis le troisième jour avant la Saint-Michel jusqu'au quinzième jour après l'Épiphanie, afin que ces animaux ne détruisissent pas les graines destinées à propager les arbres. Et en général les forêts étaient fermées durant cette période. Voy. *Ancient laws and Institutes of Wales* (1841, in-fol.) *Leges Wallicæ*, c. xxviii, art. 16, p. 804, c. lviii, art. 22, p. 845.

[3] *Lex Burg.*, tit. 28.

[4] *Lex Wisig.*, l. VIII, tit. 3; l. XXVII.

vie errante et de leur horreur pour la culture. Ces droits, qui n'étaient au fond qu'une juste et faible compensation de la confiscation que les seigneurs faisaient des bois à leur profit, ouvraient pourtant la porte à de nombreux abus[1]. Ils étaient l'occasion de détériorations considérables dans les forêts. D'un autre côté, l'improbité des agents du pouvoir royal devenait une cause non moins fâcheuse de destruction. Ce n'était pas seulement le mauvais bois, c'est-à-dire les arbres ou arbustes qui étaient réputés ne porter ni fruit ni graine, tels que les saules, saules-marceaux, pins, aunes, genévriers, genêts, seurs, espices et rouches (ronces)[2], qui tombait sous la hache de l'usager, c'étaient encore des arbres de fort brin, des futaies, et cela, par suite du peu de surveillance des agents forestiers ou de leur connivence avec les délinquants[3]. Les termes de *bois mort* et de *mort bois*, qui offraient des sens si différents, avaient été abusivement confondus par ceux qui étaient intéressés à l'introduction de cette confusion et qui voulaient étendre au bois vert les droits d'usage qu'ils avaient sur le bois

[1] Voy. dans les *Preuves de l'histoire de Bretagne*, de D. Lobineau, col. 137, 290 et *passim*, de nombreux exemples de concession de ces droits de paisson, ramage, etc. : « pastio, ligna « ad focum, pastinacum porcorum, etc. »

[2] *Ordonnances des rois de France*, t. XV, p. 39, préface de M. Pastoret, et t. I, p. 590, art. 10.

[3] Pastoret, l. c.

mort[1]. Sous Philippe de Valois, les droits d'usage concédés étaient devenus si nombreux et amenaient de tels dégâts dans les forêts que, dans son ordonnance du 29 mai 1346, ce prince annonça la ferme résolution de n'en plus accorder de nouveaux[2]. Louis IX, frappé des malversations des magistrats sous l'inspection desquels les forêts étaient placées, défend expressément aux baillis, sénéchaux et autres officiers, de rien recevoir sur le produit de la vente des bois[3].

Dans certaines provinces, les abus des usages et du droit de *ramage* avaient fait interdire formellement l'enlèvement du bois de chêne, l'essence principale et la plus importante des forêts, et ces défenses se rencontrent déjà dans des chartes du xie siècle[4].

C'est de Philippe Auguste que datent les premières ordonnances royales sur les forêts. Par une ordonnance rendue à Gisors, en 1219, ce monarque règle la juridiction des gardes de la forêt de Retz, et la vente de ses bois[5]. Mais, antérieurement

---

[1] Voy. la distinction établie par l'ordonnance de Melun de 1376, ap. Isambert, *Recueil général des anciennes lois françaises*, t. V, p. 467.

[2] *Ordonnances des rois de France*, t. II, p. 644.

[3] *Ibid.*, t. I, p. 684.

[4] Marchegay, *Archives d'Anjou*, p. 344, 388.

[5] Sainct Yon, *les Édicts et Ordonnances des eaues et forests*, p. 1137. La seconde ordonnance aussi relative à la fo-

à cette époque, la surveillance des forêts était déjà remise à de hauts personnages. Sous le roi Robert, Thibaud File-Étoupe était revêtu de cette charge[1]; les comtes de Flandre, à partir de Baudouin Bras de Fer, prirent le titre de forestiers[2]. Les premiers maîtres des eaux et forêts dont notre histoire fasse mention, sont Étienne Bienfaite et Jean Le Veneur[3], qui exerçaient cette charge à la fin du XIIe siècle[4]. Laquelle charge resta unique jusqu'au règne de Henri III.

Le plus souvent, les défenses portées par nos rois demeuraient sans effet. Malgré l'ordonnance de Louis IX, les friponneries des maîtres des eaux et forêts continuent, comme par le passé. Les

rêt de Retz, est de Louis VIII. Elle fut rendue à Montargis en 1223.

[1] Aimoin., *de Gest. Franc.*, lib. V, c. XLVI.

[2] Et. Pasquier, *les Recherches de la France*, lib. II, c. xv, p. 126.

[3] P. Anselme, *Histoire généalog. et chronolog. de la maison royale de France*, 3e édit., t. VIII, p. 841.

[4] C'est seulement à partir du règne de Philippe Auguste, que le pouvoir royal commença à prendre sérieusement les arbres sous sa protection, tandis qu'en Allemagne les institutions forestières de Charlemagne subsistèrent sans interruption. Les *Waldgrafen* et les *Forstgrafen*, auxquels on adjoignit plus tard les *Waldboten* (Voy. H. Cotta, *Principes fondamentaux de la science forestière*, 2e édit., trad. par Nouguier, p. 7), existaient depuis longtemps dans ce dernier pays; quand en France on songea à établir des maîtres des eaux et forêts.

édits de Philippe de Valois, de Jean, de Charles V, annoncent que, de tous côtés, les agents forestiers exploitaient les bois à leur profit et opéraient des achats et des ventes par personnes interposées[1]. Dans l'ordonnance de 1378, le premier de ces princes se plaint amèrement qu'un revenu considérable, celui des forêts, ait été comme mis à néant, et il cherche les moyens de le faire revivre. Charles V réduit dans ce but le nombre des maîtrises des eaux et forêts[2]. L'ordonnance d'Amiens, rendue en 1319, avait établi tout un système d'administration forestière[3]; mais celles des successeurs de Philippe prouvent suffisamment que cette tentative de réforme avait manqué son effet. Les progrès de l'industrie rendaient déjà le besoin du bois plus urgent. Charles V créait une marine et voulait s'assurer du bois de construction. Dans son ordonnance du 3 septembre 1376, il régla la coupe des bois de la forêt de Roumare, en Normandie, non loin de Rouen, bois qui était destiné, ainsi que nous l'apprenons par cette ordonnance, à la construction des vaisseaux et bâtiments du roi[4].

Quoi qu'il en soit, les causes d'accroissement

[1] *Ordonnances des rois de France*, t. XV, p. xxxvij, préface. Isambert, *Recueil général des anciennes lois françaises*, t. V, p. 456, et suiv.

[2] *Ordonnances des rois de France*, t. IV, p. 214.

[3] *Ibid.*, t. VI, p. 141.

[4] *Ibid.*, t. V, p. 218.

des forêts que nous avons énumérées plus haut l'emportaient encore de beaucoup sur ces effets destructeurs, lesquels ne se faisaient sentir qu'à un degré comparativement très-faible ; et c'est ce qui explique et démontre à la fois le nouveau caractère que dut prendre, du xe au xive siècle, la végétation dans notre pays. Les forêts reparurent presque aussi nombreuses et aussi touffues qu'elles l'étaient dans la Gaule avant l'établissement des Romains. Les témoignages que nous rencontrons à ce sujet chez les auteurs contemporains ou chez les écrivains qui avaient recueilli les traditions de cette époque, mettent ce fait hors de doute.

La Beauce et l'Orléanais conservaient dans les forêts de Dreux, d'Iveline [1], de Châteauneuf, de Lorges, d'Orléans, de Montargis, des restes de la célèbre forêt du pays des Carnutes. Si l'on en croit une tradition que Rabelais [2] nous a conservée sous la forme bouffonne qu'il donne à tous les faits qu'il rapporte, la Beauce avait été jadis couverte d'arbres. La forêt d'Orléans occupait une immense étendue de terrain ; laissons parler l'auteur de l'*Histoire et antiquités de la ville et duché d'Orléans*, François Lemaire [3]. « L'estendue de la forest d'Orléans estoit

---

[1] *Aquilina sylva*, où Frodoard nous apprend que fut enterré S. Arnoulf. Cf. D. Bouquet, in Gregor. Turon., *Hist. Franc.*, lib. X, dans les *Historiens de France*, t. II, p. 387.

[2] *Gargantua*, liv. I, c. xvi.

[3] Voy. encore sur cette forêt, Belleforest, *Cosmographie uni-*

grande, le Gastinois y estoit compris, Pluviers,
Yenville, Nemours et autres qui en portent le nom.
Car Gastinois est appelé en latin *vastinium*, qui
vient du mot *vastùm*, large et estendu [1]; Nemours
ou *Nemore* a une force que les bourgs et villes qui
sont dans l'estendue de ladite forest, comme Vitry,
Puy, Neufville et autres, sont surnommés aux
Loges, à cause du relais que les princes et roys y
mettoient, et Boigency a pris son nom de Bois-
Jolly. Le R. P. Morin, en son histoire du Gastinois,
dit que Jules-César et les Romains se plaisoient fort
dans ladite forest, parce que elle estoit toute couverte de bois, de pasturages; que Lupus, abbé de
Ferrières, épistre 100, remarque que, de son temps,
le Gastinois estoit entièrement planté en bois, que
l'abbaye de Ferrières, en Gastinois, prit son nom
des forges de fer. Rabelais, livre I, chapitre xvi, dit
que ladite forest est de longueur trente-cinq lieues
et de largeur dix-sept ou environ, et à présent l'on
dit qu'elle n'a que douze lieues de longueur. '

verselle, t. I, p. 331. Ce géographe qualifie cette forêt de *tant
renommée*.

[1] Le pays de Gastinois tire l'étymologie de son nom de la
Gastine, ou terre déserte qui séparait dans la Gaule le territoire des Carnutes au S.-E. de celui des Sénonais. Ainsi que
l'observe M. de Pétigny dans un passage qui sera cité plus
loin, on appelait *Vastinium* une contrée défrichée. Le nom de
diverses localités est dérivé de là, tel est Vauciennes (*Vastinium*) dans la Champagne. Voy. Chalette, *Précis de la statistique générale de la Marne*, t. II, p. 195.

« Elle fut mesurée soubz le roi François Ier, et se trouva contenir septvingt mille arpents, ayant à présent soixante et dix mille arpents, que vers l'orient elle commence près de Gien et s'étend jusqu'à Monpipeau. Nos roys et ducs qui ont aimé la chasse, qui est l'élément de la noblesse, le tableau de la guerre, ayant beaucoup de propension pour supporter froid et chaud et combattre contre les bestes, se sont plu dans le deduict de la chasse de cette forest, ces noms des villes et bourgs et villes circonvoisines d'Orléans, de Vitry, Fay-aux-Loges qui estoient les relais, le démontrent assez; entre lesquels roys de France, nous remarquons le roy François s'y estre grandement délecté, car Paradin, l'historien du temps, dit qu'en esté, l'an 1545, ledit roy François partant de Fontainebleau s'en alla à la forêt d'Orléans pour le déduict de la chasse, en laquelle il fut un mois entier, et auparavant il s'y délectoit aussi, car il fit pour la réformation de ladite forest d'Orléans des ordonnances en mars 1516 [1]. »

La forêt de Montargis, appelée jadis *forêt de Paucourt* [2], était, dès le règne de saint Louis, le théâtre des chasses royales. Naguère, suivant Guillaume Morin, elle contenait 9 733 arpents et

---

[1] Ch. xiii, p. 48 et suiv.
[2] D. Guill. Morin, *Histoire générale du Gastinois*, p. 82 (Paris, 1630, in-4°).

avait 7 lieues de tour. Au centre s'élevait la forteresse de Chastellier qui dominait cette majestueuse étendue d'arbres. Les souvenirs du culte druidique s'y conservaient encore : ses solennités se répétèrent longtemps sous la forme dégénérée du sabbat, de cérémonies magiques, et l'on montrait au *Château-du-Chat*, près de la pierre dite *Pierre-du-Gros-Vilain*, qui était vraisemblablement un menhir, le lieu où les sorciers se réunissaient [1].

Les forêts du Blaisois se rattachaient à celles de l'Orléanais et de la Beauce. « On y trouve, dit Bernier [2], trois belles forêts : la plus proche de la ville de Blois, située du côté de la Beauce, s'appelle vulgairement la *forêt de Blois* : l'une des deux autres qui sont au delà de la Loire s'appelle la *forêt de Russi*, tirant vers les Montils, et l'autre la *forêt de Boulogne*, du nom de ces trois différents lieux [3]. La première contient 5 316 arpents, et en contenait 8 000 du temps de Charles, duc d'Orléans et comte de Blois, père de Louis XII, qui en fit abattre une grande partie pour bâtir des maisons

[1] D. Guil. Morin, *Histoire générale du Gastinois*, p. 83.

[2] *Histoire de Blois*, part. I, p. 4, 5.

[3] D'après l'ordonnance de Charles IX de 1573, cette dernière forêt qui y est désignée sous le nom de forêt de Boullongne, était la plus importante des trois. Venait ensuite celle de Blois, puis celle de Russy. Voy. Fontanon, *Les édicts et ordonnances des roys de France*, t. II, p. 259, 2e édit.

dans la ville à ses officiers et aux bourgeois, aimant mieux, par un motif d'humanité assez rare chez les grands, loger des hommes que des bêtes. »

D'autres forêts non moins étendues ombrageaient les plaines de la Touraine et du Vendomois et se rattachaient à celles que nous venons de décrire. Telles étaient les forêts de Chinon, d'Amboise et de Marchenoir qui subsistent encore aujourd'hui, mais qui ont vu leur étendue singulièrement se resserrer. Cette dernière, appelée dans les anciennes chartes *Sylva Longa*, rappelle par son nom l'existence de la vaste frontière de bois qui entourait le centre de la France.

Une autre forêt plus étendue encore était celle qui couvrait la plus grande partie des cantons de Saint-Amand et Montoire (Loir-et-Cher), et de ceux de Château-Renault et Neuvy-le-Roi (Indre-et-Loire), laquelle se rattachait sans doute à celle de Marchenoir.

« Cette forêt, écrit le savant historien du Vendomois, M. de Pétigny, était connue sous le nom de Gastines ou Wastines que porte encore une masse assez considérable de bois près de Montrouveau. Ce nom est dérivé du radical *vast* qui signifiait une terre déserte et en friche et d'où est venu le mot *dévaster*, réduire en désert. Cette forêt n'a commencé à être défrichée qu'au xie siècle. La métairie de *Grand-Mars* sur les confins de la commune d'Huisseau, semble indiquer sa limite primitive au nord ; vers le midi elle s'étendait au moins jusqu'à la commune de Saint-Laurent-en-Gatines (Indre-et-Loire) ; son défrichement est un des faits les plus importants de l'histoire du Vendomois du moyen âge[1]. »

L'Anjou, qui n'offre plus actuellement que des forêts fort réduites, était jadis fort boisé. Près d'Oudon se voyait, au xvie siècle, l'antique forêt de Niviseau que la tradition donnait comme ayant été l'un des siéges du culte druidique. Aujourd'hui on n'en rencontre plus que quelques restes démantelés[2].

La belle *forêt de Beaufort*, qui s'étendait, au xie siècle, sur les bords de l'Authion, et qui touchait presque Mazé, n'existe plus et il n'en reste pas même un arbre[3] ; sa surface était de 7497 hectares. En 1148, Geoffroy le Bel, comte d'Anjou, en donna 291 à Othon, seigneur du Lac. En 1356, il n'en restait plus que 2178 hectares. De 1790 à 1795 le reste fut détruit. Il ne subsiste plus maintenant que quelques bouquets d'arbres dans les forêts jadis étendues d'Ombrée, de Chandelais et de Monnaie.

La Normandie était signalée, au temps de

[1] J. de Pétigny, *Histoire archéologique du Vendomois*, t. I, p. 21.

[2] Belleforest, *Cosmographie universelle*, t. I, p. 79.

[3] Desvaux, *Statistique de Maine-et-Loire*, part. I, p. 113, 114 (Angers, 1834).

Charles V^e, par l'abondance de ses forêts. Une ordonnance de ce prince, rendue à Melun en 1372, porte : « Au pays du duché de Normandie, qui est peuplé de forests, buissons et brosses plus qu'aucunes austres parties de nostre royaume[1]. » Dans ces forêts le hêtre et le chêne formaient les essences dominantes. Parmi les plus importantes, on distinguait celle de Brotonne[2], appelée par les historiens mérovingiens *Arelaunum sylva*, et dans laquelle Clotaire se réfugia en 537, pour échapper à Childebert et à Théodebert. Les rois de France allaient y chasser au xve siècle[3]; celles de Roumart, d'Andaine, de Breteuil, de Gouffern ou Gouffroy, de Conches[4]. Les forêts de Bray et de Lyons n'en

---

[1] Sainct-Yon, *Les édits et ordonnances des eaux et forêts*, p. 55.

[2] Voy. Gregor. Turon., *Hist. Franc.*, lib. III, c. xxviii.

[3] Ce fait est mentionné dans une charte des archives de la république (P. 277, n° 241), dont mon savant confrère M. E. de Fréville m'a communiqué un extrait. Voy. sur la découverte d'une villa romaine faite dans cette forêt, *Biblioth. de l'école des Chartes*, t. IV, p. 587.

[4] Voy. l'énumération des principales forêts de Normandie dans Piganiol de Laforce, *Nouvelle description de la France*, 3e édit., t. XI, p. 104 et suiv. Celle de Gouffern ou Gouffay, dont il est plusieurs fois fait mention dans Ordéric Vital, n'a pas été citée par ce géographe. L'ordonnance de Charles IX de 1573 cite six grandes forêts dans le seul bailliage de Caux et autant dans celui de Rouen. Voy. Fontanon, *Les édicts et ordonnances*, t. II, p. 259.

formaient qu'une seule qui s'étendait entre Argueil et Buchy ; les communes de Bosc-Roger, Bois-Guilbert, en ont vraisemblablement pris leurs noms, et les noms d'*Elbeuf-en-Bray*, de *Beauvoir-en-Lyons*, de *Lahaye-en-Lyons* n'ont pas d'autre origine[1]. Il y a cinquante ans, cette forêt était déjà toute dévastée ; toutefois les restes qui subsistent attestent son ancienne magnificence[2]. La population sylvaine qui l'habite et qui y vit de l'industrie de la saboterie, y a conservé en partie la simplicité et la rudesse des mœurs de nos ancêtres.

Aux environs d'Évreux, le nom de *Grandis Sylva* que portait jadis le village de Grossœuvre[3], ou plutôt le château qui s'élevait sur son territoire[4], dénote l'existence ancienne d'une vaste forêt qui a disparu de nos jours.

[1] Noel, *Essais sur le département de la Seine-Inférieure*, t. I, p. 34 (Rouen, 1795). Saulx-Tavannes appelle dans ses *Mémoires* (t. II, p. 386, éd. Petitot) le pays de Bray un pays plein de bois, marais, fanges et broussailles. Voy. sur ce pays, A. Passy, *Description géologique du département de la Seine-Inférieure*, t. I, p. 196.

[2] Les bois de la forêt de Lyons furent largement coupés et transportés à Paris, à partir de la fin du xve siècle, grâce à la facilité de transport que présentait l'Andelle. Voy. Baudrillart, *Dictionn. gén. des Eaux et Forêts*.

[3] Aug. Le Prevost, *Dictionnaire des anciens noms de lieux du département de l'Eure*, p. 140.

[4] Cette forêt est aussi désignée sous le nom de forêt d'Otte,

La ville de Paris était, tout comme Lutèce, enceinte d'un épais rempart d'arbres de plusieurs kilomètres de profondeur. Au ix⁰ siècle, Emans ou Esmans, dans le canton de Montereau (l'*Acmantus* ou l'*Agmantus* des diplômes), était environné d'une lisière de quatre lieues de forêts qui suffisaient pour engraisser cinq cents porcs[1]. Cette forêt se rattachait à la *sylva Bieria*, appelée aujourd'hui *forêt de Fontainebleau*, et qui se joignait à celles de Moret et de Senart. Cette dernière s'étendait encore, au temps de Henri II, des portes de la ville de Melun au pont de Charenton[2].

Dans une région opposée, par rapport à Paris, s'étendait la forêt de Laye ou Leie, dont le nom s'est encore conservé dans celui d'une ville qui en était environnée, Saint-Germain en Laye. Cette forêt, qui se rattachait vraisemblablement à la vaste forêt d'Iveline, est désignée dans le Polyptique

sylva Usta. Cf. *Diplomat. Ludovici Pii*, n⁰ 150, ap. D. Bouquet, *Hist. de France*, t. VI, p. 630. Guerard, *Polyptique d'Irminon*, t. I, part. II.

[1] C'est ce château qu'habitait Roger le Bègue, et dont s'empara le roi d'Angleterre Étienne. Ordéric Vital, lib. XIII, p. 492, trad. Guizot.

[2] Sainct-Yon, o. c., p. 84. Dans l'ordonnance de Charles IX, du 25 octobre 1573, la forêt de Fontainebleau est désignée sous le nom de forêt de *Bière-lez-Fontainebleau*. Fontanon, *Les édicts et ordonnances des roys de France*, 2⁰ édit. t. II, p. 259.

d'Irminon sous le nom de *Lida*. On a dit ensuite, par corruption, *Lia*, *Lea*, *Laie*[1].

Plus près de la capitale, deux vastes forêts occupaient les bords de la Seine, l'une au midi et l'autre au nord. Leurs deux extrémités subsistent encore sous le nom de bois de Boulogne et bois de Vincennes. Le premier de ces bois allait rejoindre les bois de Chatou et la forêt de Laye[2]. Celle-ci se rattachait à la forêt de Montmorency, la seule d'une étendue considérable qu'on rencontre encore aux environs de Paris, et qu'on divisa longtemps en haute et basse. Les bois ou forêts de Bondy ou Livry[3] en occupaient le centre. Plus loin se trouvaient d'autres forêts non moins étendues. Mais déjà, sous Philippe de Valois[4], celles de Trait, de La Haye, d'Arches, de Queruelle, de Vismes étaient de peu d'importance[4]. La forêt de Cuise (*sylva Cotia*) n'était qu'un débris de la forêt de Servais (*Sylvacum*), appelée ensuite par corruption *Serval*. La Chapelle en Serval (jadis en Servais) appartient encore au territoire de la forêt de Coye, qui est

---

[1] Lebeuf, *Histoire du diocèse de Paris*, t. VII, p. 210.

[2] Delamare, *Traité de la police*, t. III, liv. V, p. 827.

[3] Cette forêt, appelée aussi forêt de Livry, paraît être celle qui est désignée par les historiens de l'époque carlovingienne sous le nom de *Lauchonia sylva*, et dans laquelle Childéric fut assassiné par Bodillon. Cf. Fredegar., *Chronic.*, D. Bouquet, *Hist. Franc.*, t. I, p. 450.

[4] *Ordonnances des rois de France*, t. I, p. 615.

un démembrement de celle-ci, et dont le nom n'est qu'une altération de celui de *Cotia*. La célèbre forêt de Retz, celles de Laigle[1] et de Hez, dite la Neufville, en sont également des restes[2]. Plus tard, les forêts de Halatte et d'Ajeux se détachèrent de la forêt de Cuise, par suite de nouveaux défrichements, et constituèrent des forêts distinctes[3]. En 1574, la forêt de Retz et celle de Cuise ou

---

[1] Cette forêt est appelée tantôt forêt de Laigle, tantôt forêt de Laigue. Elle est désignée dans les chartes latines sous les noms de *Sylva Lisica, Lisiga, Lisgua, Esga* (voy. Carlier, *Hist. du Valois*, t. II, p. 280). Ce nom paraît dérivé de *Agua, Aigue*, eau; cette forêt est en effet tellement humide qu'il a fallu la traverser en tout sens par des fossés, pour y rendre possible la production du bois de bonne qualité. Voy. l'*Annuaire de l'Oise pour* 1839. *Statistique du canton de Ribecourt.*

[2] Fontanon, o. c., t. II, p. 259. La forêt de la Neufville a encore une contenance de 2 664 hectares (voy. *Annuaire de l'Oise pour* 1838. *Statistique du canton de Clermont*). C'est encore l'une des plus belles de France.

[3] Carlier, *Histoire du duché de Valois*, t. I, p. 57 et suiv. La forêt de Halatte a porté les noms de forêt de Senlis et de Saint-Christophe. Elle est appelée *Lucus halachius* dans un titre de 1165. Ce nom de Halatte qui a commencé d'être employé vers le XIVe siècle, est dérivé du *Mont Alta*, qu'on appelait d'abord *Mont Haltois, Mont Haltas*. Voy. *Statistique du canton de Senlis*, dans l'*Annuaire de l'Oise pour* 1841. En 1348, elle était encore confondue avec la forêt de Cuise. Voy. *Annuaire de l'Oise pour* 1834, *Statistique du canton de Pont Saint-Maxence.*

Compiègne avaient une étendue considérable[1]. Ces
deux forêts, mentionnées anciennement dans notre
histoire, étaient le théâtre habituel des chasses de
nos rois, sous les seconde et troisième races. Ph.
de Marre, dans sa Vie de Languet (éd. Ludwig.,
p. 50, 51), s'exprime ainsi à leur sujet : « Retiæ
« sylvæ omnium fera quotquot in Gallia sunt, præ-
« ter Compendiensem vastissimæ et ferarum omnis
« generis refertissimæ. »

Ces forêts suffirent longtemps au chauffage de
Paris et de sa banlieue[2]. Un siècle après, le bois

[1] L'ordonnance de 1573 veut qu'il soit coupé 100 arpents
de la forêt de Retz, et 96 en la forêt de Cuise-lez-Compiègne.
Si l'étendue des coupes réglée par cette ordonnance est, ce qui
paraît vraisemblable, proportionnelle à la superficie, il faut
en conclure que ces deux forêts avaient alors une superficie de
22 000 arpents environ, puisque la forêt de la Neufville n'est
comprise que pour 23 arpents, c'est-à-dire pour $\frac{1}{250}$ de sa
superficie actuelle. Le nom de forêt de Compiègne a sa source
dans l'institution des maîtres, par l'ordonnance du 29 mai 1346,
et dans la création de quatre de ces siéges pour le pays de
Valois, l'un desquels fut fixé dans la ville de Compiègne.
Cependant l'appellation de Cuise fut encore conservée par l'u-
sage pendant plusieurs siècles. Sous Louis XIV, la plupart des
actes disent forêt de *Cuise-lez-Compiègne*. Voy. *Statistique du
canton de Compiègne*, dans l'*Annuaire de l'Oise pour* 1850.

[2] Félibien, *Pièces justificatives à l'histoire de Paris*, p. 657.
Voy. à ce sujet dans les *Annales forestières*, an 1849, l'intéressant travail de M. Alfred Gerbaut *Sur le bois de chauffage
de Paris*, depuis la fin du xiiie siècle jusqu'au règne de
Louis XIV.

pour ardoir qu'on en tirait cessa de suffire à la consommation ; l'on dut avoir recours aux forêts de Bierre (Fontainebleau)[1], de Crécy en Brie[2], de Sourdun et de Jouy, et enfin à un grand nombre d'autres plus éloignées. Ce fut alors qu'Arnoul et Jean Rouvet, bourgeois de Paris, établirent le flottage qui devait amener dans cette ville les bois de la Bourgogne et du Morvan.

Lyon était également environné de forêts. On a, suivant Alléon Dulac[3], les preuves les plus authentiques que les coteaux de Fontanières et de Sainte-Foy, qui sont aux portes de Lyon, étaient anciennement couverts de bois qui furent défrichés par les bénédictins ; le micocoulier (*celtis australis*), qui croît encore spontanément sur les rochers des environs de la ville, en formait sans doute une des essences principales.

Le *Bocage du Poitou*, le *Bocage Percheron*, le *Bocage Normand* ne constituaient, à proprement parler, que des forêts continues, séparées seulement par des éclaircies où se groupaient les habi-

---

[1] Baudrillart, *Dictionn.*

[2] Cette forêt qui se joignait jadis à celle d'Armainvilliers, est probablement un démembrement de celle qui est désignée dans la vie de saint Ouen, évêque de Rouen, sous les noms de *Brigia sylva*, *Brigensis saltus*, et qui s'étendait alors dans toute la Brie. Cf. Aimoin., *de Gest. Franc.*, lib. IV, c. xli.

[3] *Mémoires pour servir à l'histoire naturelle du Lyonnais, Forez et Beaujolais*, t. I, p. 80.

tations. Aujourd'hui les forêts des premiers de ces
cantons ont disparu ; les arbres n'y sont plus guère
réunis que par petits massifs. Mais dans le Poitou
proprement dit, la forêt de Vouvant ou Merevant
garde encore des traces de son antique magnificence ; les chênes et les châtaigniers y formaient,
il y a peu d'années, d'admirables futaies[1], et la ba-
ronnie de Parthenay et de la Gâtine du Poitou en
était en partie ombragée[2]. Le sanglier y abonde,
et Du Fouilloux, dans sa *Vénerie*, fait mention de
ses cerfs remarquables, à tête petite et noire, qui
se distinguaient de ceux des autres forêts de la province, et notamment de celle de Chisay[3]. On remarque encore, dans la même province, la forêt
des Moulières[4], dont il est souvent question dans
les anciennes chartes, et que les coupes inconsidé-

---

[1] Cette forêt a encore aujourd'hui une superficie de 2 982 hectares. Cf. Cavoleau, *Statistique de la Vendée*, p. 338.

[2] Voy. sur les forêts du Poitou, *Estat des forests et boys du
roy de la province du Poictou*, à la suite de la *Réformation
générale des forests et boys de S. M. de la province du
Poictou* (Poitiers, 1667, in-fol.), p. 261 et suiv. Les *Ga-
tines* du Poitou, comme celles de la Touraine, étaient, à
cause de leur sécheresse, exclusivement propres à la sylvicul-
ture.

[3] Il appelle cette forêt, forêt de Merevant. Voy. *la Vénerie
de Jacques du Fouilloux*, ch. xix, f° 18, verso. Du Fouilloux
dit, au sujet de cette forêt : « Car la forêt de Merevant est
toute en montaignes, vallées et barricaves. »

[4] Cf. *Estat des forêts* cité, p. 265.

rées qui y avaient été faites, avaient singulièrement restreinte au commencement du xvii° siècle, celle de Dine et celle de Brosse.

Dans le Bocage Percheron, l'admirable forêt de Bellesme demeure encore un majestueux débris de la *Sylva Pertica* ou *Saltus Perticus*, une des forêts les plus étendues de la Gaule[1]. Cette forêt servait de frontière à la cité des Carnutes au nord, depuis les bords de l'Eure jusqu'à ceux du Loir et de la Sarthe[2]. Ses étonnantes futaies de hêtres et de chênes[3] ont été témoins de bien des générations.

[1] Aimoin dit à son sujet : « Post eum exstat Liger, qui terram « illam, quæ inter illum et Sequanam jacet, pene insulam effi- « cit sylvæ multæ, sed eminentior cæteris Perticus. » *Præfat. in Gest. Francorum*, ap. D. Bouquet, *Hist. de France*, t. III, p. 25. Cf. *Excerpt. ex vit. S. Betharii, de Chlotario II*, ap. D. Bouquet, l. c., p. 489, etc., et Lasicotière, sur le Perche, dans l'*Annuaire des cinq départements de l'ancienne Norman- die*, 1838, 4° année, p. 261, 262.

[2] Au xii° siècle, cette contrée était encore à l'état de forêt. Une charte passée en 1134, au Temple, près Mondoubleau, est datée de la maison des Chevaliers du Temple dans la forêt du Perche. De nos jours même, il y a dans toute cette portion de l'arrondissement (de Vendôme), dit M. de Pétigny, beaucoup de bois et de landes, et la population y est très-clair-semée. Dans plusieurs communes, les défrichements ne datent que du temps de Henri IV, qui aliéna de grandes étendues de bois domaniaux et les livra à la culture. J. de Pétigny, *Histoire archéologique du Vendomois*, part. I, p. 21, 22.

[3] Le Perche est un des cantons de la France où la végétation forestière est la plus active. On y voit des sureaux atteindre les

Cette forêt se liait jadis à celle de Val-Dieu, de Réno, de Moulins, de Bonsmoulins, par des cordons non interrompus d'arbres. Au sein de cette forêt, une population particulière, celle des sabotiers, a conservé, comme celle de la forêt de Lyons, sa physionomie primitive.

Dans le Maine, le *Pagus Silviacencis*, le Silléais ou pays de Sillé, qui formait l'une des divisions de la contrée Diablintique, rappelait par son nom les forêts qui couvraient sa superficie et dont on retrouve les restes dans celles de la Charnie (*Sylva Carneta*), de Craon, de Douvereau, de Pincé, de Percigné, d'Andaine et de Longaunai, jadis très-considérables[1]. La forêt du Mans, devenue si célèbre par l'aventure qui coûta la raison à l'infortuné Charles VI, est aujourd'hui entièrement détruite, à l'exception de quelques bosquets. Elle s'étendait jadis sur les communes d'Alonnes, de Spay, Fillé, Voivres, Roezé, Guecelart, la Suze, Saint-Jean-du-Bois, Mezerai, Courcelles, Parigné-le-Polin et la Fontaine-Saint-Martin[2].

dimensions de véritables arbres de haute futaie, et le tronc des hêtres comprendre un diamètre de plusieurs pieds.

[1] T. Cauvin, *Géographie ancienne du diocèse du Mans*, p. 308 et suiv.

[2] Il est question de cette forêt dans le roman de *Berte aux grans piés* :

Bien cinq grandes journées, ni voudront détrier,

Toutefois, en certaines parties de la province du Maine, la végétation arborescente semble avoir regagné ce qu'elle a perdu sur d'autres, et le pin maritime, nouvelle conquête de son sol, se propage rapidement sur ses terrains de *roussard*[1].

Angers était, au moyen âge, entouré par la forêt de Belle-Poule, déjà défrichée aux deux tiers au temps de Charles Colbert[2].

Le Berry était couvert de bois nombreux, entre lesquels se distinguaient ceux du duché de Châteauroux, qui couvraient encore, il y a soixante ans, une vaste superficie, ainsi qu'on peut en juger par la carte de Legendre[3]. La forêt de Robert s'étendait, dans cette province, sur tout un canton.

Mais, dans les siècles qui ont précédé l'époque à laquelle nous vivons, c'était incontestablement

> Tant qu'en un bois, s'en vindrent haut et grand et plaignier.
> C'est la forêt du Mans, ce oy tesmoigner
> Lors se sont arrestées desous un olivier.

Li romans de Berte aux grans piés, éd. Paulin Paris, p. 34. Cf. note, p. 196.

[1] C'est ainsi qu'on appelle dans le Maine un sable assez fin qui passe du grès au poudingue, et dont la couleur est jaunâtre.

[2] Marchegay, *Archives d'Anjou*, p. 145. Au xvii° siècle, la forêt de Durtal était la seule de quelque importance qui se trouvât en Anjou, car c'est la seule que Rob. de Salnoue donne dans son dénombrement. Voy. *la Vénerie royale* (Paris, 1665), p. 417.

[3] Cette carte a été copiée par Fricalet. Voy. Monteil, *Traité des matériaux manuscrits*, t. I, p. 17.

dans les provinces montagneuses que la végétation arborescente se montrait le plus luxuriante et
le plus touffue. Les sommets arrondis des Vosges
étaient garnis d'une forêt continue. Des amas de
hêtres, de sapins blancs, de sapinettes, garnissaient les flancs du *Barenkopf*, du *Rossberg*, du
Hohneck, du *Gresson*, du *Ballon d'Alsace*, du
Grand Ventron, du *Ballon de Guebwiller*[1]. Elles
ne présentaient d'autres éclaircies que celles qui
s'offrent encore aujourd'hui à l'endroit de toutes
les cimes élevées et qu'on appelle *Hautes-Chaumes*
(*Calvi-Montes*)[2]. Des restes démantelés de ces magnifiques forêts se voient aussi sur les flancs de la
vallée de la Thur, de celle de la Vologne, de Plancher, d'Andlau.

Ces forêts, qui couraient de vallées en vallées,
étaient coupées çà et là par des *Waldsee*, des lacs
tels que ceux de Gérardmer, de Longemer, de la
Maix, de Sternsee, ceints d'une couronne d'arbres
qui a disparu et qui s'est pour ainsi dire effeuillée
sous la hache du montagnard, laissant tomber au

---

[1] **Dufrénoy** et **Élie de Beaumont**, *Explication de la carte
géologique de France*, t. I, p. 278 et suiv.

[2] Voy. H. Hogard, *Description du système des Vosges*, p. 19
(Épinal, 1837), et H. Lepage et Charton, *Le département
des Vosges*, t. II, p. 121. Les forêts sont aujourd'hui plus
abondantes à l'est et au sud-est de la chaîne des Vosges,
que dans l'ouest du département qui est plus entremêlé de coteaux.

fond des tourbières qui se forment dans quelques-uns de ces lacs, leurs rameaux et leurs feuilles[1].

On garde, en divers endroits des Vosges, le souvenir de forêts qui ont complétement disparu ; telle est la forêt qui couvrait les coteaux d'Attigny, et à l'existence de laquelle se rattachent des traditions mythologiques qui remontent peut-être au druidisme ; telle est celle qui occupait les emplacements de Gérardmer et d'Auzainvilliers[2].

La contrée qui forme aujourd'hui le département de la Moselle et le nord de celui du Bas-Rhin liait cette forêt des Vosges à celle des Ardennes. Dans ces deux départements la région forestière est encore fort étendue. Les chênes, les charmes et parfois les hêtres constituent les essences de la partie occidentale de l'ancien pays Messin[3]. Le pin sylvestre se montre près de Creutzwald, en allant vers Bitche et lorsqu'on pénètre dans l'Alsace. Avant la cession du canton de Bitche à la France, les forêts étaient presque ce qu'elles avaient été il y a six siècles, et, dans l'espace de quinze années,

[1] Voy. Dufrénoy et Élie de Beaumont, o. c. C'est ce qu'on observe notamment au lac de Fondromey où l'on voit beaucoup d'îlots tourbeux, couverts de bouleaux et qui changent de places. Ce lac est élevé à plus de 200 mètres au-dessus de Rupt.

[2] Voy. H. Lepage et Charton, *le Département des Vosges*, t. II, p. 19, 20.

[3] Verronnais, *Statistique du département de la Moselle* (Metz, 1844, in-8°), p. 61.

le gouvernement en vendit 93 595 chênes. Actuellement elles embrassent encore une superficie de 20 553 hectares[1]. M. V. Simon, dans une intéressante notice sur le Sablon, près Metz, a signalé l'existence d'un bois situé sur le versant nord de la Raque, qui a envahi l'emplacement d'une ancienne voie romaine ; circonstance qui démontre clairement l'extension des forêts dans cette contrée après la domination romaine[2]. Les îles du Rhin étaient couvertes d'aunes, de frênes, d'ormes et de charmes. Certains cantons, celui de Sulz, par exemple, présentaient des massifs de mélèzes, et depuis longtemps le merisier, répandu sur les montagnes du nord de l'Alsace, fournit aux habitants une liqueur estimée, le *kirschwasser*[3]. Les forêts de Beiwald et d'Haguenau embrassaient une zone étendue, avant que les ravages des guerres de la république les eussent resserrées dans des limites infiniment plus étroites.

La forêt des Ardennes, beaucoup moins étendue qu'au temps des Carlovingiens et des premiers Capétiens, était formée de futaies de hêtres, de chênes, de bouleaux, de coudriers. Le sapin ni aucun conifère n'y montrait son feuillage toujours vert. Il

[1] Verronnais, p. 62.

[2] Voy. *Mémoires de l'Académie nationale de Metz*, ann. 1848, 1849.

[3] Laumond, *Statistique du département du Bas-Rhin*, p. 38 et suiv.

ne faut pas croire cependant que, même au temps
où elle était le plus impénétrable, cette forêt n'eût
pas aussi ses vastes clairières et ses éclaircies de
plusieurs lieues. Ses *Hautes-Fagnes* (*Hohe-Wehen*[1]),
étendues marécageuses, tourbières, qui s'étendent
sur des plateaux élevés et répondent aux *Hautes-
Chaumes* des Vosges, venaient interrompre la succession des essences arborescentes qui recouvraient
les pentes de l'Eifel, du Hundsrück, du Hochwald,
et n'étaient séparées que par le Rhin du manteau
arborescent qui garnissait les cimes du Taunus, du
Westerwald et du Sauerland. La nature volcanique
de certaines roches de ces montagnes donnait naissance à une végétation arborescente qui rappelait
celle des contrées plus méridionales, et dont on a
encore observé récemment des restes[2]. Ce n'est
que dans ces derniers temps qu'on a pu, à l'aide de
l'essartage, rendre un peu de vie et entretenir une
culture, toujours au reste faiblement productive,
dans ces stériles clairières[3].

Plusieurs ramifications des Ardennes s'étendaient

[1] Voy. Dufrénoy, et Élie de Beaumont, o. c., t. I.
[2] Voy. les observations de M. Wirtgen sur la botanique des
environs de Bertrich, près Coblentz, citées par M. Thurmann,
Essai de phytostatique, t. I, p. 390.
[3] L'autre partie de la Famenne appelée *Fagne* a toujours été,
comme les Hautes-Fagnes de l'Ardenne, dépouillée de végétation. Voy. J. T. d'Omalius d'Halloy, *Coup d'œil sur la géologie
de la Belgique*, p. 27 (Bruxelles, 1843).

encore dans le Condros, aux environs de Dinant et de Bouvignes, dont les nombreuses vallées étaient garnies de futaies, dans le pays d'Herve et une partie de la Famenne, où les arbres sont actuellement beaucoup plus rares.

La forêt de l'Argonne [1], qui constitue l'une des lignes de faîtes séparant les eaux de la Manche de celles de la mer du Nord, formait une frontière naturelle entre la Champagne et la Lorraine. Quand on sortait de la grande plaine crétacée de Valmy, la végétation forestière commençait à Sainte-Menehould [2]; et quand on avait gravi la bande jurassique qui constitue l'Argonne, on se trouvait tout à coup au milieu de mamelons ombragés auxquels leurs sinuosités répétées ont valu vraisemblablement leur nom [3], et on ne quittait plus les arbres jusqu'au Rhin. La partie escarpée baignée par la Meuse, qui

[1] La forêt d'Argonne est citée dans la *Chronique rimée de Philippe Mouskes*, 24987, t. II, p. 471, éd. Reiffenberg. Elle est aussi mentionnée par le moine Richer. Voy. Richer. *Histor.*, lib. III, c. cxiii, éd. Guadet, t. II, p. 128.

[2] La forêt de Sainte-Menehould était encore considérable en 1573, ainsi qu'on le voit par l'ordonnance de cette année. Fontanon, *Les Édicts et ordonnances des roys de France*, t. II, p. 260, 2ᵉ édit.

[3] Argonne paraît venir de l'article celtique *ar* et de *gwen*, *gwan*, courbe. Au moyen âge, les forêts de l'Argonne appartenaient aux comtes de Toul. Voy. *Histoire ecclésiastique et civile de Verdun*, par un chanoine de la ville, p. 198 (Paris, 1745, in-4°).

avoisine Verdun, était au x⁰ siècle garnie d'une longue forêt[1]. Les forêts qui bordent encore les rives de la Meurthe et celles au centre desquelles s'élevait la maison de plaisance des rois d'Austrasie, et qui ont conservé, en mémoire, dit-on, de Brunehaut, le nom de *Forêts de la Reine*, servaient de jonction entre les forêts des Vosges et de l'Ardenne[2].

La Bretagne voyait ses chaînes granitiques et ses plaines de terrains schisteux ombragées par des forêts qui ont laissé d'importants vestiges. Les montagnes d'Arrhès ont perdu les forêts séculaires qui les couronnaient, et ne présentent plus que des cimes arides et dépouillées. La forêt nantaise s'étendait de Nantes à Clisson, Machecoul et Princé. Elle avait été établie sur les ruines de nombreux villages, pour que le duc de Retz pût se rendre, en chassant, d'un château à l'autre[3]. En 1460, la forêt de Loudéac, qui n'offre plus à cette heure

[1] Richer., *Histor.*, lib. III, c. ci, t. II, p. 125, éd. Guadet.

[2] Cette maison de plaisance était située au lieu appelé aujourd'hui Royaumeix, nom qui est formé par corruption de *Regalis* ou *Regia mansio*; c'est un village de l'ancien évêché de Toul, à 36 kilom. N.-O. de Nancy. On y a trouvé d'anciennes sépultures. Voy. H. Lepage, *Le département de la Meurthe*, t. II, p. 497. Les *forêts* ou *bois de la Reine* ont porté le nom de *foresta regia Ermandia* (voy. plus haut). Ce qui nous donnerait à penser que ce ne serait pas en mémoire de Brunehaut, mais d'une reine Ermangarde, sans doute la femme de Louis le Débonnaire.

[3] Travers, *Histoire de Nantes*, p. 216.

qu'une superficie de 25 731 hectares, en embrassait une étendue de plus de 20 000[1]. Entre Lanmor et Lamballe s'étendait une belle forêt qui a donné naissance à un certain nombre de forêts distinctes, telles que celles de la Hunaudaye[2], Lanmor, Lamballe[3]. Les forêts de Rennes et de Liffré, qui étaient jadis réunies en une seule, sont actuellement séparées par une lande domaniale de 500 hectares[4]. La plus célèbre était celle de *Brocélian*[5], *Brécilien*, *Brechelant* ou *Barenton*; dont la forêt de Lorge comprend encore les débris[6]. Un historien moderne de la Bretagne, M. Aurélien de Courson, a publié un curieux document tiré d'un

[1] Habasque, *Notions historiques sur les Côtes-du-Nord*, t. V, p. 55.

[2] Cette forêt a porté aussi le nom de *forêt Noire*, ainsi qu'on le voit par les *Contes d'Eutrapel;* on lit, dans le conte intitulé : *De la moquerie*, p. 191, recto, éd. Rennes : « Ce que le grand roy François souffrit être fait en sa personne, par les sergens et forestiers de la forest Noire, depuis appelée Laumur, aujourd'hui de la Hunaudaye. »

[3] Habasque, *Notions historiques sur les Côtes-du-Nord*, t. III, p. 41.

[4] Cf. le mémoire de M. Vigan dans les *Annales forestières*, t. IV, p. 100. Il est fait mention de la forêt de Liffré dans les *Contes d'Eutrapel.* Voy. le chap. intitulé *Musique d'Eutrapel*, p. 100, v°, éd. Rennes, 1585.

[5] Ce nom de Brécheliant, Bréchelien, nous paraît être une altération de *Breiz-Liach* ou *Breich-Leach*, c'est-à-dire en dialecte armoricain, la *pierre bretonne*, nom qui servait à désigner la pierre ou perron de Bellenton ou Barenton.

ouvrage manuscrit intitulé : *Les usements et cous-
tumes de la forest de Brésilien ;* on y trouve les
détails suivants [1] :

« La dicte forest est de grant et spatieuse estau-
due, appellée mère-forest, contenant sept lieuex
de long et de lese, deux et plus, habitée d'abbayes,
prieurez de religieulx et dames en grant numbre,
ainsi qu'est declere cy devant ou chappitre des usa-
giers touz fondez de la seigneurie de Montfort et
de Loheac qui leur ont donné les droiz et privileges
dont davant est fait mençion.

« Item, en la dicte forest y a quatre chasteaulx
et mesons, fort grant nombre de beaulx estangs
et de plus belles chassez que on pourroit aultre
part trouvez.

« Item, en la dicte forest y a deux cents brieulx
de boays, chacun portant son nom différent de
l'autre, et ainsi que on dit, autant de fontaynes
chacune portant son nom.

« Item, entre autres des brieulx de la dicte forest
y a ung breil nommé le breil au seigneur ou quel
james nabite et ne peult habiter aucune beste ve-
nimeuse ne portant venin ui nulles mouches ; et
quant on y aporteroit ou dit breil aucune bestre
venymeuse tan ost est morte et n'y peult avoir vie,

---

[1] Habasque, *Notions historiques sur les Côtes-du-Nord*, t. III,
p. 59.

[2] Aurélien de Courson, *Essai sur l'histoire de la Bretagne
armoricaine*, p. 417 et suiv., 422 et suiv.

et quant les bestes pasturantes en la dicte forest sont couvertes de mouches et en mouchant elles peust recouvrez le dit breil, soudaynement les dictes mouches se départent et vont hors d'iceluy breil.

« Item, auprès du dict breil il y a ung aultre breil nommé le breil de Bellenton et auprès d'ice-lui y a une fontayne nommée la fontayne de Bellenton, auspres de laquelle fontayne le bon chevalier Pontus fit ses armes, ainsi que on peult voir par le livre qui de ce fut composé.

« Item, joignant la dicte fontayne y a une grosse pierre que on nomme le perron de Bellenton et toutes foiz que le seigneur de Montfort vient à la dicte fontayne et de l'eau d'icelle arouse et moulle le dit perron, quelque chaleur temps, assure de pluye, quelque part que soit le vent, et que chacun pourroit dire que le temps ne seroit aucunement disposé à pluye, tantost et en peu d'espaces aucunes foiz plus tost que le dict seigneur ne aura pas recoupvrez son chateau de Comper, aultres foiz plus tost, et quelque soit ains que soit la fin d'iceluy jour, pleut ou pays si abondamment que la terre et les biens étans en ycelle, en sont arousez et moult leur prouffite. »

L'existence de cette forêt se rattachait aux traditions mythologiques et héroïques de l'Armorique[1].

---

[1] Voy. sur cette forêt, regardée comme un lieu d'enchante-

Et ce caractère sacré dont elle était entourée au temps des Gaulois a peut-être été l'une des causes pour lesquelles des droits et priviléges particuliers furent accordés, au moyen âge, à ceux qui l'habitaient. « En la dicte forest, lit-on dans le livre que nous venons de citer, y a un grant nombre de gens mencionniers et habitants d'icelle, comme dit est ; lesquels, pour quelque marchandie, manœupvre ne quelque aultre chose ou mestier dont ils s'entremeptent, ne sont subjetz ne contributifs en la dicte forest à aucun subside de ne debvoir quelconque, et sont de long temps en possession de franchise par toute la dicte forest. »

La forêt de Fougères et celle du Teil paraissent avoir aussi joué un certain rôle à l'époque druidique ; c'est ce qu'attestait, pour la première, la présence de deux monuments celtiques, le *Monument* et la *Pierre du Trésor*, qui y existaient jadis et que M. Rallier a décrits. L'étendue encore considérable de cette forêt donne à penser qu'elle a jadis recouvert un canton très-vaste de l'Armo-

ment Leroux de Lincy, *Le livre des légendes*, introd., p. 97, et l'appendice, n° 2, dans lequel est rapporté un extrait du roman du Chevalier au Lion. Le célèbre trouvère Robert Wace alla vainement chercher les fées qui faisaient, disait-on, leur séjour dans la mystérieuse forêt ; il s'en retourna sans avoir rien pu voir, s'écriant avec un accent d'incrédulité : « Fol y allois, fol m'en revins. »

rique[1]. Quant à la seconde, elle renferme un menhir et elle s'étendait jadis autour de la *Roche aux Fées* d'Essé[2].

La partie de la Bretagne qui répond au département de la Loire-Inférieure paraît avoir été, jusqu'au vi^e siècle[3], couverte de hautes futaies.

Aujourd'hui la forêt de Sautron a cessé d'exister; on ne découvre plus aucun vestige de la forêt d'Héric qui subsistait encore au commencement du siècle dernier[4].

Plusieurs de ces forêts dataient de l'époque où le droit de garenne rappela sur le territoire les vastes ombrages dont la culture l'avait dépouillé. La Forêt de Gavre, celle de Princé furent, vers le xiie siècle, le résultat de cette transformation des terres cultivées en pays de chasse, opérée par le bon plaisir des seigneurs féodaux[5].

[1] Son étendue est actuellement de 1 588 hectares. Voy. Delaporte, *Recherches sur la Bretagne*, t. II, p. 159.

[2] *Mémoires de l'Académie celtique*, t. V, p. 381. *Mémoires de la Société des Antiquaires de France*, t. I, p. 396.

[3] J. B. H., *Recherches économiques et statistiques sur le département de la Loire-Inférieure* (an xii, Nantes). In-4, p. 86.

[4] J. B. H., *Ibid.*, p. 88.

[5] *Ibid.*, p. 87. Au temps de François II, en 1545, la forêt du Gavre était déjà dépeuplée d'arbres, en plusieurs endroits. Ce monarque ordonna que ces lieux fussent donnés à ferme. Voy. Ogée, *Dictionnaire historique et topographique de la Bretagne*, art. Legavre.

Aussi, vers le XIII° et le XIV° siècle, la Bretagne n'offrait-elle qu'une longue succession de bois de haute futaie ou taillis, de landes couvertes d'ajoncs et de bruyères, de genêts et d'arrête-bœufs[1], de plaines marécageuses[2] et de terrains pierreux[3]. Une foule de localités renferment encore dans leur nom le radical *coat*, bois, quoique plusieurs se trouvent à cette heure dans des contrées toutes déboisées.

Aux confins de la Bretagne et de la Normandie, sur ces grèves comprises entre le Couesnon et la Celune, s'étendait encore, au XI° siècle, la forêt du Scissy, dont l'existence a été l'objet de tant de contestations. Les rochers de Saint-Michel et de Tombelaine, que la marée haute transforme en de majestueux îlots et que le jusant rend à la terre ferme, étaient entourés d'un amas d'arbres dont on ne découvre plus la trace qu'en fouillant le sol[4].

---

[1] C'est ce genre de terrain qui est spécialement désigné dans les chartes sous les noms de *landa* (lande), *pastura* (pâture), *bruyerium* (bruyère).

[2] *Marescagium*, comme disent les chartes.

[3] *Pulla*, comme disent les chartes, d'où l'expression de *Champagne*, de *Brie pouilleuse*.

[4] Voy. à ce sujet, l'*Histoire du Mont-Saint-Michel*, de l'abbé Desroches, et les observations que j'ai fait paraître dans le tome VII de la nouvelle série des Mémoires de la Société des Antiquaires de France, p. 378 et suiv. Il n'est point impossible que plusieurs des forêts sous-marines qui ont été découvertes sur la côte de Bretagne et de Normandie,

. La Bourgogne, qui constitue encore aujourd'hui l'une des provinces les plus forestières de France, était, il y a quelques siècles, ombragée par d'innombrables massifs d'arbres, dont les futaies couvraient la chaîne de coteaux que la vigne a peu à peu dépossédés de leur parure. C'est ce que nous apprend Gollut, dont nous citerons les propres paroles ; elles font connaître à quel point de vue on appréciait jadis l'utilité des forêts : « Quant aux bois [1] (pour la multitude desquels nos voisins coustumierement se moucquent), ils sont couchés pour une singulière commodité et proffit de tout le peuple ; non-seulement pour la nécessité des bastiments et du chaufage ou pour les plaisir et proffit des bestes sauvaiges, qui s'y establent en infinie multitude, mais encore pour le gland, faine, cerise et pasturages et austres choses nécessaires au bestail, desquelles l'on tire tant de proffit que nous disons, cela valoir une troisième

à Morlaix, à l'est des rochers des Vaches-Noires, à Sainte-Honorine (Normandie), aient été autrefois une continuation des forêts qui couvraient ces deux provinces. Voy. à ce sujet, La Bèche, *Manuel géologique*, trad. par Brochant de Villiers, 2ᵉ édit., p. 194.

[1] La Bourgogne renfermait déjà, au commencement du siècle dernier, plutôt des bois que des forêts. Mais leur extrême multiplicité nous est une preuve que ces bois se joignaient originairement en de vastes forêts. Voy. Beguillet et Courtepée, *Description générale et particulière du duché de Bourgogne*, t. I, p. 405 (Dijon, 1774, in-12).

portion des graines du pays. Et c'est pour quoy les laboureurs les appellent le troisième grenier de Bourgogne. Et sert ce grenier merveilleusement pour la seureté du païs, parce que, de quelque endroit que vous voudrez, vous passerez à couvert par tous les quartiers du pays, de forteresse à autre, et pourrez facilement aller au secours et ravitaillement des villes, donner camisades aux ennemis, faire retraite à la seureté et vous refaire et rassembler à un signal en tel endroit du païs, prochain ou esloigué que vous voudrez, comme l'hay apprins par un militaire discours, etc.[1] »

La forêt de Jailly, bien connue aujourd'hui par l'exploitation de fer oolithique dont elle est le siége, doit à cette circonstance la destruction d'une grande partie de ses futaies. Ses longues ramifications qui se déployaient encore sur le calcaire oolithique compris entre Montbar et Châtillon-sur-Seine, à plusieurs myriamètres de distance, ont été sans cesse rognées par les défrichements[2].

Les cantons qui longent la rive gauche de la Saône, dans la partie de son cours où elle sépare la Bourgogne de la Bresse, étaient, suivant la tradition du pays, couverts de bois, lorsque les débris des armées sarrasines vinrent s'y établir. Ce furent

---

[1] *Les Mémoires historiques de la république séquanoise*, p. 84 (Dijon, 1647, in-fol.)

[2] Dufrénoy et Élie de Beaumont, *Explication de la carte géologique de France*, t. II, p. 386.

elles qui transformèrent par leurs défrichements ces contrées forestières en des plaines très-productives. Le nom de *Boz* (bois) que porte encore une localité de cette contrée, rappelle l'ancienne existence de ces bois[1].

Nous avons parlé des forêts de la Franche-Comté, en examinant quel dut être l'état forestier de la Séquanie. Cet état paraît avoir été à peu près le même durant la période du moyen âge. La vaste forêt de Chaux, celle de Chailluz, celle de Ban, celle du Jura, la forêt de Lomont dans le pays de Baume, formaient un réseau forestier qui rendait presque impénétrables les défilés du Jura[2]. La culture de la vigne a remplacé aujourd'hui, en certains endroits, les forêts domaniales; c'est ainsi que la forêt dite *Mont-Adelon*, par corruption de *Mont-Oidelon (Mons Odilonis)*, avait déjà disparu au xviiie siècle pour faire place à des vignobles[3].

Dans le Jura, le sapin commence généralement vers 700 mètres, et trace presque dans toute cette chaîne la limite inférieure de la région mon-

[1] Reinaud, *Invasions des Sarrazins en France*, p. 302, 303.
[2] *Annuaire historique et statistique du Doubs*, 19e année, p. 201.
[3] Cette forêt paraît avoir dû son nom au forestier Odilon, mentionné dans une charte de 1133. Voy. F. E. Chevalier, *Mémoires historiques sur la ville et seigneurie de Poligny*, t. II, p. 91, note.

tagneuse. C'est entre ce niveau et 1100 mètres
environ, qu'il forme le plus de forêts à lui seul ;
plus haut, il est très-souvent remplacé par l'épicéa ;
mais il atteint en buissonnant les parties moyennes
de la région alpestre. Il prédomine aux niveaux
précités à partir des chaînes situées à l'est du
Stafelegg, et s'étend sans interruption jusque dans
le Bugey. Depuis les environs d'Aarau et d'Olten,
on le voit diminuer sur les chaînes jurassiques
orientales et y être presque entièrement remplacé
par le hêtre, dont les teintes gaies font contraste
avec les noires forêts d'épicéas du bassin suisse. En
général, il descend notablement plus bas à l'exposition boréale du Jura, comme aux environs de
Bâle, Ferrette, Porentruy, et commence sensiblement plus haut dans les districts plus méridionaux.
L'épicéa appartient aux niveaux moyens du Jura
et se montre partout au-dessus de 1000 mètres[1].

La Savoie et l'Helvétie présentent d'immenses
massifs forestiers qui recouvraient les vallées comprises entre les Alpes et le Jura[2], au moment où
les Allemands et les Burgundes vinrent s'y établir.
Ce pays d'arbres n'était coupé que par des lacs qui
se rencontrent à chaque pas dans la Suisse romande

---

[1] J. Thurmann, *Essai de phytostatique*, t. I, p. 183.
[2] Ces massifs recouvraient les pentes du Jorat dont le nom
a la même origine que celui de Jura, et qui sert d'anneau entre
cette chaîne et celle des Alpes.

et les petits cantons. Les noms que portent encore ces deux parties de l'Helvétie rappellent cet état forestier. A l'ouest est le *pays de Vaud*, l'ancien *Pagus Waldensis*, auquel les Burgundes imposèrent ce nom de *Wald*[1], à cause de ses épais et innombrables ombrages[2]; à l'est s'étendent, à l'entour du lac de Lucerne, les *Waldstetten*, ou *États forestiers*.

Le *Pagus Waldensis* confinait lui-même à des pays qui n'étaient pas moins boisés. La tradition conserve le souvenir de la vaste forêt qui couvrait le pays qui s'étend, en remontant le cours de la Sarine, dans le voisinage de la ville de Fribourg. Ces solitudes ombreuses furent occupées par l'une des hordes du roi Gundioch[3].

La forêt de Gouggisberg, rendue célèbre par une chanson populaire de la Suisse, dominait la

---

[1] Ce mot *wald*, quoique signifiant proprement une forêt, a fini par s'appliquer aussi aux chaînes de montagnes qui étaient originairement toutes boisées, ou pour mieux dire le mot *wald* désigna originairement à la fois une forêt et une montagne. Diodore de Sicile nous apprend que le mot *sylva* s'appliquait aussi dans le principe aux montagnes, évidemment parce qu'elles étaient boisées. Τῶν Λατίνων τὸ ὄρος σιλούαν ὀνομαζόντων. Excerpt., c. ɪv, p. vɪɪɪ, éd. C. Müller.

[2] Voy. le savant mémoire de M. *Fr. de Gingins-la-Sarraz*, sur l'établissement des Burgundes dans la Gaule, dans les *Mémoires de l'Académie royale des sciences de Turin*, t. XL, p. 243, 253.

[3] Voy. Gingins-la-Sarraz, mém. cit., p. 247.

plaine qui s'étend de l'Aar au Jura. Elle recouvrait une partie de l'Aufgau, où Lutold de Rumlingen bâtit un monastère de l'ordre de Cluny. Cette circonstance valut à ce seigneur, de la part de l'empereur Henri IV, le don de la magnifique forêt; aujourd'hui, on ne retrouve plus sur son emplacement que des prairies, des champs, des bosquets et des jardins[1].

L'ancien *Pagus* ou décanat d'Alinges, dans lequel on comptait, au xi° siècle, soixante-quatre églises paroissiales, et qui s'étendait entre le lac Léman et la Menoge, limite de la province de Faucigny, depuis le château de Troches à l'ouest jusqu'à Saint-Gingolph à l'est, était couvert de forêts, surtout dans sa partie orientale appelée pour cette raison le *pays désert*, *gaw-oti*, d'où l'on a fait par corruption le nom de *pays de gavot*. Actuellement ce *pagus*, qui forme la province de Chablais, est presque totalement dépouillé de ses bois[2].

Les *waldstetten* qui constituent encore les quatre cantons de Zug, Uri, Schwytz et Unterwalden, entouraient d'une bordure impénétrable le lac qui les réunit. Sur le territoire de Zug et de Zurich s'étendait la forêt du mont Etzel qui servit de refuge à Meinhard, le fils de Berthold, comte de Hohen-

[1] J. de Muller, *Histoire de la Confédération helvétique*, traduite par Ch. Monnard, o. c., t. I, p. 335.
[2] Gingins-la-Sarraz, m. c., p. 264.

zollern. Le dernier de ces cantons, appelé longtemps *pays de Stanz*, échangea ce nom contre
celui d'Unterwalden, vers l'an 1150, lorsque le
déboisement ayant commencé à éclaircir les forêts
de ces confédérés, sa physionomie parut plus exclusivement forestière. Les deux vallées qui le
composent n'étaient, à vrai dire, que deux forêts
placées, l'une au sommet des Alpes, l'*Obwalden*,
et l'autre à leurs pieds, *Nidwalden*[1]. Les chroniqueurs latins désignent pour cette raison toute cette
contrée sous le nom de *Silvania*, et ses habitants
sous celui de *Silvanii*[2]. Le lac de Zurich était aussi
entouré d'une forêt qui devint propriété royale
sous Charlemagne, et qui, après un défrichement
de cinq siècles, a laissé la place à de nombreux
vignobles[3].

Les Burgundes apportèrent la culture et la vie
dans ces solitudes abandonnées jusqu'alors aux
bêtes fauves, aux chamois et aux aigles. Des villages s'élevèrent par milliers jusqu'aux cimes des
montagnes que les glaciers ont envahies depuis.

[1] Tschudi, *Chronicon helveticum*, t. I, p. 34, 58, 71 et 72.

[2] Le nom de sylvain, *sylvius*, fut aussi imposé à plusieurs
montagnes qui séparent la Suisse de l'Italie. Les monts Rosa
et Cervin reçurent successivement ce nom, *mons Sylvius*, à
cause de leurs cimes boisées. *Nouv. Annal. des Voyages*, 1824,
t. XXIII, p. 238.

[3] J. de Muller, *Histoire de la Confédération suisse*, traduite
par Ch. Monnard, t. I, p. 203.

Les *bruches*[1], les *neureus*[2] succédèrent aux futaies de sapins et d'épicéas, et les *exartu* furent changés en vignobles et en jardins.

Les principaux agents de ce vaste défrichement qui ouvrait à l'homme ces cantons que leurs ombrages rendaient inaccessibles, c'étaient les moines. Ces serviteurs de Dieu allaient se confiner dans ces solitudes et consacraient là leur vie à transformer un sol hérissé de forêts en champs et en gras pâturages. Les pieux pionniers se répandirent dans toutes les vallées du Jura et de l'Oberland. Aux premiers temps de l'établissement des Burgundes, Protais s'était établi dans les forêts qui bordaient le Léman; il construisit au-dessus de l'ancien Lousonium quelques cabanes qui donnèrent naissance à Lausanne. Dans la haute vallée du Jura, Pontius, Romanus et Lupicinus fondèrent des ermitages. Sigonius plaçait sa cellule au haut des ro-

---

[1] C'est ainsi qu'on appelle dans le Jura et les Alpes les lieux défrichés; ce nom vient de l'allemand *brucht*, défrichement. En gaélic, ces lieux s'appellent *Frith*, *Frithe* (mot celte d'où paraît dériver notre français *friche*), et qui avait désigné originairement une forêt. Les anciens Allemands, à l'époque carlovingienne, donnaient le nom de *Bifange* aux cantons d'une forêt qui étaient défrichés et donnés à l'agriculture. Behlen, *Lehrb. d. deutsch. Forstgesch.*, p. 56.

[2] Ce nom, porté par divers villages, signifie *lieu nouvellement défriché*, de *reuten*, extirper. Le nom de neureus s'est changé, en certains endroits, en celui de *nugerot*.

chers de Balm ou Baulmes[1]. Saint Germain appelait au VIIe siècle, dans la vallée de Porentruy, les religieux qui défrichèrent la vallée de Moutiers-Grand-Val. Vers la même époque, Ursinus allait bâtir sa cellule non loin de la source du Doubs, là où est aujourd'hui Sainte-Ursanne[3]. La vallée arrosée par la Suze, qui n'était qu'un défilé couvert de forêts, circonstance qui lui avait valu le nom de *Vallée Noire, Nigra valis (Nugeval)*, s'éclaircissait sous la hache d'Imier et de son valet Albert[2]. Non loin de Morat, Marius, par des travaux du même genre, jetait les fondements de Payerne[4]. Saint Gall et saint Mang, son disciple et son ami, après avoir traversé les bois de Zurich et ceux qui ombrageaient l'Albis et remplissaient ses vallées[5], pénétrèrent jusqu'aux bords du lac de Constance dans la forêt qui s'étendait au-dessus de la forteresse d'Arbon; ils gravirent la montagne qu'habitaient seuls les loups, les ours et les sangliers, et

---

[1] J. de Muller, *Histoire de la Confédération suisse*, traduite par Ch. Monnard, t. I, p. 119.

[2] Gingins-la-Sarraz, m. c., p. 226.

[3] J. de Muller, *Histoire de la Confédération suisse*, traduite par Monnard, t. I, p. 150.

[4] J. de Muller, o. c., p. 151.

[5] J. de Muller, o. c., p. 152.

[6] J. de Muller, o. c., p. 168. C'était dans les forêts de l'Albis, à l'occident du lac de Zurich, que s'étaient retirés Ruprecht et Wikard, son frère. Muller, t. I, p. 168.

commencèrent à mettre ce pays en culture[1]. De ces forêts, que l'ascétisme chrétien a livrées à la culture, il ne subsiste plus guère que les vastes bois qui couvrent la pente escarpée du Jura, ou ces profondes sapinières qui, comme à la Handeck[2], échappent par l'altitude à laquelle elles atteignent, à la dévastation des bestiaux ou à la destruction du cultivateur[3].

Les serfs de Beronmünster défrichèrent une partie de l'antique forêt qui, des bords du lac de Constance, gagnait les Alpes pennines. Une foule de monastères de la Suisse, ceux de Roggenbourg, près de Weissenhorn[4], de Einsiedlen[5], situé dans une forêt surnommée *la noire*, de Romainmoutier, n'ont pas d'autre origine. Les seigneurs, frappés des services que les moines rendaient à l'agricul-

---

[1] J. de Muller, o. c., p. 164.

[2] J. Olivier, *Le canton de Vaud*, t. I, p. 105 (Lausanne, 1837).

[3] Voy. E. Desor, *Excursions et séjours dans les glaciers et les hautes régions des Alpes* (Neufchâtel, 1844), p. 22. La vallée de Hassli est une de celles où la végétation forestière atteint, en Suisse, la plus grande élévation. Le chalet de la Handeck à 4400 pieds est caché au milieu d'un magnifique bosquet de sapins séculaires.

[4] Fondé en 1126 par Conrad, comte de Biberek, évêque de Coire, et par Berthold et Siegfried, ses frères.

[5] Le couvent de Notre-Dame-des-Ermites; Muller, t. I, p. 279. Gerbert, *Hist. sylvæ nigræ*, t. I, p. 193.

ture, fondèrent à leur tour de nombreux couvents[1].

Les serfs des seigneurs concoururent avec les moines au vaste travail de défrichement qui découronnait les cimes des Alpes de leurs épais ombrages, tandis que les seigneurs de ces comtés, les comtes de Rapperschwyl, de Tokenbourg, de Gruyère, de Lenzbourg, les seigneurs de Montfort, les comtes de Kibourg, les ducs de Zaehringen et cent autres seigneurs poursuivaient dans leurs chasses les bêtes fauves qui avaient établi leur repaire dans ces solitudes[2]. Non-seulement le paysan lié à la glèbe transformait pour son seigneur le sol forestier en terre arable, il ouvrait encore dans les taillis des clairières qu'il cultivait à son profit (*sondrum suum*). Des pâtres s'établissaient dans les forêts les plus élevées, au Sentis et au Kamor. Des églises s'élevaient au milieu de leurs huttes, et des déserts devenaient de populeux cantons. C'est ainsi que celui d'Appenzell prit naissance. L'antique Rhétie, qui offrait comme l'Helvétie des forêts immenses suspendues depuis la cime de ses montagnes jusque dans ses vallées, demeura davantage à l'abri de la hache des moines et des serfs. Plusieurs

[1] Voy. *Mémoires et documents de la Société d'histoire de la Suisse romande*, t. I, p. 120.
[2] Voy. J. de Muller, o. c., p. 399 et suiv.
[3] J. de Muller, o. c., p. 387.

de ses forts massifs demeurèrent longtemps dans leur sauvage et primitif aspect, et le chasseur se hasardait seul à traverser ses forêts impénétrables. Mais, avec le temps, ces solitudes se laissèrent pénétrer. Les hardis montagnards de l'Allemagne gravirent le Monte d'Uccello et sillonnèrent dans leurs courses aventureuses le *Rheinwald* ou forêt du Rhin. Les paysans de la Souabe traversèrent la forêt qui occupait le canton de Curwalchen, et parvinrent jusqu'au pied de Splügen[1]. Les friches et les clairières qui avoisinent le lac de Wallenstadt, furent mises en culture par les serfs des comtes de Bregenz et de Lenzbourg[2]. Ceux du couvent de Saint-Hilaire à Seckingen se répandirent, en suivant sans doute les bords de la Limmat, de l'Aar ou du Rhin, dans le pays de Glaris, vallée moitié rhétienne, moitié allemanique, et construisirent leurs habitations avec les arbres qui en tapissaient les flancs[3].

Là où les demeures des cultivateurs ne pouvaient atteindre, celles des hommes de Dieu arrivaient encore, et les moines, comme à l'Engelberg, au comté de Zurich, ne reculaient pas devant des forêts chargées toute l'année de frimas.

Des villes s'élevaient donc peu à peu dans les contrées qu'occupaient les forêts. Au milieu des

---

[1] J. de Muller, *Histoire de la Confédération suisse*, trad. par Ch. Monnard et Vulliemin, t. I, p. 150, 322.

[2] J. de Muller, o. c., p. 154, 322.

[3] J. de Muller, o. c., p. 150, 284, 325.

épais ombrages qui environnaient le château de Nidek, Cuno de Bubenberg ouvrit de vastes clairières qu'il ajouta au territoire, alors borné, de Berne, et, de simple bourgade, cette place devint une des métropoles de l'Hélvetie[1]. Le pied du Jorat, dont quelques habitations perçaient le rideau arborescent, vit s'élever la ville de Moudon. Enfin, au milieu des déserts ombragés de l'Uechtland, qui appartenaient à l'abbaye de Payerne, sur les bords de la Sarine, Berthold, duc de Zaehringen, fit construire Fribourg qui devint, pour l'abbaye d'Hauterive, une rivale redoutable[2].

Les forêts marécageuses qui traversaient l'Uechtland et qui présentaient sans doute un aspect analogue à la vaste forêt de Drömling, dont les lignes irrégulières couvrent les bords de l'Ohre[3], furent asséchées et remplacées par des campagnes fertiles que les digues élevées contre l'irruption des eaux des lacs préservaient de l'inondation[4].

Les habitants de la Suisse jouissaient en commun de ces magnifiques forêts dans lesquelles ils faisaient paître leurs troupeaux et allaient recueillir

---

[1] J. de Muller, o. c., p. 168, 373.

[2] J. de Muller, 164, 367 et suiv.

[3] Cette forêt qui recouvrait encore, il y a quelques années, une superficie de 130 000 arpents, s'étend dans la Saxe prussienne, le Hanovre et le duché de Brunswick.

[4] L'Aar, en se débordant, inondait les bois de l'Uechtland. Voy. Muller, t. I, p. 254.

du bois. Ainsi l'autorisait la loi des Burgundes.
« Sylvarum, montium et pascuorum unicuique pro
« rata suppetit esse communionem [1]. » Des restes
de cette communauté de jouissance se sont conservés longtemps dans l'Uechtland (pays de Neufchâtel), et notamment dans l'association du *bou-
choyage* établie entre les *barons-bourgeois* de
Pontarlier [2]. A leur arrivée dans le pays, les Burgundes avaient exigé, des propriétaires romains, la
cession de la moitié de leurs forêts [3]. Cet état de
choses ne tarda pas à amener de graves abus qui
portèrent un coup funeste aux forêts suisses. Les
communiers commirent des dégâts nombreux,
tandis que l'exploitation naissante des mines hâtait
la destruction des forêts du Mont-Julier [4] et d'autres
montagnes dont les flancs recélaient des métaux
utiles. Les communiers se disputèrent chacun pour
leur industrie particulière le droit d'abattre et de
mutiler les arbres des forêts. Les charbonniers, les
tonneliers, les verriers entrèrent en lutte, et cette
lutte se continuait encore au commencement du
siècle dernier [5]. Aussi, à compter du moment où

---

[1] *Lex Burgund.* addit. pr., § 6.

[2] Droz, *Histoire de Pontarlier,* p. 120, 121.

[3] Muller, o. c., t. I, p. 114.

[4] On y exploitait des mines de fer pour les Guelfes, comtes
d'Altorf. Muller, p. 285.

[5] Voy. les pièces justificatives de l'*Histoire de la vallée du
lac de Joux,* par J. D. Nicole, dans le t. I, part. II, p. 396,

les usages se multiplièrent assez pour amener une exploitation abondante, voit-on les forêts péricliter rapidement. En 1576, les *joux* ou vastes forêts de sapins de la vallée de Romainmoutier sont dévastés par les communautés de l'Isle, Villars-Boson et la Condre [1], qui abattent par milliers les sapins pour *en faire lavons* (plancher), ce qui donne lieu à des plaintes. La forêt de Risou, sise entre la vallée de Joux et la Franche-Comté [2], la forêt de Febeton [3], fort importante au XIII° siècle, perdirent promptement une grande partie de leur étendue. Une pièce des archives de Cossonay, de l'année 1664, nous représente les bois de Seppey qui entouraient cette ville comme *grandement ruinés depuis plusieurs années* [4]. En 1618, un seigneur de Gorgier, dans la principauté de Neufchâtel, se plaint aux *grands jours* ou plais de mai *du grand mésus qui se commet*

440, 444, des *Mémoires et documents publiés par la Société d'histoire de la Suisse romande.*

[1] Voy. les pièces justificatives des *Annales de l'abbaye du lac de Joux*, publiées par Fr. de Gingins-de-la-Sarraz, n° 86, t. I, part. III, p. 431, du *Recueil de la Société d'histoire de la Suisse romande.*

[2] *Mémoires et documents de la Société d'histoire de la Suisse romande*, t. I, part. III, p. 440.

[3] Voy. *Recueil de pièces concernant l'ancien évéché de Lausanne, cartul. de l'an 1277, Mém. et doc. cit.*, t. VII, part. I, p. 69.

[4] *Pièces justificatives de la chronique de Cossonay*, publ. par L. de Charrière, *Mém. et doc. cit.*, t. V, 2° livr., p. 435.

aux bois et foréts, tant de son altesse, de ses vas-
saux, que communs et particuliers, pour n'étre
chátiés suffisamment et extraordinairement ceux
qui font le guet sur les arbres, quant les autres més-
usants coupent et abattent du bois, ni ceux qui avec
un corbet, couteau ou autres glaives qui n'appellent
le forestier, font aussi dégrit de jeunes arbres,
plantes et arbres, qu'ils peuvent plumer et couper
avec lesdites menus-glaives [1].

Le Rhin séparait les centres forestiers de la Suisse
des districts forestiers de la Souabe. Le Brisgau
avait, comme l'Helvétie, ses quatre districts forestiers ou waldstetten, Rheinfelden, Seckingen, Lau-
fenbourg et Waldshut [2]. La forét Noire, à laquelle
ces villes servaient comme de portes et de gardes,
courait sur les montagnes jusqu'à Pforzheim qui
en constituait l'entrée septentrionale (*Porta nigræ
sylvæ*). Des forteresses, devenues plus tard des
villes, et désignées sous le nom de *waldenburg*, les
forts de la forét, défendaient à l'ouest, près de
Bâle, au pied de l'Ober-Hauenstein, et au nord-est,
près d'Oehrigen, dans le territoire occupé ensuite
par la seigneurie de Hohenlohe-Waldenburg-

---

[1] Matile, *Travaux législatifs des plaits de mai*, p. 42 (Neuf-
chátel, 1837). En Allemagne, c'était aussi aux assises de mai
(*Maigedinge*) qu'étaient portées les affaires touchant les délits
forestiers.

[2] Gerbert, *Historia nigræ sylvæ*, t. II, p. 27 et suiv., 211
et suiv., 476 et suiv.

Schillingfürst, la longue marche forestière de la Germanie [1]. De même que les Burgundes, les Allemans s'étaient établis au milieu de vastes forêts qui formaient autant de rameaux de la *sylva Marciana*. Plus barbares que les conquérants de l'Helvétie, ils vivaient du produit de la chasse des bêtes fauves qui infestaient les cantons; ils poursuivaient l'ours avec leurs limiers (*ursaritii*), afin d'en dévorer la chair[2]; ils habitaient des chalets (*vaccaritia*) et faisaient paître leurs taureaux sauvages (*bisontes*).

Les moines défrichèrent ces contrées, et les abbayes de Seckingen, fondée par saint Fridolin, auquel Clovis II avait fait don d'un district de la forêt Noire qu'elle occupait[3], de Rheinau[4] et de Reichenau, devinrent les centres des grands travaux de colonisation de la forêt Noire et de la Thurgovie dont les solitudes ombragées s'étendaient jusqu'au lac qui baigne Uri.

Les waldstetten de la Souabe formaient avec les Vosges un seul canton dont le lit du Rhin n'était en quelque sorte qu'une vallée. La forêt Sainte, *Heiligeforst*[5], aujourd'hui appelée fo-

---

[1] Un grand nombre de villes, placées à l'entrée des forêts de la Silésie et de la Saxe (dans l'Erzgebirge), portent aussi ce nom pour le même motif.

[2] J. de Muller, o. c., t. I, p. 158.

[3] Gerbert, o. c., t. I, p. 27.

[4] Gerbert, o. c., t. I, p. 69.

[5] Gerbert, o. c., t. I, p. 431. Ce nom de forêt Sacrée qui

rêt de Haguenau, et que défrichèrent en partie les moines de l'abbaye de Saint-Walbourg, se joignait au sud avec le Harz ou Hart[1], qui occupe encore actuellement une étendue de vingt-deux lieues entre Huningue et Marckoltsheim, et au nord, au Harz saxon, au *Grunhunder-Forst* qui s'étend dans le district du Bas-Mein ainsi qu'aux croupes boisées de l'Eifel et de l'Hundsruck.

Les forêts du Rhin allaient rejoindre celles qui bordaient le Danube par deux cantons forestiers, le Klekgau semé de hauteurs ombragées entre lesquelles le mont Randen élevait sa cime altière que couronna bientôt une forteresse, le Randenburg, et le Hégau dont le canton de Schaffouse occupe actuellement l'emplacement. De nombreux monastères, bâtis par Eberhard, comte de Nellenbourg, animèrent ces solitudes. Les moines des couvents d'*Hirschau*, de *Saint-Sauveur*, de *Tous-les-Saints* défrichèrent ces restes de l'antique

rappelle celui de forêt d'Odin, *Odenwald*, donné à la forêt située sur l'autre rive du Rhin, provenait sans doute du culte qui était rendu aux arbres par les anciens Germains. L'Heiligenforst, *Foresta sancta*, est mentionnée dans des chartes remontant au xii⁰ siècle. Cf. Schœpflin, *Alsatia illustrata*, t. III, p. 65, n° 800.

[1] Cette forêt est mentionnée dans des chartes des ix⁰ et xiv⁰ siècle. Cf. Schœpflin, *Alsatia illustrata*, t. III, p. 97, n° 123; t. III, p. 97, n° 123; t. IV, p. 256, n° 1142.

forêt Hercynienne[1] et dégagèrent les bords du Rhin et de la Durach[2].

Le Rhin formait comme un magnifique *Waldstrom* entre les forêts des Vosges et celles de l'Odenwald. Cette dernière chaîne forestière, désignée dans les chartes et par les chroniqueurs latins sous le nom d'*Othonia Sylva*[3], étendait sur toute la marche de Souabe ses lignes de pins (*fohre*) qui valurent à une partie de cette forêt le nom de *Forhahum* (*Fohrheim*, *Fohrenwald*) mentionné dans les Niebelungen.

Le Dauphiné propre, le Briançonnais étaient plus boisés encore que l'Auvergne et la Bretagne. Des forêts de pins laricio, de hêtres, de châtaigniers, disposées chacune à des étages différents, comme on l'observe aujourd'hui, se liaient aux forêts du Piémont et de la Savoie. Le dauphin Humbert en défendit la coupe, parce que, disait-il, elles arrêtaient les avalanches[4]. En 1193, la forêt de Baratier couvrait tout le territoire des Orres, de Baratier et d'Embrun. Parmi les anciennes forêts de cette province, celles de Lens et de Vergnes

---

[1] J. de Muller, o. c., t. I, p. 327.

[2] Voy. Ch. G. Reichard, *Germanien unter den Rœmern* (Nurnberg, 1824), p. 219.

[3] Voy. Fr. Baader, *Sagen des Neckarthals, der Bergstrasse und des Odenwaldes* (Mannheim, 1847), p. 416, 417.

[4] Ladoucette, *Histoire, topographie des Hautes-Alpes*, 3e éd., p. 766.

sont les plus renommées. Il en est fait mention, en 877, dans une ordonnance de Charles le Chauve. Vienne était environnée de bois de tous côtés ; les forêts de Limon, de Septème, de Saint-Georges, de Falavier et d'Eyrieu ne composaient qu'une seule forêt. Toutes les éminences qui sont autour du vieux château de Lipet étaient ombragées par la forêt de Montléans, l'ancien *Mons Lugdunum*. Cette forêt, qui formait sous les Carlovingiens une forêt royale, ainsi que l'indique le nom de *Beureyel* (bois royal) qu'a conservé une partie de son territoire, est appelée, dans le roman de Girard de Vienne, *forêt de Clairmont*[1].

Des forêts presque impénétrables voilaient complétement le mont Durbon avant le XIIe siècle. Des chartreux, auxquels les seigneurs abandonnèrent ces solitudes ténébreuses, en défrichèrent une grande partie et y fondèrent un monastère qui devint un digne rival de celui que saint Bruno avait établi non loin de Grenoble[2]. La forêt du Durbon a encore 29 kilom. de tour, et ses futaies épaisses de hêtres et de sapins ne donnent qu'une faible idée de ce qu'étaient naguère ses majestueux massifs. Une essence a surtout déserté aujourd'hui ces forêts, leur ravissant une partie de leur parure. Le mélèze qui, d'après la tradition,

[1] Chorier, *Histoire générale du Dauphiné*, t. I, liv. I, p. 60.
[2] Ladoucette, o. c., 3e éd., p. 348.

couvrait les montagnes de Chaillol et de Saint-Bonnet[1], a presque totalement disparu des sites qu'il embellissait ; à peine distingue-t-on quelques troncs de ces frères des cèdres du Liban, au plateau d'Auréas, dans la forét qui est au nord-ouest du col de la Postérie, plus haut que le Puy-Saint-Vincent en Vallouise. L'arole, qui se mariait aux essences que nous venons de nommer, a également presque disparu[2].

La forét de la Grande Chartreuse offre encore d'admirables futaies de hêtres qui atteignent une altitude de 1013 mètres et font place plus haut à des buissons de la même essence qui se mêlent à des érables, à des sapins et à des épicéas[3]. Cette magnifique couche arborescente donne une idée de ce qu'étaient jadis les forêts du Dauphiné.

---

[1] Ladoucette, o. c., p. 765.

[2] Il y avait autrefois des aroles en France dans les montagnes du Dauphiné et de la Provence ; on ne les trouve plus guère actuellement qu'en Suisse, par petits groupes, à une assez grande hauteur. Voy. Rasthofer, *Le Guide dans les forêts*, trad. par Monney, t. I, p. 205 (Porentruy, 1838, in-8°).

[3] Martins, *Géographie botanique de la France*, ap. *Patria*, t. I, p. 433. Les hêtres commencent sur le versant septentrional au-dessus de Saint-Laurent-du-Pont, près du Martinet de Fourvoirie, à 454 mètres au-dessus du niveau de la mer ; et la forét règne sans interruption jusqu'à la Grande Chartreuse, c'est-à-dire à une hauteur de 1013 mètres. Les hêtres cessent en se rabougrissant à 1465 mètres. Les sapins et les érables ne

Quand on parcourt les vallées des Alpes françaises, on rencontre à chaque pas des vestiges des
forêts passées. Des successions de pins et de hêtres,
dont la croissance alterne souvent, ont laissé leurs
empreintes dans le sol. De larges racines annoncent
dans le canton de la Grave, sur les bords de la
Romanche, l'existence de conifères qui y sont aujourd'hui inconnus. Des pièces de bois déposées au
fond des lacs des cols, comme au col de Cristaon,
à celui du Galibier, à celui de la Croix de Queyras,
sont en quelque sorte des ossements exhumés de
ces antiques habitants du sol[1].

Au milieu de ce déboisement général, un bois
seul, ancien parmi les plus anciens, celui qui occupe le versant du torrent de Gleizette, à l'est de
Veynes, a, grâce au respect qu'il inspire, aux traditions druidiques qui l'entourent, bravé l'ardeur
destructive des habitants[2].

Dans la Provence, le chêne-liége s'étendait en
masses pressées sur la bande siliceuse, et le chêne
vert dans la zone calcaire des Maures et de l'Esterel. Sur le versant de ces chaînes qui regarde le

dépassent pas le Chalet de Bouvines (1631 mètres). Arrivé à
cette hauteur l'érable se rabougrit et cesse à 1680 mètres.

[1] Ladoucette, o. c., p. 428.

[2] Ce bois paraît avoir été un *lucus* gaulois. Les jurats faisaient jadis serment, à leur entrée en fonction, de le respecter.
Veynes est le *Davianum* ou le *Germinæ* des anciens, le *Vene-
tum* du moyen âge. Cf. Ladoucette, p. 324.

nord, croît le mélèze[1]; sur le versant opposé s'étend
la région du *genista cinerea*. La forêt de la Sainte-
Baume, à laquelle se rattachent de si anciennes
traditions, offrait de magnifiques futaies d'érables,
de hêtres, d'ifs, de tilleuls qui ont disparu, ainsi
que les vingt forêts dont on a conservé les noms[2]
et dont la plus importante régnait de la Sainte-
Baume à Toulon. Le démasclage[3] des chênes-liéges,
qui constitue dans ce pays une industrie fort ancienne, a fait périr des milliers d'individus privés
trop jeunes de leur écorce, et actuellement des incendies consument les derniers débris de cette
antique parure des montagnes de cette contrée[4];
mais si la main de l'homme a produit tant de dévastations, elle a, d'un autre côté, réparé le dommage causé par son imprévoyance. Plusieurs essences inconnues à nos pères remplacent main-

[1] De Candolle, *Mémoires de la Société centrale d'Agriculture
de France*, t. XIII, p. 215. Le mélèze, de même que le noyer
et tous les arbres à jeunes pousses délicates et à végétation
tardive, vient mieux dans les expositions froides que chaudes,
ainsi que l'a montré l'illustre botaniste genevois dans le mém.
cité.

[2] Noyon, *Statistique du Var*, p. 76.

[3] Noyon, *Ibid.*, p. 620.

[4] Voy. sur les incendies de ces forêts, l'article de M. Ysa-
beau, dans les *Annales forestières*, t. III, p. 439 et suiv.
Comparez ce que M. Albert de la Marmora dit des incendies
des forêts de la Sardaigne, dans son voyage. 2e édit. t. I,
p. 426.

tenant les arbres détruits ; l'arbousier, qui peuple
aujourd'hui les forêts des Maures, l'oranger, le
myrte, le laurier-rose, le pin d'Alep, apporté par
les Arabes, le pistachier lenstique ont doté la Provence d'une végétation plus chétive, il est vrai,
que l'ancienne, mais plus gracieuse et plus odo-
rante[1] ; et l'olivier lui-même, apporté par les Grecs,
selon les uns, indigène, selon les autres[2], a été au
moins singulièrement propagé depuis, et figure
dans toutes les forêts voisines de la Méditerranée.

Théophraste, Polybe, Diodore[3] de Sicile, Denys
le Périegète parlent des magnifiques forêts qui couvraient les montagnes de la Corse. Aujourd'hui,
ces forêts ont été, comme celles de la Sardaigne, détruites en grande partie par les défrichements et les
incendies. Un petit nombre rappelle seulement la
magnificence primitive de la parure forestière de
l'antique *Cyrnos*. Ces forêts sont en grande partie
formées de pins *laricio* ou pins de Corse ; il n'y a
guère d'autres essences que des conifères. Aussi,
depuis la réunion de cette île à la France, four-
nissent-elles de précieux bois de construction. Les
plus belles tiges se rencontrent dans les forêts de
Parma, Loma, Tretore, Libio, Aitone, Vizzavoua

---

[1] Darluc, *Histoire naturelle de la Provence*, t. III, p. 309.

[2] Cf. Am. Thierry, *Histoire des Gaulois*, 3ᵉ édit. t. II, p. 5.

[3] Dionys. Perieg., v. 460. Diodor. Sic. V, 13. Cf. Mannert, *Geographie der Griechen und Rœmer*, part. IX, t. II, p. 506 et suiv.

et Pietro-Piano. Quelques-unes sont encore tout à fait vierges et n'ont même point été exploitées ; telles sont celles de Valdoniello, qui présente des pins de proportions colossales[1] ; de Rospa, dont l'exploitation avait été décidée ; de l'Indinosa, qui n'est qu'une branche de la forêt d'Aitone[2].

A côté de ces forêts séculaires croissent des forêts naines, vrais *carascos* de l'île, les *màquis*, qui sont pour l'île ce que les jongles sont pour l'Inde, vastes étendues de broussailles que le feu dévore en vain et qui repoussent sans cesse sur le sol cent fois dévasté par l'incendie[3].

Si nous remontons au nord de la Provence, en suivant la rive droite du Rhône, nous rencontrons par le passé un spectacle analogue : le Vivarais, le Velay, l'Auvergne présentent une suite de chaînes de montagnes couvertes d'arbres. Dans ces deux dernières provinces, ainsi que dans le Limousin, de vastes châtaigneraies existaient dès le XII° siècle[4].

[1] On voyait, il y a quelques années, dans cette forêt, un pin de 6m,20 de circonférence qui était connu dans le pays sous le nom de *roi des arbres*. Voy. Robiquet, *Recherches historiques et statistiques sur la Corse*, p. 529.

[2] Robiquet, o. c., p. 524 et suiv.

[3] De Beaumont, *Observations sur la Corse*, 2° éd., p. 72.

[4] Selon Pline, le châtaignier est originaire de Castanea, ville de Thessalie, d'où il aurait pris son nom ; mais il est probable que cet arbre est indigène dans la France centrale. Le châtaignier de Thessalie nous paraît avoir été souvent confondu avec le chêne à glands doux, dont les fruits se mangent. Voy. à

Ces essences forment comme une frontière végétale entre les contrées de langue d'oc et de langue d'oïl [1]. Elles ont actuellement disparu, ou se sont singulièrement éclaircies. A la place où l'on voyait autrefois d'immenses forêts, on ne remarque plus aujourd'hui que des réunions de maigres bouquets d'arbres. Nous pouvons citer la forêt de Ceyroux (Haute-Loire), qui n'est plus à cette heure qu'un taillis de hêtres et de chênes, tandis qu'avant la révolution elle occupait encore une étendue de 350 hectares, et formait un des plus beaux domaines de la maison de Penthièvre. Elle se joignait jadis aux bois de Montdésir et à d'autres qui couvraient la partie de l'Auvergne confinant au Velay [2].

La contrée comprise entre le Tanargue et le Me-

---

ce sujet, Pott et Rœdiger, *Kurdische Studien*, ap. Lassen, *Zeitschrift für die Kunde des Morgenlandes*, t. VII, part. I, p. 111. M. d'Hombres-Firmas (*Mémoire sur le châtaignier*, dans les *Mémoires de la Société centrale d'agriculture*, t. XXII, p. 509), émet l'opinion que le châtaignier est indigène aux Cévennes.

[1] Le châtaignier était autrefois plus commun dans les Cévennes qu'il ne l'est aujourd'hui. Le nombre de ces arbres paraît avoir beaucoup décru depuis le froid rigoureux de 1709 et les grands hivers antérieurs. Le châtaignier se rencontrait aussi avec abondance, au xvie siècle, dans les Vosges de l'Alsace, à ce que nous apprend Fr. de Belleforest (*Cosmographie*, t. II, coll. 1139. Paris, 1575, in-fol.); mais il y est actuellement devenu assez rare. Voy. D'Hombres-Firmas, *Mémoire cité*, p. 510.

[2] Duribier, *Description statistique de la Haute-Loire*, p. 101.

zenc était jadis couverte de forêts que les progrès de l'agriculture ont fait abattre[1]. La fertilité de ce sol, d'origine volcanique[2], y appelait naturellement le colon. Et de cette vaste masse némorale, qui était le refuge de tant de bêtes fauves, il ne reste plus que 40 000 hectares environ[3].

Sans doute, dans les provinces que nous venons de citer, certaines localités n'ont jamais eu une végétation forte et multipliée : dans les lieux où l'abondance du quartz enlève au sol sa fertilité, comme dans la Corrèze et dans certains endroits des Cévennes où le roc dur, privé de terre argileuse, n'est couvert que d'une légère couche de sable, il n'exista jamais de forêts ; mais dans les cantons où le granite, presque entièrement feldspathique, fournit une couche végétale toujours épaisse, la végétation a déployé jadis et déploie encore, à un moindre degré, toute sa splendeur. Les châtaigniers et les chênes y atteignaient d'étonnantes dimen-

[1] Cette contrée présente un grand nombre de cratères, tels que ceux de Jaujac, Thuyets, la Gravene, celui qui est appelé *la Coupe d'Entraygues*.

[2] Les roches volcaniques réduites à l'état terreux par les agents atmosphériques forment un sol éminemment propre à la végétation arborescente. C'est ce qu'on peut observer au mont Etna, à la région dite *Regione nemorosa*. Voy. les observations de M. Élie de Beaumont, *Journal des savants*, octobre 1839.

[3] Les essences dominantes sont le pin, le sapin et le hêtre.

sions. Le premier de ces arbres, véritable arbre à pin de la France moyenne, montre sans cesse son feuillage clair et allongé[1]. Aimant les pentes des coteaux, il n'atteint pas la crête des montagnes, qui reste nue et dépouillée.

Les forêts de sapins et de faux (hêtres) qui, au dire d'Anne d'Urfé[2], couvraient jadis les montagnes du Forez, ne présentent plus que des massifs assez maigres, cachant mal les cimes dénudées des Cévennes.

De vastes amas de hêtres, de chênes, des *sauves*, comme on dit en Languedoc, voilaient les pentes nombreuses des Pyrénées. Au VIIIe siècle, une immense forêt de hêtres s'étendait sur tout le défilé de Roncevaux. « Est enim locus ex opacitate syl- « varum, quarum maxima est ibi copia insidiis po- « nendis opportunus, » dit Éginhard. Plusieurs communes du Béarn tirent leurs noms des forêts dont elles occupent aujourd'hui la place; tels sont Lasseube (de *saube* ou *seube*) sur le territoire de laquelle était la forêt d'*Escout*, l'ancien monastère de *Saint-Vincent de Saube-Bonne* ou de Luc, dont le nom est dérivé du *lucus* latin ; Sauvelade (*Sylva lata*), vaste forêt de hêtres, appelée, à raison de cette essence, forêt du Faget (*Fagus*); l'abbaye de la Reule, située au quartier de Sau-

---

[1] Voy. Arthur Young, *Voyage en France*, p. 14 et suiv.
[2] Voy. A. Bernard, *Les D'Urfé*, p. 444.

vestre (*Sylvestris*). Les environs de Pau offrent aussi des vestiges de forêts ; la cathédrale de Lescar n'était autrefois qu'une simple chapelle bâtie au milieu d'un bois. Les noms de *Hayet-Aubin*, d'*Hagetmau*, ville de Chalosse, sont tirés des anciennes forêts de hêtres qui couvraient leur territoire ; aussi Froissart nous dit-il que le Béarn est riche en bois, affirmation qu'on serait tenté de révoquer en doute, si l'on en jugeait par l'état actuel du département des Basses-Pyrénées[1].

Les Corbières, qui traversent le bas Languedoc, paraissent avoir été autrefois très-boisées ; on n'y voit plus maintenant que quelques taillis épars ; diverses montagnes, que les habitants du pays se rappellent avoir vues couvertes de beaux arbres, ne présentent aujourd'hui qu'un aspect sauvage et d'immenses rochers rembrunis par les mousses ; d'autres offrent encore quelque verdure, mais ce ne sont que de petits arbrisseaux noueux et rabougris, disposés çà et là, des romarins, quelques genêts et des bruyères abandonnées à la pâture des chèvres et des moutons[2]. Dans les montagnes Noires, l'énergie de la végétation sylvestre répare promptement les dégâts causés par les habitants ; aussi les forêts y sont-elles encore nombreuses. Mais

---

[1] Palassou, *Mémoires pour servir à l'histoire naturelle des Pyrénées*, p. 173, 190, et suiv. (Pau, 1815).

[2] Voy. Duhamel, *Notice sur l'état des bois et des forêts en France*, dans le *Journal des mines*, n° 24, p. 49 (Prair. an IV).

le bois se dessèche rapidement, dès qu'il n'est plus abrité.

Vers la partie des Pyrénées où la crête principale s'abaisse en se dirigeant vers la mer, les forêts de hêtres succédaient à celles de sapins. Les hêtres croissaient en futaies si touffues et si pressées, qu'elles s'offraient comme les herbes d'un colossal gazon. Les avalanches, l'établissement des forges, les exploitations de bois amenées par les besoins de l'industrie, ont été autant de causes de destruction pour ces magnifiques massifs. Mais sur le versant méridional, le voyageur peut encore juger de ce que furent jadis les forêts des Pyrénées françaises. Les hêtres continuent à former un immense tapis de verdure sur les montagnes d'Iropil et vers les gorges d'Iral. Les eaux des gaves parviennent seules à percer ces frontières ténébreuses ; elles y roulent les troncs fracassés par les avalanches. A partir de la crête des montagnes jusqu'au bas de la vallée, les forêts d'Irati, d'Aran, d'Artigue-Telline, d'Ordesa, du Val-de-Lastos, de Bielsa, de Roncevaux élèvent encore leurs ombrages. La pente moins rapide du versant sud, en donnant plus rarement naissance à des avalanches, et le peu de développement de l'industrie, ont sauvé jusqu'à ce jour ce côté de la chaîne de la perte de sa parure[1].

---

[1] Voy. Arbanère, *Tableau des Pyrénées françaises*, t. II, p. 272 et suiv.

Dans le haut Armagnac, la forêt de Boucone ou Bacone eut longtemps une grande célébrité à cause de son étendue. « La grande et profonde forêt de la Bacone, écrit Fr. de Belleforest [1], pour laquelle il y a de grands procès entre les comtes d'Isle et de Tolose, à cause des limites, je l'ai vue si épaisse qu'on n'y eut sceu choisir un homme à quatre pas, là où maintenant il y fait beau et large, tant l'on l'a éclaircie, je pense, pour en chasser les voleurs qui y repairaient ordinairement. »

Les forêts du Rouergue et de l'Albigeois n'ont pas échappé davantage à la destruction. Dans la première province, la plupart des collines calcaires étaient jadis couvertes de bois de chênes [2]. Elles ont disparu, et la belle forêt de Guillaumard, près de Cornus, est tout ce qui reste des ombrages dont étaient couvertes les montagnes de ce pays. Dans la seconde province, le défrichement a été moins étendu. La forêt de Grésigne, encore très-vaste, celles de la Narbonnaise et de la Cabarède, celles de Giroussans et de Vialavert continuent à orner les montagnes. Mais les deux dernières ont été fort dévastées [3], et celle de l'Anglès, qui faisait jadis l'ornement de l'Albigeois, ne se reconnaît plus dans

[1] *Cosmographie*, t. I, col. 372 (Paris, 1575).

[2] Bosc., *Mémoires pour servir à l'histoire naturelle du Rouergue*, t. I, p. 29, 69.

[3] Massol, *Description du département du Tarn*, p. 186, 187 (Albi, 1818).

les bois ravagés de Salabert où l'on cherche vainement les gigantesques sapins si renommés dans la
forêt de l'Anglès [1].

Le Cousserans est celui des cantons du Languedoc qui a conservé le plus de restes de ces forêts
primitives. La difficulté des voies de communica-
tion et des transports a arrêté le déboisement, et
celui qui parcourt ce pays peut encore se faire une
idée de ce qu'était jadis la végétation de toute la
province.

Le Médoc et le Bazadois étaient encore très-boi-
sés, lorsqu'au xii° siècle de pieux solitaires vinrent
s'établir à la Sauve-Majeure (*Sylva Major*)[2], à Pleine-
Selve (*Plena Sylva*) et sur plusieurs autres points.
Alors de hautes futaies ombrageaient la Benauge,
l'Entre-deux-Mers, les deux rives de la Dordogne
et de la Garonne. Les noms de Bouscat (*Boscus*),
de Bois-Majou (*Boscus Major*), de la Barthe (*Bar-
tha*), et une foule d'autres noms rappellent encore
l'existence des forêts dont il ne reste plus d'autre
souvenir[3]. Sur la rive gauche de la Garonne do-

---

[1] Massol, o. c., p. 188.

[2] La *Seauve-Majour*, à 5 lieues de Bordeaux. Cf. *Vit. S.
Geraldi*, ap. *Bolland. Act. sanct.* 1 April., p. 421, et Bréqui-
gny et Pardessus, *Table chronolog. des diplômes, chartes*, etc.,
t. II, p. 174, 181, 199, 203, 209, t. V, p. 401. La forêt de Loric,
dans le Bazadois, est un reste des grandes forêts de ce canton.

[3] Jouannet, *Statistique du département de la Gironde*, t. II,
part I, p. 28.

minait et domine encore le pin maritime, auquel se mêlaient le charme, le saule, le chêne blanc et le noir (*quercus pedunculata*, *quercus pubescens*). Sur la rive droite on voyait croître et l'ormeau et le chêne noir. Cette dernière essence couvrait les landes et les grèves de la rive gauche du fleuve où on le trouve encore en abondance, tandis que le chêne blanc constituait les forêts de l'ancienne Benauge. Grâce au génie de Brémontier[1], les forêts ont reparu dans les Landes, et les *pignadas* (bois de pins) sont devenus un moyen de mettre la Chalosse et le Médoc à l'abri de l'invasion des dunes, en même temps qu'elles alimentent une des sources les plus abondantes du commerce du pays, celui de la résine[2].

Quand on descendait la Garonne, à partir de Bordeaux; et qu'on allait regagner l'Ile-de-France par la Saintonge, l'Angoumois, le Poitou, la Touraine et l'Orléanais, on ne quittait pour ainsi dire pas les forêts. C'était comme une vaste *marche forestière* qui séparait le pays d'oc du pays d'oil, et faisait pendant à la zone de châtaigniers qui

---

[1] Voy. le savant mémoire de l'ingénieur Brémontier, intitulé : *Mémoire sur les dunes, et particulièrement sur celles qui se trouvent entre Bayonne et la pointe de Grave, à l'embouchure de la Gironde* (Paris, 1796).

[2] Voy. la notice de M. Dupuits de Maconex sur les terres vagues du département de la Gironde et des Landes, dans les *Annales de la Société d'agriculture de Lyon*, t. X, p. 379 (1838).

jouait le même rôle plus à l'est, ainsi que nous venons de le remarquer ci-dessus.

La forêt de Rochefort, située jadis aux confins de la Saintonge et de l'Aunis, a disparu; celle de Royan en est un faible reste. Elle allait se joindre, par la forêt d'Aulnay [1], à celles de Cognac, des Ombrets en Angoumois et de Lagendre en Périgord. Celles-ci s'embranchaient, à leur tour, sur celles de Châtellerault, Loches, Chinon, la Guerche, Amboise, Chambord, Blois et Marchenoir.

Dans cette partie de la France, le défrichement a respecté davantage les forêts principales. Celles que nous nommons dessinent encore la trace des forêts primitives, tandis que plus au sud cette trace ne se laisse plus distinguer.

Non-seulement des vestiges de ces anciennes forêts attestent encore, dans certaines parties de la France, la magnificence forestière de notre patrie, il y a quatre à cinq siècles; mais quelques-uns des arbres qui les composaient, réservés comme baliveaux, ont persisté jusqu'à nos jours et demeurent comme les patriarches de nos bois. Dans la plupart des grandes forêts royales, les gens du pays montrent encore certains *chênes royaux*, aux-

---

[1] Voy. sur cette forêt qui était encore au milieu du xviie siècle de 4000 arpents, *Estat des forests et boys du roy de la province de Poictou*, à la suite de *la Réformation générale des forests et boys de sa majesté de la province du Poictou*, p. 264 (Poitiers, 1667, in-fol.).

quels se rattachent des souvenirs historiques et dont les dimensions et l'aspect attestent la vétusté [1]. On sait que les arbres placés dans des terrains qui leur conviennent, dans une situation appropriée à leur nature, sont susceptibles de vivre durant des siècles. Les couches concentriques dont se compose leur tronc, ont permis d'estimer l'étonnante antiquité de certains d'entre eux. Le tilleul de Trons, dans les Grisons, déjà célèbre en 1424, avait, en 1798, 51 pieds de circonférence, ce qui lui assigne plus de six cents ans d'existence. Le chêne de la Mothe en Lorraine, dans l'arrondissement de Neufchâteau, a 7 mètres de circonférence, et à en juger par ses dimensions, date du XII° siècle. Pennant a estimé qu'un if de Fountain Abbey avait de son temps douze cent quatorze ans. Un autre if que Evelyne mesura à Crowhurst dans le Surrey avait alors plus de quatorze cents ans. On évalue à deux mille six cents ans l'âge de l'if de Fotherngill, et à trois mille ans celui de l'if de Braburn dans le comté de Kent [2]. Le chêne de *Welbec Lane* avait environ quatorze cents ans au temps d'Evelyne. La tradi-

---

[1] J'ai lieu de croire, écrit de Candolle, qu'il existe encore dans nos pays des chênes de quinze à seize siècles, mais il serait utile de constater ces dates par des travaux plus soignés. *De la longévité des arbres*, dans la *Bibliothèque universelle de Genève*, 1831, t. XLVII, p. 64.

[2] Mary Somerville, *Physical geography*, new edit., tom. II, p. 205.

tion a conservé l'âge de certains autres arbres. Le chêne de Goff qui s'élève près du vieux palais d'Olivier Cromwell, à 4 milles d'Enfield, fut planté en 1066 par sir Théodore Godfrey ou Goffby qui passa en Angleterre avec Guillaume le Conquérant[1]. Près de Fribourg, est un tilleul qui a été planté en 1476, à l'occasion de la bataille de Morat[2]. Tout le monde a entendu parler des *cupressos de la reina sultana*, témoins des amours d'une sultane avec un Abencerrage et du platane de Boujuk-Dereh[3] sur le Bosphore. Enfin nous rappellerons le *cheirostemon* de Tolucca et les baobabs des îles du cap Vert qui dépassent peut-être tous ces arbres en longévité[4]. L'antiquité nous a aussi laissé le souvenir de quelques arbres qui étonnaient les anciens âges par leur vétusté : tel était à Rome le figuier *Ruminal*, sous lequel avaient été, dit-on, trouvés Romulus et Rémus, et à Délos, le palmier d'Apollon[5].

[1] *Nouvelles Annales des Voyages*, 2ᵉ série, t. IX, p. 413 (Paris, 1828).

[2] Candolle, mém. cit., p. 61.

[3] J'ai vu ce platane en 1847, lors d'un voyage que je fis à Constantinople; la cavité énorme qui s'est formée à l'intérieur le menace d'une prochaine destruction.

[4] Voy. l'article intitulé : *de la Diminution des arbres*, *Revue britannique*, 5ᵉ série, t. VIII, p. 290 et suiv.

[5] Voy. l'énumération des principaux arbres de la Grèce célèbres par leur antiquité, dans Pausanias, *Arcad.*, c. xxiii.

L'habitude de ne couper les futaies qu'à un âge très-avancé, favorisait la multiplication de ces arbres de fort brin qui composaient presque exclusivement les anciennes forêts domaniales[1]. Ces arbres servaient à marquer dans les chasses les quêtes et les relais[2]. Dans la forêt de Vincennes, on remarqua longtemps un chêne sous lequel on assurait que saint Louis avait rendu la justice. Dans la forêt de Compiègne, le chêne rouvre dit de *Saint-Jean*, si remarquable par sa conformation bizarre, paraît remonter à une assez haute antiquité[3]. Près de Châtillon-sur-Seine, à la colline Sainte-Anne, s'élève un chêne qui a compté près de neuf cents ans. Il a été planté en 1070 sous les premiers comtes de Champagne[4]. Suivant Baudrillart, il existe, aux environs de Sancerre, un châtaignier qui a mille ans d'existence.

Dans la forêt de Fontainebleau, le chêne appelé *le Charlemagne,* et qui n'a pas moins de 20 pieds

[1] Cf. Dralet, *Traité de l'aménagement des bois et forêts*, p. 20. Ces forêts étaient généralement aménagées à cent cinquante ans.

[2] Voy. Rob. de Salnoue, *la Vénerie royale*, p. 341 et suiv.

[3] Voy. sur ce chêne la notice de M. Poirson, *Annales forestières*, t. I, p. 719. Je suis porté à croire que les dénominations de *chênes de Saint-Jean*, appliquées à certains chênes de nos forêts, remontent aux cérémonies druidiques, qui se célébraient sous les chênes sacrés à l'époque du solstice d'été.

[4] Voy. sur ce chêne les détails qui sont donnés dans l'*Allgemeine Forst-und Jagd-Zeitung,* mars 1834, p. 152.

de circonférence[1], le chêne dit *de Clovis*, les *chênes de Henri IV et de Sully*, celui de *la reine Blanche*, les *Futaies du Gros-Fouteau*, de *la Tillaie*[2], sont autant de vétérans séculaires des forêts féodales. En Normandie, le chêne de Henri IV, dans la forêt de Roumare, et celui d'Allouville, dont la réputation est européenne[3], appartiennent à cette catégorie. Nous citerons encore le *chêne des Vendeurs*, de la forêt de Montfort[4], qui a 40 pieds de circonférence et une hauteur proportionnée; le *chêne des Partisans*, dans la forêt de Saint-Ouen-lez-Parey (Vosges), qui remonte à l'an 1500, et sous lequel se réunissaient les partisans lorrains qui allaient à travers les forêts piller les villages de la frontière française[5]; le *chêne Rognon*, dit *du Druide*, de la commune de la Pommeraye (Maine-et-Loire), celui de la forêt de Trouhart (Calvados), le chêne dit *du*

---

[1] Cf. Denecourt, *Guide dans la forêt de Fontainebleau*, p. 23.

[2] Denecourt, o. c., p. 112. Cette futaie est une des plus riches en arbres gigantesques; on y remarque ceux qui sont désignés par les noms du Goliath, du Pharamond, du Majestueux, etc.

[3] Voy. sur ce chêne, de Jouy, *l'Ermite en province*, OEuv., t. VII, p. 337. Ce chêne, situé dans la commune d'Allouville, près d'Yvetot, a 34 pieds de circonférence. On évalue son âge à neuf cents ans. Une chapelle est établie dans son intérieur.

[4] Voy. J. B. Thomas, *Traité général de statistique, culture et exploitation des bois*, t. I, p. 376 et suiv.

[5] H. Lepage et Charton, *le Département des Vosges*, t. II, p. 470, 471.

comte *Thibaud* dans la forêt de Marchenoir, le tilleul du château de Chaillé (Deux-Sèvres). Le voyageur qui parcourt les forêts de Nouvion (Aisne) et de Der, dans le canton de Brancourt (Haute-Marne), peut voir un grand nombre de ces magnifiques baliveaux respectés par la hache de nos aïeux [1].

Combien de ces antiquités végétales ont disparu après avoir fait, durant des siècles, l'admiration de ceux auxquels elles distribuaient libéralement leur ombrage. L'homme ne peut se défendre d'un sentiment de regret quand il voit disparaître ces patriarches de nos bois; c'est ce qu'a fort bien rendu Guillaume le Breton dans sa *Philippide*, en racontant la destruction de l'orme de Gisors qui était,

---

[1] Thomas, o. c. Nous pourrions encore citer des arbres fort anciens, quoique n'appartenant pas tous à la période qui nous occupe, et qui sont aujourd'hui les derniers représentants d'un état forestier qui a disparu : tels sont *l'arbre des Sept-Frères*, de la forêt de Villers-Cotterets, le *hêtre des Bauremonts*, de la forêt de Compiègne, le *Châtaignier brûlé*, de la forêt de Montmorency. Il y a quelques années, nous eussions pu joindre à cette liste les magnifiques forêts de la mare d'Auteuil et le hêtre pleureur de la forêt de Troarn, près Caen. Voy. Philippar, *Études sylvicoles*, dans les *Annales de l'Agriculture française*, 4ᵉ série, t. VI, p. 305, 306. De Candolle, mém. cit. dans la *Bibliothèque universelle de Genève*. Nous rappellerons aussi l'oranger appelé le *Grand-Bourbon*, qui fut planté, en 1411, par une des aïeules de Jeanne d'Albret. Voy. *Revue britannique*, 5ᵉ série, t. VIII, p. 297. On donne dans ces articles de curieux détails sur ces orangers.

au xiie siècle, un des derniers restes des forêts druidiques. La description qu'il en donne convient bien
à ces étonnants baliveaux dont nous venons de rap-
peler les noms.

« Haud procul a muris Gisorti qua via plures
Se secat in partes, prægrandi robore quædam
Ulmus erat visu gratissima, gratior usu
Ramis ad terram redeuntibus, arte juvante
Naturam, foliis uberrima ; roboris imi
Tanta mole tumens, quod vix bis quatuor illud
Protensis digitis circumdent brachia totam
Sola nemus faciens, tot obumbrans jugera terræ
Millibus ut multis solatia mille ministret [1]. »

C'est surtout dans les contrées où la végétation
forestière est excitée par une température chaude
jointe à de l'humidité, que les forêts ressaisissaient,
sitôt que l'homme se retirait, l'espace qu'il leur
avait ravi. De nos jours on voit, dans l'Esterel, les
guérets disparaître avec une incroyable rapidité
sous les cistes arborescents et les pins dont les
graines sont apportées par les vents [2].

[1] Lib. III, v. 102 et suiv. D. Brial, *Historiens de France*,
t. XVII, p. 148. Le poëte rapporte plus loin qu'après que
l'arbre eut été abattu par les Français, une nouvelle génération
de rejetons sortit du sein de la terre et donna naissance à une
forêt.

« Nam nova progenies fruticum succrevit ad instar
A terra sensim steterat qua nobile lignum ;
Quæ numerum vincens, sylvam facit ordine pulchro.

[2] Noyon, *Statist. du Var*, p. 6.

On comprend combien une pareille étendue de
forêts dut favoriser la multiplication des bêtes
fauves, et quel préjudice il devait en résulter pour
l'agriculture. Jadis l'auerochs (*urus*) ou bison de
l'ancien monde se rencontrait dans toutes les forêts
de l'Europe. Au xiii⁰ siècle, il était encore abondant dans la Bohême et la Carinthie[1]. Aujour-
d'hui cet animal n'existe plus que dans la forêt de
Bialowiéza, en Lithuanie; et déjà, au temps de
Clovis, il était si rare dans la Gaule, que les
rois, dans leur domaine, s'en réservaient exclusivement la chasse[2]. Mais en revanche les loups, les
renards, les cerfs, les sangliers foisonnaient dans
les profondeurs des bois. Le lynx et l'ours se rencontraient sur les hauteurs ombragées des Pyrénées[3]. Les loups[4], attirés par les guerres, accou-
raient de fort loin dans nos forêts.

[1] Voy. les fragments d'un géographe latin du xiii⁰ siècle publiés par M. Wackernagel, dans le *Zeitschrift für deutsches
Alterthum* de Haupt, t. IV, p. 487, 483, c. xc, xxx.

[2] Voy. Legrand d'Aussy, *Vie privée des Français*, t. I, p. 371.

[3] L'ours se rencontre encore dans la vallée d'Ossau, et cette
circonstance l'a fait désigner par des chroniqueurs latins sous
le nom de *Ursini saltus*. Quant au lynx qui abonde encore
dans le Harz, il est aujourd'hui fort rare dans les Pyrénées. On
le rencontre encore parfois dans les Alpes. Il y a quelques
années on en a tué un près de Die, dans le Dauphiné. Je tiens ce
fait de M. P. Mérimée. Au mois de décembre 1849, deux autres
de ces animaux ont été tués dans les environs de Chamounix.

[4] Il est dit à ce sujet, dans les additions à *la Vénerie* de

En effet, en même temps que l'Europe se dépouillait graduellement de ses forêts gigantesques, elle voyait s'éteindre ou s'enfuir les races animales qui les habitaient. Depuis l'époque tertiaire jusqu'aux premiers établissements des hommes dans cette partie du monde, des ruminants en quantité innombrable étaient répandus sur toute la surface du sol. Les ossements fossiles du cerf à bois gigantesques (*cervus eurycerus*), du daim de la Somme (*cervus damas giganteus*), du cerf primitif (*cervus primigenius*), du bœuf primordial (*bos primigenius*) découverts dans les tourbières du nord de la France et de l'Irlande, dans les cavernes de Lunel-Vieil, de Bise et de Sallèles attestent leur ancienne prédominance[1]. A ces ruminants se mêlaient des carnassiers inconnus aujourd'hui à nos climats s'ils n'avaient pas précédé les ruminants dans la succession géologique. Des félides de proportions gigantesques parcouraient alors nos forêts, comme ils parcourent encore les jongles de l'Inde et les forêts vierges de l'Amérique. Tels étaient le *felis spelaea*, dont les

Du Fouilloux, f. 112 : « Ainsi les tient-on (les loups) pour bestes de passage et qui viennent de bien loin, comme des Ardennes et autres grandes forêts. Ce qui attire aussi quantité de loups en un pays, ce sont les guerres, car les loups suivent toujours un camp, etc. »

[1] Voy. G. Cuvier, *Recherches sur les ossements fossiles*, t. IV, p. 87. Pictet, *Traité élémentaire de Paléontologie*, t. I, p. 296, 303, 309.

formes étaient voisines de celles du lion, le *felis antiqua*, qui se rapprochait du tigre d'aujourd'hui[1]. Un ours énorme, l'*ursus spelaeus* fourmillait en Allemagne, en Belgique, en Angleterre, ainsi que le démontre l'abondance de ses ossements dans les brèches osseuses de ces pays[2].

Cette création a disparu, ne laissant après elle que des restes affaiblis, chétive image de ce qu'était originairement la vie à la surface de notre globe. Tels sont l'élan, le lynx, le chat sauvage, l'auerochs, l'ours brun, le blaireau[3]. La hyène (*hyæna spelaea*) aux formes redoutables, qui désolait alors nos régions, a été se réfugier, sous des proportions abâtardies, dans les cavernes de l'Afrique[4].

La nature s'était donc chargée d'abord de faire ce dont l'homme s'acquitta ensuite. Elle détruisait incessamment toute cette création sylvestre. Et avant que les races ibère et finnoise qui parurent vraisemblablement les premières en Europe, commen-

---

[1] Pictet, *Traité élémentaire de Paléontologie*, t. I, p. 186.

[2] Pictet, t. I, p. 149.

[3] Certains animaux ont certainement disparu de la terre depuis une époque récente, tels sont le dronte de l'île Bourbon et peut-être le moas (*dinornis*) de la Nouvelle-Zélande. D'autres animaux, par leurs formes bizarres et gigantesques, semblent être les restes d'une création antérieure, tels sont l'éléphant, le rhinocéros, l'hippopotame, le tapir, la girafe, l'élan, l'autruche, le nandou, le crocodile.

[4] Pictet, t. I, p. 178.

çassent à incendier les forêts avec la flamme qu'elles
tiraient du frottement de troncs résineux, où à les
abattre avec leurs haches de pierre, une puissance
mystérieuse et toujours agissante avait anéanti ces
forêts de fougères arborescentes et de lépidoden-
drons que ne parcouraient encore aucun mammi-
fère, et qui ombrageaient la terre à l'époque car-
bonifère, pour les remplacer par d'autres forêts de
conifères et de cycadées[1], qui devaient à leur tour
céder la place aux forêts de l'époque tertiaire qui
déployaient dans nos climats la flore américaine[2].
Celles-ci tombaient ensuite pour laisser après elles
ces forêts dont nous venons de raconter la gra-
duelle destruction.

Mais revenons à notre sujet. On voit souvent,
au moyen âge, les habitants des villes se plaindre
amèrement des dégâts commis par ces animaux.
On lit, par exemple, dans une lettre du grand
sénéchal de Sisteron, à la date du 28 septembre
1377 : « Invalescunt assidue cervi, apri et aliæ
« bestiæ fere in districtibus dictorum locorum,
« quod in vineis, bladis et possessionibus aliis
« fructus edunt, dissipant inextimabiliter et con-

[1] Voy. Ad. Brongniart, *Considérations sur la nature des végétaux qui ont couvert la surface de la terre aux diverses époques
de sa formation,* dans les *Mém. de l'Acad. des Sciences,* t. XV,
p. 404.

[2] Ad. Brongniart, m. c., p. 417, 420.

« sumunt[1]. » Les consuls, syndics et conseillers de la ville de Rével, dans le Lauraguais, se plaignent avec chaleur des dégâts causés par les bêtes fauves de la grande forêt de Vaur (*alta et lata foresta*) qui infestaient la banlieue[2] : « In quibus, » disent-ils en parlant de la forêt, « multitudo lupo-« rum rapacium, aprorum, cervorum, caprollorum « et aliarum diversarum ferarum cohabitant, per-« manent et nutriuntur, quæ ipsis habitatoribus de « Revillo et aliis locis circumvicinis magna et inex-« timabilia damna afferunt[3]. »

[1] Laplane, *Histoire de Sisteron*, t. I, p. 524. Pièces justificatives.

[2] *Ordonnances des rois de France*, t. IV, p. 447.

[3] Le droit de chasse, réservé aux seigneurs, a de même multiplié extraordinairement les bêtes fauves dans la Grande-Bretagne. En Écosse, les cerfs et les daims se sont ainsi accrus d'une manière prodigieuse; par exemple la forêt d'Atholl, dans le Perthshire, entre les comtés d'Aberdeen et d'Inverness, qui a 40 milles de long sur environ 18 de large, ne comptait guère, en 1776, qu'une centaine de cerfs, tandis qu'elle en renferme aujourd'hui cinq à six mille. La forêt de Dirimore, dans le comté de Sutherland, en Écosse, est célèbre par l'abondance étonnante de son gros gibier, et notamment de ses cerfs à queue fourchue (voy. à ce sujet, James Wilson, *A voyage round the coasts of Scotland*, t. I, p. 345, Edinburgh, 1842). Les forêts de Mar, de Sutherland, de Corrichibah, de Glenartney, en nourrissent également un nombre considérable. Voy. à ce sujet un article de l'*Edinburgh Review*, publié dans la *Revue britannique*, 4ᵉ série, t. XXVIII, p. 39 et suiv. On sait aussi combien les loups étaient nombreux avant le roi Edgar.

Mais les rois et les seigneurs, qui se préoccupaient parfois plus de leurs plaisirs que du bien-être de leurs sujets[1], tenaient peu compte de ces réclamations[2], source de procès continuels.

Au milieu de ces forêts, vivait une population sylvestre livrée exclusivement aux industries qui naissent de l'exploitation des bois; elle formait en certains lieux des corporations particulières; telles étaient celles des *Bons cousins des bois* et des *Charbonniers*. Pour être admis dans ces corporations, on était soumis à une sorte d'initiation. La forêt Noire, celles des Alpes et du Jura, furent longtemps peuplées de ces initiés. Peut-être faut-il reconnaître dans ces communautés des descen-

---

[1] Le poëme sur Charlemagne attribué à Alcuin, nous trace un tableau de cette abondance de bêtes fauves que les princes se plaisaient jadis à entretenir dans les bois, pour leurs plaisirs.

« His latet in sylvis passim genus omne ferarum. »
Alchuin. *Opera*, t. II, p. 452, v. 147.

[2] Au commencement du xvii° siècle, les bêtes fauves étaient encore très-abondantes dans certaines localités du royaume. Le 8 juin 1607, les habitants de Gérardmer adressèrent au duc de Lorraine une requête dans laquelle ils remontraient que ce lieu était limitrophe de l'Allemagne et de la Bourgogne et environné de hautes montages, leurs bestiaux étaient en danger d'être mangés par les loups, ours et autres bêtes sauvages, et, pour cette raison, ils demandaient qu'il leur fût permis de continuer à chasser sans payer aucun tribut au receveur d'Arches. Voy. Lepage et Charton, *le Département des Vosges*, t. II, p. 235.

dants de ces dendrophores, dont les corporations existaient aussi bien dans l'Italie que dans la Gaule[1], et qui étaient chargés de transporter le merrain nécessaire pour les constructions, le bois à brûler, le charbon et les planches. En certains cantons, les charpentiers formaient aussi des corporations qui habitaient au milieu des bois. Dans les Pyrénées, la race méprisée des *cagots* était, durant le moyen âge, presque exclusivement livrée à cette profession, et occupait çà et là des hameaux au voisinage des forêts[2].

Cette population sylvaine se soumettait peu aux règles de l'aménagement et de la conservation des bois. Elle faisait elle-même une guerre acharnée aux arbres[3]. Mais, d'un autre côté, elle contribuait à purger le pays des bêtes fauves qui y abondaient. En Angleterre, le désir d'éloigner les loups n'a pas

---

[1] Voy. Rabanis, *Recherches sur les dendrophores* (Bordeaux, 1841), p. 25.

[2] Voy. Francisque Michel, *Histoire des races maudites de la France et de l'Espagne*, t. I, p. 81 et suiv.

[3] Voy. l'ordonnance de François Ier, de 1536 (Fontanon, *Édits et ordonnances des rois de France*, 2e édit., t. II, p. 243). « Pour ce, y est-il dit, que lesdits maistres gruyers, verdiers, maistres des gardes ou maistres sergens baillent et ont baillé congez ou permissions appelez en aucuns lieux attelages à tuiliers, potiers, verdiers, forgerons, cercliers, tourneurs, sabotiers, cendriers et austres de prendre terre, mine et bois en nosdictes forests et soubz couleur de ce exigent et prennent argent au grand détriment, destruction et dégast de nosdictes forests, nous avons défendu et défendons, etc. »

peu contribué à faire abattre les forêts; la même cause dut amener en France le même effet. Cette population de charbonniers, de forgerons, de boisseliers, de boisiers, de verriers, de tourneurs, de sabotiers, de cendriers, de cercliers, de tuiliers et potiers, a donné naissance à des villes et à des villages. Leurs demeures, réunies en hameaux, survécurent à la destruction des forêts au milieu desquelles elles avaient été élevées, et ces hameaux sont devenus graduellement des bourgs. Le village d'Auzainvilliers, dans le département des Vosges, doit son origine aux cabanes qu'avaient construites les sabotiers et les charbonniers qui vinrent s'établir dans la forêt qui occupait son emplacement[1].

Ce fut toute une population de sabotiers, de cuveliers, de boisseliers, de marcaires et de fromagers, qui défricha les bois de haute futaie qui occupaient l'emplacement de Gérardmer[2]. Ces diverses corporations ouvrirent des clairières dans la forêt, construisirent des cabanes avec l'écorce qu'elles enlevaient aux arbres[3], et les disposèrent sur la rive orientale du lac[4].

On voyait sans cesse les *milites*, les *armigeri*,

---

[1] H. Lepage et Charton, *le Département des Vosges*, t. II, p. 24.

[2] H. Lepage et Charton, *ibid.*

[3] Cette opération s'appelait *breche*, *bruche* ou *cercénée*.

[4] Voy. la notice sur les forêts de l'Angleterre, déjà citée. *Annales forest.*, 1848, p. 190.

les *baillivi*, les *servientes regis* en lutte contre les paysans. Ceux-ci se vengeaient des violences des nobles en dévastant les forêts, objets des contestations et source des vexations fiscales. Ils enlevaient sans scrupule le plus de bois possible et se mettaient peu en peine de respecter les baliveaux. Bien que la reconnaissance et le maintien du droit de garenne fussent soumis à la condition d'une possession immémoriale[1], des usurpations se produisaient tous les jours, et les seigneurs donnaient, comme des concessions, des droits qui n'étaient au contraire que les derniers vestiges d'une propriété commune.

Mais l'abaissement graduel de la noblesse, la substitution du pouvoir royal, c'est-à-dire d'un régime plus éclairé et plus doux, au pouvoir seigneurial, l'adoucissement des mœurs, l'énergie croissante des communes affranchies, mirent fin à cet ordre de choses et en firent naître un nouveau. Les *deffens* perdirent de leur rigueur. Les solitudes que la guerre avait faites étant devenues pour les nobles de stériles domaines, ils furent contraints de provoquer le retour de la culture. Une multitude d'actes du commencement du xve siècle ont pour objet d'offrir à ceux qui voudraient s'établir dans une seigneurie autant de terres qu'ils en

---

[1] Voy. Championnière, *de la Propriété des eaux courantes*, p. 77.

pourraient cultiver, le pâturage libre pour les bestiaux et tout le bois nécessaire soit au chauffage, soit à la construction et à l'entretien des maisons[1]. « De grande ancienneté, dit Guy Coquille[2], les seigneurs, voyant leurs territoires déserts ou inhabités, concédèrent des usages à ceux qui voudraient les habiter, moyennant quelque légère prestation, plutôt en reconnaissance de supériorité qu'en profits pécuniaires[3]. »

Le droit de prendre du bois dans les forêts fut accordé de bonne heure par les seigneurs en échange de certains services que ses sujets s'engageaient à leur rendre[4].

Dans plusieurs parties de la France, le droit d'usage dans les forêts put être acquis sans titre, et uniquement par l'effet d'une longue possession[5].

---

[1] Championnière, *de la Propriété des eaux courantes*, p. 341.

[2] *Coutumes du Nivernois*, quest. 303.

[3] Cf. Henrion de Pansey, *des Biens communaux*, p. 72; du même, *Dissertations féodales*, v° *Communauté*. Salvaing, *Usage des fiefs*, chap. xcvi. Bouhier, *Observations sur la coutume de Bourges*, ch. lxii, n° 30.

[4] Pour en citer un exemple, nous voyons, en 1378, Gaston Phébus, comte de Foix, concéder aux cagots le droit de foretage dans tous ses bois pour prix de l'engagement qu'ils prennent d'exécuter tous les ouvrages de charpente nécessaires au château de Montaner. Voy. Francisque Michel, *Histoire des races maudites*, t. I, p. 147.

[5] Voy., à ce sujet, le savant ouvrage de M. Meaume, intitulé : *des Droits d'usage dans les forêts*, t. I, p. 19 et 25.

Dès que cette révolution se fit sentir, ce ne fut plus l'envahissement des forêts qu'on eut à déplorer, mais leur diminution trop rapide. Une guerre sourde et continue fut déclarée à la végétation forestière ; le besoin croissant de combustibles et de matières premières pour les industries qui emploient le bois, fit abattre les arbres à profusion, et la France perdit peu à peu ses innombrables ombrages.

Les forêts royales furent exposées, plus qu'aucune autre, aux dévastations, parce que c'était sur elles que les droits de pâturage s'étaient multipliés davantage. Écoutons Pecquet dans ses *Lois forestières* [1] : « Les droits de pâturage dans les forêts du roi sont, dit-il, une des parties sur lesquelles les temps reculés nous présentent le plus d'abus préjudiciables aux forêts de sa majesté. On peut dire qu'elles en étaient inondées : il n'y avait personne un peu voisin des forêts qui n'y fût usager. Et cela ne pouvait être autrement, puisque cela avait été originairement un des avantages qu'on avait accordés libéralement pour attirer des habitants dans les environs. L'on ne prévoyait pas alors que les bois deviendraient d'une valeur considérable, et que ces espèces de colons qu'on cherchait à multiplier seraient un jour fort à charge aux forêts, par les facilités que l'ouverture de celles-ci don-

[1] T. 1, p. 506.

nait pour commettre des délits. Les communautés ecclésiastiques, fondées par la piété de nos rois, en possédaient des droits excessifs. Il y en avait qui avaient droit de paisson, avec feu et loge, comme le couvent de Saint-Valery, en la forêt de Retz, reconnu par arrêt des juges en dernier ressort, du 17 novembre 1537; les chartreux de Bourg-Fontaine, reconnus par arrêt du même tribunal du 2 septembre 1549; le couvent de Saint-Jean-du-Moncel, en la forêt de Cuise, reconnu par arrêt des mêmes juges, du 26 octobre de la même année [1]. »

Les arbres de haute futaie étaient les seuls qui fussent généralement respectés, à raison de la sollicitude que les rois montraient pour leur conservation; leur coupe n'était autorisée que dans des cas graves; et les ventes *extraordinaires* qui en résultaient, ne pouvaient avoir lieu que dans le cas de l'apanage d'un fils de France [2].

---

[1] Voy. Pecquet, o. c., et, pour des exemples de ces concessions de droits d'usage accordés par les seigneurs, Lateyssonnière, *Recherches histor. sur le département de l'Ain*, vol. II, p. 244.

[2] Cette loi, qu'on ne peut couper les bois de haute futaie sans la permission du roi, est si inviolable que cette clause fut expressément énoncée par l'engagement de Beaumont le Roger, en 1505, et par le contrat de mariage de Rénée de France, fille de Louis XII, avec le duc de Ferrare, en 1528, à laquelle fut donnée en dot une quantité de terres considérable d'où dé-

François Ier ne se borna pas à faire déclarer les forêts royales inaliénables, comme appartenant au domaine de la couronne (30 juin 1539), il voulut arrêter la dévastation par une législation puissante qui assurât l'existence et la perpétuation des bois ; ce fut lui qui fit prendre définitivement aux corps des eaux et forêts une place parmi les juridictions du pays, qui régla l'affouage et le droit d'usage , qui dota enfin la France d'un véritable *Code fores- tier.* Mais la résistance de la population des cam- pagnes, qui nourrissait une haine invétérée contre ce qui avait été l'une des causes de ses souffrances, paralysa les effets qu'eussent pu produire ces sages mesures. Les tribunaux ordinaires élevaient sans cesse des conflits d'attributions contre la juridic- tion des maîtrises. Celles-ci, cumulant l'autorité administrative et l'autorité judiciaire, se trouvaient entraînées à des injustices, à des mesures arbi- traires, et elles ne purent jamais se défaire des ten- dances fiscales qui résultaient de leur caractère administratif. Le droit de gruerie, qui se payait sur la vente des bois, s'élevait à un taux exorbitant, et absorbait parfois plus d'un tiers du prix de la

pendaient plusieurs forêts. François Ier, par sa déclaration du 25 juillet de la même année, défendit à ce prince de toucher à ces forêts, les bois de haute futaie ne pouvant être coupés qu'en vertu de lettres patentes vérifiées au parlement. *Confé- rence de l'ordonnance de Louis XIV, du mois d'août* 1669 , nouv. édit. (Paris, 1752), t. I, *Introduct.*

vente. En Normandie[1], l'abondance du bois avait enhardi les exigences du fisc, et ce droit, connu sous le nom de *tiers et danger*, enlevait aux particuliers un tiers plus un dixième[2].

On conçoit combien, avec un pareil système, le corps des eaux et forêts était devenu impopulaire dans les pays où les bois constituaient une des branches importantes du revenu, et combien l'opposition qu'il rencontrait de la part des tribunaux devait donner d'audace aux délinquants.

Aussi, ni les efforts de Sully, qui faisait planter le bord des routes, ni les mesures de Colbert ne purent arrêter la dévastation des forêts; l'ordonnance de 1669 rencontra, en certaines provinces, une résistance presque insurmontable. La Bourgogne surtout se fit remarquer par l'énergie de son opposition; les réclamations des usagers et des nobles qui avaient envahi les bois royaux y furent vivement soutenues par les états de la province[3].

Cependant la nation ne s'était pas toujours

---

[1] *Ordonnances des rois de France*, t. XV, p. xxxix, préf. Ce droit était placé sous la surveillance des sergents dits *dangereux. Conférences de l'ordonnance de Louis XIV*, t. I, p. 601.

[2] Le droit de *tiers et danger* n'était général qu'en Normandie. Il existait, dans des proportions diverses, dans l'Orléanais, la Beauce, le Hurepoix et le Valois. Massé, *Dictionn. des Eaux et Forêts*, art. *Gruerie*.

[3] Voy. Alex. Thomas, *Situation politique et administrative de la Bourgogne de 1661 à 1775*, p. 296.

montrée aussi peu intelligente à l'égard de ses intérêts, et plus anciennement les états généraux avaient tenu un langage fort opposé à celui des états de Bourgogne. Aux états tenus en 1355 et à ceux de Blois, le dépérissement des forêts fut le sujet de doléances nombreuses, et ces plaintes n'ont pas peu contribué à provoquer les ordonnances royales dont nous avons parlé plus haut.

La communauté des forêts était une des causes des dégâts qui s'y commettaient; car, ainsi que le fait observer Duhamel[1], on ne regarde pas avec beaucoup d'intérêt un objet auquel tant de personnes ont un droit égal; la crainte de voir enlever un bel arbre par son voisin fait qu'on se hâte de l'abattre sans en avoir encore besoin, et souvent ensuite il pourrit sur place.

Les abbayes, les monastères avaient imité les seigneurs, et l'espoir de retirer des bois de plus abondants bénéfices leur en avait fait abandonner les arbres à la hache des paysans. La législation royale voulut aussi arrêter cette cause de destruction. Les ordonnances de 1573 et 1597, renouvelées sous Louis XIV, prescrivirent aux évêchés, abbayes, bénéfices, commanderies et communautés ecclésiastiques de tenir en futaie le quart au moins de leurs bois[2].

---

[1] Duhamel, *Notice citée, Journal des Mines*, n° 25, p. 53.
[2] Voy. *Ordonnances de Louis XIV pour les eaux et forêts.*

L'ancien droit de cantonnement, tel qu'il existait avant le xviiie siècle et par lequel le seigneur d'une forêt pouvait abandonner à l'usager la totalité des produits d'un canton de cette forêt, sans en excepter même la futaie, afin de dégrever le reste de la servitude d'usage, loin d'être un remède aux abus de l'usage, ouvrit encore de nouvelles voies au déboisement[1]. Mais l'ordonnance de 1669 réforma cette législation vicieuse et imposa au cantonnement des garanties qui devinrent réellement conservatrices[2].

La dévastation des forêts marcha donc du xvie siècle au xviiie avec une extrême rapidité. La terre prenait chaque jour plus de valeur, et le profit qu'on avait à la mettre en culture augmentait avec l'accroissement de la population. Les seigneurs, s'apercevant qu'ils pouvaient retirer de plus fortes redevances des terres livrées à la culture des céréales que de celles qui étaient couvertes de forêts, prenaient eux-mêmes part à la destruction. Gollut se plaint qu'ils « font raser leurs bois, par trop grande cupidité, pour avoir des subjets ou des cens, ou fournir leurs forges à

Des bois appartenant aux ecclésiastiques, art. 11, p. 114, éd. 1673. Paris, in-12.

[1] Fréminville, *Traité de la pratique universelle des terriers*, p. 375.

[2] Meaume, *des Droits d'usage dans les forêts*, t. 1, p. 185.

fer[1]. » Dans les siècles antérieurs, le ramage, le panage et la glandée donnaient un prix particulier aux terrains plantés de bois ; mais plus tard les procédés d'élève de bestiaux commencèrent à se modifier. Le porc avait beaucoup perdu de son importance. On préférait les prairies ouvertes aux bois, qui entretenaient dans le voisinage un froid dont la cherté croissante du bois rendait plus difficile de se garantir. L'industrie qui se développait, requérait, en plus grande abondance, le bois qui en forme une des matières premières les plus essentielles. On doit regarder l'établissement des forges qui s'opéra de bonne heure dans les forêts des pays riches en fer, comme une des causes les plus actives de la destruction de celles-ci. En Bourgogne et dans le Nivernais, des forges à bras furent montées à une époque déjà fort ancienne. C'est ce qui eut lieu notamment dans le voisinage de la célèbre forêt de Narcy, dans le canton de la Charité. L'existence de ces anciennes forges qui se rencontraient dans les communes de Narcy et de Marlin, est attestée par les nombreux amas de laitiers décomposés par le temps, et aujourd'hui propres à la culture, qu'on y remarque[2]. Les usa-

---

[1] *Mémoires historiques de la république séquannoise*, p. 84. Les forges et les verreries furent les premières usines établies à la naissance des arts industriels ; elles nécessitaient l'emploi du bois.

[2] Voy. Née de la Rochelle, *Mémoires pour servir à l'histoire*

gers se multipliaient et abusaient de leurs droits, la mauvaise constitution du régime de la propriété ajoutait encore à ce fâcheux état de choses; enfin les peines établies par François Ier étaient éludées, précisément parce qu'elles étaient exorbitantes. Les lois répressives demeuraient inefficaces, et les provinces où il importait le plus qu'elles fussent sévèrement mises à exécution étaient celles où elles l'étaient le moins. Ainsi, en Franche-Comté, en Lorraine et en Alsace, où le régime forestier était plus doux, les forêts étaient plus à l'abri des dégradations[1].

Ces diverses circonstances expliquent pourquoi la destruction des forêts ne suivit pas, dans toute la France, une marche également rapide. Dans les provinces septentrionales elles restèrent plus long-temps environnées du respect des populations. Dans celles du midi, au contraire, le besoin de pâturages fit déclarer aux arbres une guerre acharnée[2]. Dans

---

du département de la Nièvre, t. I, p. 355, 356. Cette forêt est fort anciennement mentionnée dans l'histoire du Nivernais. Elle appartenait ainsi que celle de la Bertrange à Ermengarde, femme de Hugues Dulys, et l'une et l'autre furent données, pour la plus grande partie, en 1124 aux religieux de la Charité. Ces religieux possédaient aussi la forêt d'Artonne que leur donna Marguerite de Fontenay, dame de Champlemy.

[1] Voy. le mémoire de M. Noirot dans les Annales forestières, t. IV, p. 499 et suiv.

[2] C'est ce même principe de la Mesta qui a anéanti la plus grande partie des forêts de l'Espagne, et qui tend à anéantir

les Basses-Alpes, le déboisement a été directement contre le but que l'on voulait atteindre. Les pâturages n'ont pas tardé à être détruits, par suite du grossissement des torrents, que détermina l'abatage des arbres. C'est ce qu'a fait observer un habile administrateur, M. Dugied[1]. Dans les forêts des Pyrénées, on comptait encore, au xvıı° siècle, les sapins par centaines de mille, et il a fallu toute l'énergie de végétation du sol pour résister quelque peu à la main destructrice des habitants[2]. A ces

celles de l'Amérique du Sud. L'oisif colon espagnol préfère le soin facile des bestiaux à la culture pénible des terres, et, ayant à la bouche son aphorisme favori : « Crianza quita labranza » (l'élève des bestiaux dispense de toute autre occupation), il incendie les forêts vierges et prive ses descendants de ce qui eût fait leur richesse.

[1] Voy. Dugied, *Projet de reboisement des Basses-Alpes.*

[2] Les forêts des Pyrénées paraissent avoir été mieux respectées du côté de l'Espagne que du côté de la France. Ainsi elles ont perdu par les incendies, les défrichements, les abus de pâturages et le pillage, dans l'espace de cent quarante ans, les deux tiers de leur contenance, et si elles continuaient, dit M. Dralet, un des inspecteurs forestiers, à être livrées à la dévastation, dans cent vingt ans il n'en existerait plus. Or, depuis que ces réflexions ont été faites, voilà qu'à la suite de notre récente révolution (février 1848) des bandes de pillards ont porté de nouveau la destruction dans les faibles restes de ces magnifiques forêts. Il y a des contrées des Basses-Pyrénées, où l'on a tant défriché, tant extirpé, tant incendié et dilapidé les forêts, qu'elles sont insuffisantes pour donner aux communes le simple nécessaire. Quantité de hameaux ont été

causes, qui établissent une distinction entre les provinces du midi et celles du nord quant à la destruction des forêts, il faut en joindre une autre : les provinces méridionales n'avaient jamais reconnu la maxime : *Nulle terre sans seigneur;* en sorte que les nobles n'avaient pu, dans cette partie de la France, envahir, comme ils le firent dans le nord, les biens communaux, sous prétexte qu'ils étaient sans propriétaires, et convertir en forêts destinées à leurs plaisirs les biens qui servaient aux usages communs des habitants. Dans l'est de la France, l'usage des coupes sombres (système allemand) fit conserver les grands arbres, à l'ombre desquels on plantait et dont les rameaux rapprochés protégeaient les jeunes plants délicats. Dans le midi, au contraire, la prédominance des coupes blanches, des défrichements à blanc estoc anéantit les baliveaux régénérateurs des forêts. Les réserves, trop vite éclaircies, finirent par disparaître, et, le sous-bois ne rencontrant plus l'abri nécessaire, le sol se dépouilla complétement. Enfin une dernière cause qui hâta dans le midi la dévastation des forêts, c'est que l'usage des constructions en bois s'y continua plus longtemps que dans le nord et le centre de la France, où abondait la pierre calcaire[1]. Dans les

abandonnés par les habitants faute de bois. D'autres villages sont obligés d'aller chercher le combustible dans des forêts éloignées et jusqu'en Espagne.

[1] Cependant dans certaines villes du nord, on continua pen-

contrées de sol granitique, de landes et d'alluvions, la rareté des pierres à bâtir nécessitait l'usage du bois et faisait abattre un grand nombre d'arbres. Ainsi, dans le Bordelais, presque toutes les maisons étaient en bois ou en torchis, et les poutres n'étaient pas même réunies par le mortier ; les fenêtres et les portes étaient ouvertes à coups de hache dans les murs formés de poutres superposées[1].

Ainsi que l'a remarqué Alex. de Humboldt, le manque de sources permanentes, la destruction des forêts et l'existence des torrents sont trois phénomènes étroitement liés[2]. La disparition des essences forestières qui recouvraient les chaînes de montagnes qui longent le Rhône depuis Tournon

---

dant longtemps de construire les maisons en bois. A la fin du XIVᵉ siècle, la ville de Gand n'offrait que des maisons de cette matière, plâtrées d'argile et couvertes en paille. Diericx, *Mémoires sur Gand*, t. II, p. 10. A Rouen les maisons en bois n'ont complétement disparu que dans ces derniers temps. Voy. Behlen, *Lehrb. d. deutschen Forst-Geschichte*, p. 35.

[1] Voy. Jouannet, *Statistique de la Gironde*, t. I, part. II, p. 284.

[2] Par suite du déboisement, les eaux coulent sans arrêt, sans avoir le temps de s'infiltrer; elles entraînent la terre des pentes, se réunissent dans les plis des terrains, y forment des torrents qui ravinent le sol et entraînent une masse de cailloux et de sable sur les terres qu'ils traversent et dans les fleuves où ils débouchent. *Revue britannique*, 5ᵉ série, t. VIII, p. 391, *de la Diminution des arbres*.

jusqu'au delà de Bourg-Saint-Andéol, a peu à peu grossi les torrents qui viennent verser leurs eaux dans ce fleuve. Ils ont raviné les pentes de ces montagnes, déterminé d'incessants éboulements, et graduellement la terre qui garnissait le versant tourné vers le Rhône, s'est trouvée précipitée dans son lit et charriée par ses flots rapides jusqu'à son embouchure, où elle élève ses bords, et même le lit, ce qui donne naissance à des canaux latéraux[1]. Ces atterrissements continuels ont amené des modifications notables dans les bras du Rhône, qui se sont sensiblement restreints. C'est ainsi que Saint-Gilles, qui a été autrefois, aux xie et xiie siècles, un port important, ne saurait plus recevoir de navires, et qu'Aigues-Mortes n'offre plus aujourd'hui un chenal assez large pour donner accès à des vaisseaux tels que ceux qui servirent à l'embarquement de saint Louis, à l'époque des croisades[2].

Bernard Palissy, qui assistait à ces dévastations, éleva de légitimes plaintes contre l'imprévoyance de ses concitoyens. « Et quand je considère, dit-il, la valeur des plus moindres gittes des arbres ou espèces, je suis tout esmerveillé de la grande ignorance des hommes, lesquels il semble qu'aujourd'huy ils ne s'estudient qu'à rompre, couper et

---

[1] Élie de Beaumont, *Leçons de Géologie pratique*, t. I, p. 373.

[2] Élie de Beaumont, *ibid.*, p. 384.

deschirer les belles forests que leurs prédécesseurs
avoyent si précieusement gardées. Je ne trouveray
pas mauvais qu'ils coupassent les forests pourvu
qu'ils en plantassent après quelque partie ; mais ils
ne se soucient aucunement du temps à venir, ne
considérant point le grand dommage qu'ils font à
leurs enfants à l'advenir. Je ne puys assez détester
une telle chose et ne la puys appeler faute, mais
une malédiction et un malheur à toute la France,
parce que après que tous les bois seront coupez,
il faut que tous les arts cessent et que les artizans
s'en aillent paistre l'herbe, comme fit Nabucho-
donosor[1]. »

Sully était préoccupé de la même idée, lorsqu'il
s'écriait *que la France périrait faute de bois.* Aussi ce
grand homme fit-il planter dans un grand nombre
de villages, aux portes des églises, sur les places
publiques et aux bords des routes, des ormes, des
tilleuls, des chênes, qui subsistent encore pour la
plupart et ont reçu du peuple le nom de *sullys.*

Colbert reprit l'œuvre de François Ier, et, dans
la législation forestière dont son ministère dota
la France en 1669[2], il interdit pour l'avenir toute

---

[1] *Recept véritable pour multiplier les thrésors,* dans les œuvres
de B. Palissy, éd. Cap, p. 88-89.

[2] Voy. *Ordonnance de Louis XIV sur le fait des eaux et forests, vérifiée en Parlement et Chambre des Comptes, le 13 aoust
1669.* Paris, 1723, in-12.

concession de droits d'usage pour les biens domaniaux.

En même temps les progrès de la botanique commencèrent à enrichir nos bois et nos prairies d'une foule d'espèces exotiques[1], et la science forestière, plus avancée, fit connaître les meilleurs systèmes de coupes et d'exploitation, les principes à observer, les règles à introduire[2].

La science avait réclamé contre la destruction des forêts par la bouche de Palissy; elle réclama plus tard, avec plus d'autorité, par celle de Réaumur et de Buffon. Turgot écouta les avis éloquents de ce dernier et voulut marcher sur les traces de Colbert. Il prépara un arrêt du conseil qui obligeait les propriétaires à planter un vingtième de leurs biens sous peine d'une surtaxe d'imposition ; mais ce projet partagea le sort de son auteur.

La Révolution, en renversant tout l'ancien édifice social, fit disparaître les barrières que l'auto-

[1] Voy., sur cette introduction des arbres exotiques en France, Loudon, *Arboretum et Fruticetum britannicum*, t. I, p. 136. London, 1838.

[2] Je n'ai rien dit de la science de la culture forestière, qui a fait tant de progrès dans ces derniers temps, parce qu'il n'entrait pas dans le plan de ce travail de faire l'histoire de cette science. Je renverrai pour cela aux ouvrages de Baudrillart, au *Cours de Culture des bois* de M. Lorentz, aux *Principes* de M. H. Cotta, souvent cités, enfin à l'excellent commentaire sur le Code forestier de M. Meaume.

rité opposait à la destruction des forêts; on profita de l'anarchie pour se ruer sur les arbres; on les brûla, on les abattit inconsidérément. Le peuple, mû par la haine des seigneurs, porta sa hache impitoyable dans les bois domaniaux[1] : les arbres disparurent de tous côtés. On crut servir les intérêts de l'agriculture en encourageant les défrichements, on aliéna les forêts communales; enfin le mal devint tel qu'il appela l'attention de la dernière chambre des députés, et qu'on commença à songer sérieusement aux moyens de préserver notre pays de la perte des derniers et frêles rejetons de ces magnifiques forêts qui servaient de temples à nos pères[2]. Puisse notre récente révolution ne pas

[1] « A la Révolution, dit M. Michelet (*Hist. de France*, t. II, p. 53, 54), toute barrière tomba; la population commença d'ensemble cette œuvre de destruction. Ils escaladèrent, le feu et la bêche en main, jusqu'au nid des aigles, cultivèrent l'abîme, pendus à une corde. Les arbres furent sacrifiés aux moindres usages; on abattait deux pins pour faire une paire de sabots. En même temps le petit bétail, se multipliant sans nombre, s'établit dans la forêt, blessant les arbres, les arbrisseaux, les jeunes pousses, dévorant l'espérance. La chèvre surtout, la bête de celui qui ne possède rien, bête aventureuse, qui vit sur le commun, fut l'instrument de cette invasion démagogique, la terreur du désert. »

[2] Voy., sur le déboisement de la France, la brochure de M. Ad. Blanqui, l'excellent ouvrage de M. Aristide Dumont, intitulé : *des Travaux publics dans leurs rapports avec l'agriculture*, lettre XVIII, p. 160, Paris, 1848, et la notice de M. Duhamel, dans le *Journal des Mines*, cité plus haut.

ajourner la réalisation de ces sages projets ! Puisse l'embarras financier ne pas nous faire aliéner les seules forêts qui restent à l'État et ne pas porter le dernier coup à nos ombrages ! De nouveaux désordres ont amené la dévastation des forêts pyrénéennes. Peut-être un jour la France, complétement dépouillée de son vêtement arborescent, sera-t-elle forcée de chercher exclusivement dans les entrailles de son sol un combustible qui puisse satisfaire à sa consommation, et, privée de ses forêts comme l'est déjà l'Angleterre, se verra-t-elle réduite à substituer complétement la houille au bois qui alimente ses foyers.

Ainsi, comme je l'ai dit dans les considérations qui sont placées en tête de cet essai, la civilisation semble être l'antagoniste nécessaire de l'état forestier. L'humanité ne se développe qu'au détriment de la végétation arborescente, et l'on peut aussi ajouter de la vie animale. Non content d'avoir abattu dans les plaines les arbres qui gênaient sa culture, l'homme remonte sur les montagnes d'où il était descendu, et va déchirer le voile immense qui en couvrait la base. Ce spectacle, que nous offre depuis six ou sept mille ans l'humanité aux prises avec la nature, a été peint éloquemment par un habile observateur qui fut aussi un grand écrivain. Nous ne pouvons mieux finir ce livre qu'en reproduisant ici son tableau :

« Les bois ne sont point la demeure de l'homme.

Il redoute les détours de ce vaste labyrinthe; il en suspecte les ombres; il y regrette le soleil, vers lequel il tourne un regard de respect et d'espérance. Il n'y pénètre que pour y porter le fer et le feu. Le germe des plantes némorales s'endort dans une terre desséchée qui n'est plus propre à leur développement; d'autres végétaux les remplacent; le climat lui-même a changé et attire de nouvelles espèces. La température s'élève, les pluies sont plus rares et plus abondantes, les vents plus inconstants et plus fougueux, les torrents, les lavanges se multiplient, les pentes se sillonnent de ravins, les rochers se dépouillent de la terre qui les couvrait et des plantes dont ils étaient ornés. Tout vieillit avec une rapidité croissante : un siècle de l'homme pèse sur la terre plus que vingt siècles de la nature[1]. »

[1] Ramond, *de la Végétation sur les montagnes, Annales du Muséum d'histoire naturelle*, t. IV, p. 403, 404.

FIN.

TABLE.

—

FIN DE LA TABLE.

www.ingramcontent.com/pod-product-compliance
Lightning Source LLC
Chambersburg PA
CBHW060141200326

41518CB00008B/1106